血與名
隋唐英雄傳

宋毅 著

在亂世中以血與劍刻下姓名的折戟之士

王朝更替、江山易手時，

橫槊賦英魂，在風雨激盪的百年間，
不拜相封王、不高坐廟堂，
在破碎山河中騎馬殺出史詩的一代人物！

目錄

前言　歷史的血與骨：寫給真正的隋唐英雄 …………………… 005

引子　遼北行宮：帝國榮光的開場白 ………………………… 009

第一章　天道輪迴：隋帝國的誕生與墜落 …………………… 011

第二章　屍山血海：三征高麗與帝國傷口的撕裂 …………… 033

第三章　帝國崩壞：群雄並起與舊秩序的崩解 ……………… 067

第四章　草原帝國：北方勢力與突厥的強勢介入 …………… 131

第五章　大唐開國：李氏興起與天下歸一 …………………… 147

第六章　我武唯揚：唐太宗的戰略與征服版圖 ……………… 229

第七章　豈曰無衣：高句麗戰爭與唐軍的極限 ……………… 265

第八章　後「天可汗」時代：唐帝國對外遠征的最終章 …… 287

尾聲　英雄的背影：戰爭遠去後的時代回聲 ………………… 329

目錄

前言

歷史的血與骨：寫給真正的隋唐英雄

　　魯迅先生有云：「中國一向就少有失敗的英雄，少有韌性的反抗，少有敢單身鏖戰的武人，少有敢撫哭叛徒的弔客。」就魯迅先生所處的時代而言，上述話語有著非常強烈的現實意義，曾幾何時，現代人已經從骨子裡被打造成了一副「溫良恭謙讓」的樣子，血性卻消失無蹤。筆者起初對於中國人的種種不良秉性也曾有過魯迅先生般的感受，後於歐洲留學多年之後，始覺不然，於是埋首故紙堆，希望或有所得。如此數年學識稍長後，對中國人物及歷史總算有了些別樣的體悟，因之成文，以饗大眾。

　　在中國的歷史中，曾經有那麼一個時代，那時候的中國人不乏失敗的英雄，不乏韌性的反抗，不乏敢單身鏖戰的武人，不乏敢撫哭叛徒的弔客。在那個時代中，中國人比游牧民族更會駕馭馬匹，比海洋民族更善於操縱船隻，比真正的蠻族更勇猛，創造的文明比其他國家更輝煌！那是一個英氣迸發的時代，無數英雄們的事蹟最後都成了說書人津津樂道的故事。這個中國歷史上最具有英雄浪漫色彩的時代便是後世稱之為「隋唐」的時代。

　　說起隋唐的英雄們，我們最直接的印象便是以《隋唐演義》、《說唐》等演義小說為藍本的各種評書。從這些文學藝術作品中，我們知道了李元霸、羅成、秦瓊、程咬金、單雄信等一個個響亮的名字，可是在真實的歷史當中這些英雄是不是真的存在，他們的真實事蹟又是如何的呢？有句話說的好，「真實比小說更精采」。文學作品中的隋唐英雄們的事蹟雖然夠傳

前言 歷史的血與骨：寫給真正的隋唐英雄

奇，但卻過於神化；在真實的歷史中，這些英雄們更有血有肉，他們有的功成名就，有的卻以失敗告終，有的孤身鏖戰而壯烈犧牲，有的卻談笑用兵攻城滅國，無論結局如何，在歷史中他們是那麼栩栩如生，意氣風發。

本書以時間為順序，以戰爭為脈絡，以人物為線索，重點描寫了隋文帝統一中國到唐高宗擊滅高麗、收復遼東為止的這段歷史。在這段歷史中，強盛的隋帝國兩世而亡，天下英雄逐鹿中原，所謂「雲雷方屯，龍戰伊始，有天命焉，有豪傑焉」。這些英雄豪傑在那個時代中演出了一幕幕精采的對決，最終打造了一個輝煌的大唐帝國。因此史書有云：「唐之德大矣！際天所覆，悉臣而屬之；薄海內外，無不州縣，遂尊天子曰「天可汗」。三王以來，未有以過之。至荒區君長，待唐璽纛乃能國；一為不賓，隨輒夷縛。故蠻琛夷寶，踵相逮於廷。」而國外歷史學家因此驚呼「隋唐時代的一統天下無與倫比，在西方，不論是6世紀時君士坦丁堡的查士丁尼，還是9世紀時的查理曼大帝，都未能重建一個如此遼闊而又強大的中央集權的帝國。那個時代的中國人敢以三千人突擊敵人的首府、敢以數百人向十倍以上的敵人挑戰、敢在重重包圍之下死戰不退。以至於「一個受到震驚的亞洲從它身上看到了一個陌生的、史詩般的中國。絕不向蠻族求和，也不以重金去收買他們撤兵……戰勝他們，使他們害怕中國。」

如今文化和歷史上的種種所謂「探究中國人劣根性」的怪現象甚至在西方人的眼裡都是那麼可笑。勒內·格魯塞（René Grousset）曾對此現象總結道：「中國過去的偉大，首先在於它復興和更新的無窮力量，在於創造性的自發行為……在後來的歷史中，我們很少找到這種生命活力的蹤跡，相反，倒是發現了自信的缺乏，以及對外部世界的普遍不信任。一顆怯懦的心靈，自然也就遠離了那已經逝去的偉大時代。」

本書力圖將那個偉大時代的人真正的精神面貌透過一場場戰爭反映給讀者，重現千年前隋唐英雄們那「男兒本自重橫行」的風采，亦希望本書能喚醒一些我們久已遺忘的記憶。

宋毅

前言　歷史的血與骨：寫給真正的隋唐英雄

引子
遼北行宮：帝國榮光的開場白

　　大業六年（西元610年），長城以北，一望無際的大草原上，一個由數十萬人馬組成的巨型方陣正在緩慢行進中，方陣正中心赫然有一座巨大的宮殿。宮殿雕欄畫棟，數排車輪負載著這巨大的宮殿，在數萬身披鐵甲的重灌騎兵簇擁下，緩緩朝著突厥啟民可汗的牙帳所在地（今內蒙古自治區九十九泉附近）行進。這宮殿的中心，隋煬帝楊廣端坐在最高處的龍椅之上，聽著四周人聲馬嘶不絕於耳，嘴角露出一絲微笑。

　　「這是第幾次見啟民了？這麼多年來啟民也算是老實，北方邊境算是太平了不少。上次啟民機靈，長孫晟稍稍點撥便親自提刀為朕的宮帳除草，還徵發部眾在塞外開闢了這三千里御道，不知這次啟民會用什麼驚喜來迎接朕呢？」

　　「報！突厥啟民可汗率各部首領求見天顏！」一騎斥候飛馳而來，在行宮前翻身下馬，跪稟道。

　　「終於來了嗎？時間也差不多了。」楊廣揮了揮手。身邊侍立的一內侍立刻大聲傳旨：「傳啟民及各部頭人覲見！」隨著一聲聲地傳令聲，方陣外的啟民可汗等人紛紛下馬，步行前往行宮，接受皇帝的召喚。

　　看著行宮外山呼萬歲舞蹈拜服的各族首領，楊廣不禁面露自得之意，這就是身為天朝皇帝所應有的權威！當楊廣用主宰者的目光審查宮外人群之際，卻發現突厥可汗啟民身邊有一個人非常特殊，他的服飾大異於草原各部首領，在人群中極為顯眼。

引子　遼北行宮：帝國榮光的開場白

「啟民，此為何人？」楊廣指著此人道。

「啟稟陛下，此乃高麗國使節，前來我處欲雙方盟好。此事事關重大，啟民不敢擅專，還請陛下示下！」突厥啟民可汗用流利的漢話回答道。

「什麼？高麗國的使者！」楊廣的臉瞬間沉了下去，這啟民的確給了他一個大大的「驚喜」，可這種驚喜卻並非在其意料之中。此時一陣朔風吹來，四周旌旗獵獵作響，全場一片肅殺，這天子一怒，後果會是怎樣？

就在此時侍立在側的黃門侍郎裴矩前行數步，低聲對楊廣說道：「啟稟陛下，高麗本是周朝箕子的封國，漢朝、晉朝均為中央下轄的郡縣。如今卻不服中央政令，自成一國。先帝欲征之久矣。可惜楊諒無能，出師不利。如今陛下當政，如何能不將其收入囊中？如今高麗國的使者親眼見到強如突厥亦不得不匍匐在陛下的腳下，可以利用他們的震恐，迫使高麗國王親自入朝覲見！」

「卿之言有理。」楊廣滿意地點了點頭，轉頭看往朝內以文學著稱的禮部尚書牛弘，「牛卿擬旨吧。」

不一會兒行宮內便傳出了牛弘洪亮的聲音：「高麗國使者接旨！朕以啟民誠心奉國，故親至其帳。明年當往涿郡，爾還日，語高麗王：宜早來朝，勿自疑懼，存育之禮，當如啟民。苟或不朝，將帥啟民往巡彼土！」聲音剛落，數十萬隋軍紛紛用手中的兵器或敲打盾牌，或頓擊地面，齊聲大呼：「普天之下，莫非王土！」巨大的聲浪瞬間席捲四方，陣陣回聲響徹天際，啟民可汗與宮前各部首領聞聽如此雄壯的呼聲，不禁色變，啟民可汗當先跪倒，以漢話高呼：「率土之濱，莫非王臣！」在啟民可汗身後，各部首領亦紛紛跪倒，齊聲高呼。再看那高麗使者，早已兩股戰戰癱倒在地，動彈不得。

第一章

天道輪迴：隋帝國的誕生與墜落

第一章　天道輪迴：隋帝國的誕生與墜落

▎誰家天下：從大業夢想到國運初興

　　大業六年的楊廣，正處於一生中最志得意滿的時候。從年號的「大業」二字便能清晰地看出，楊廣不是一個尸位素餐的皇帝，他想有大功業，大作為，要留給後世一個輝煌的時代。可他萬萬不會想到，就在這人生最巔峰的時候，因為遇到了這個高麗國的使者，使他成為了後世最著名的幾個二世亡國的君主之一，死後諡號還被封了一個「煬」字。按照古代諡法：好內遠禮曰煬；去禮遠眾曰煬；逆天虐民為煬。也就是說，不講究道義，殘暴無良，眾叛親離的君主稱為「煬」。對於一個君主，這身後評價可謂嚴厲至極。關於這個諡號，還有一個不得不說的故事。楊廣當年是平定江南陳國，俘虜陳後主，統一全中國的軍事統帥。隋煬帝登基的那年，陳後主死了。在議論諡號的時候，不知道哪來的靈感，陳後主居然也被冠上了一個「煬」字。楊廣與陳叔寶這一對冤家，死後的諡號居然相同，但後世的人們往往不知道陳後主的諡號，卻肯定知道這個「隋煬帝」！實在是諷刺。那麼高麗這樣的一個區區遼東地方政權又是如何導致了這一切的呢？這一切說來話長……

　　漢朝滅亡之後，中原大地進入了一個史稱三國魏晉南北朝的大動亂時代，拿一句時髦的話來說那就是「這是一個最壞的時代，也是一個最好的時代。」連綿的戰火，使民不聊生，顛沛流離，正所謂「白骨露於野，千里無雞鳴」，這個時候的中國歷史似乎滑入近乎毀滅的深淵。亂世出英雄，此期間名臣良將亦是層出不窮。大浪淘沙，強者生存，各民族間的不斷征戰、融合，在去蕪存菁般地動盪中，匈奴、鮮卑、羌、氐、羯、盧水胡、丁零等族逐漸消失在中國的歷史中，而一個以舊漢族為基礎，集合了各族精華的新漢族又重新佇立在中國的大地之上，一個偉大的時代開始了……

開皇八年（西元 588 年）十月，沸騰的江水預示著這個月的非同尋常。是月，晉王楊廣出六合（今屬江蘇），秦王楊俊出襄陽，清河公楊素出永安（今四川奉節東），荊州刺史劉仁恩出江陵，蘄州刺史王世積出蘄春（今湖北蘄春），廬州總管韓擒虎出廬江（今合肥），吳州總管賀若弼出廣陵（今江蘇揚州），青州總管燕榮出東海（今江蘇連雲港市）。各路隋軍合總管九十、雄兵五十一萬八千下江南。這次南北朝勢力的大較量雖然不是最大的一次，但卻是最後一次，較量的結果決定了整個中國的歸屬，進而奠定了一個強盛的時代。

　　是時江南陳國皇帝陳叔寶昏庸無道，接到戰報之後居然絲毫不做應戰的準備，反而自我安慰說：「王者之氣在這裡，北齊曾經三次侵襲，之後北周又派兵攻打，都被打敗，沒什麼好怕的！」都官尚書孔范也附和說：「長江被稱為天塹，古代用它來分隔南北，現在敵軍又怎麼可能飛渡呢？」並誣衊「邊防將領想立功領賞，所以對隋軍的軍勢誇大其詞」。奸臣和昏君從古到今都是絕配，陳國的國勢衰微也就成了必然。到陳朝末年，南朝朝廷所控制的戶口數下降幅度驚人：在南朝劉宋大明八年（西元 464 年）的時候，當時有戶九十萬六千八百七十，口四百六十八萬五千五百一；而到陳亡時卻只有戶五十萬，口二百萬。如此不像樣的朝廷、破敗的國家，如何能阻擋隋軍的百戰雄兵？於是在東接滄海，西距巴、蜀的長江之上，隋軍全線突破陳軍的防線。

　　開皇九年（西元 589 年）正月，賀若弼自廣陵渡江，攻下京口（今江蘇鎮江）。韓擒虎自橫江渡採石，進拔姑孰（今安徽當塗）。賀、韓兩軍東西夾攻建康。陳將蕭摩訶被俘，任忠出降。隋軍直入朱雀門，城內文武百官紛紛逃散，陳後主與張貴妃、孔貴嬪躲到景陽宮內枯井中，為隋軍所獲。楊素與劉仁恩率水軍下三峽，大破陳將呂忠肅，乘勝至漢口，與楊俊相會。時建康已破，楊廣使陳後主以手書招降上江諸將及嶺南女首領冼氏，

於是南方全部平定。

隨著陳國徹底平定，從晉朝開始動亂分裂了二百八十餘年的中國大地終於又重歸統一。在這漫長的分裂時期，胡人和漢人在彼此仇視、相互殘殺中自願或者被迫地融合在了一起，最終無分彼此。而在此基礎上形成的隋帝國，剛剛建國便顯示出強大的活力，帝國的領土以強大的實力為後盾在各個方向拓展，意圖恢復漢帝國時代的疆域。

遼東糞土臣：高麗的挑釁與警訊

陳國亡了，這個事件讓數千里之外的一個人驚恐不已，這個人就是當時的高麗國國王高湯（高麗史書稱為平原王或平崗上好王，也叫高陽成）。高麗，或者說高麗國，這片土地上有史可考的第一個王朝——箕子朝鮮——就是華夏族的諸侯國之一。箕子是商朝紂王的親戚，一般說是哥哥，有的說是叔父。孔子對他很是推崇，把他稱作「殷末三仁」之一。那時候箕子向紂王進諫而不被採納，於是披頭散髮、假裝瘋癲做了奴隸，隱居彈琴聊以自慰。紂王無道，武王伐紂，滅掉了商朝。雖然箕子是紂王的親戚，按照後世的一般做法，都要殺之而後快，周武王卻沒這麼做。他聽說箕子的賢名很大，於是親自向箕子討教治理國家的道理。箕子不愧賢良之名，一番回答讓周武王很滿意。滿意歸滿意，箕子的身分畢竟敏感，周武王就將遼東這個不毛之地封賞給箕子，讓他做了這個地方的主人。箕子的封國被稱為「朝鮮」，箕子便是第一代朝鮮侯。中原王朝就是在這個時候將自己的統治區域擴展到了遼東。

此後漢朝統一中國，燕王盧綰（這裡的燕王盧綰不是戰國七雄裡的燕王，而是劉邦的世交好友，為劉邦打天下立下了汗馬功勞，後來受封為燕

遼東冀土臣：高麗的挑釁與警訊

王）造反，跑到了匈奴那邊。燕國人衛滿也流亡於外，聚集了一千多個同黨之人，出走塞外，渡過浿水，進入了遼東。衛滿在王險城建都，自封為國王，還擊敗了朝鮮的末代王箕準，迫使箕準繼續向朝鮮半島的東南部逃亡，一直逃到朝鮮半島上「三韓」民族之一的馬韓族中才停下來。箕準在馬韓稱了王，此時的朝鮮史稱衛滿朝鮮。

之後衛滿朝鮮最終被漢武帝所統一，其領土被漢朝分為樂浪、臨屯、玄菟、真蕃四郡，重又回歸中國。朝鮮半島此時一分為二，北面為中國所有，南面是朝鮮半島馬韓、辰韓和弁韓（也稱弁辰）這三韓的活動範圍。從此朝鮮北部一直在中國的統治之下，從兩漢到西晉，歷時三百餘年。雖然這期間夫餘族的分支高句麗族在東北建國，但是一直處於苟延殘喘當中，對中原王朝在東北的領土並沒有造成什麼威脅。

高句麗這個民族是東北大地上一個土生土長的原住民族，是由居住在東北的穢貊族中分離出來的一個支系，所以又被古代史家稱為貊人。高句麗作為族名在西漢初年就已經存在，漢武帝統一衛滿朝鮮之後，在玄菟郡中設立高句麗縣，從此高句麗才作為地名為人所熟知。高句麗族在始祖朱蒙的帶領之下建國，建都紇升骨城（今吉林省集安市，中國成功申報進「世界文化遺產」的「高句麗王城、王陵和貴族墓葬」便是位於此地），其轄地基本在漢朝的高句麗縣內，是中國境內的一個邊疆少數民族自治的小藩國。直到西晉末年，五胡亂華天下大亂，中原王朝再也無力壓制境內的少數民族，此時高句麗乘機在遼東興起，領土不斷南擴，最終侵占了整個遼東，形成了擁有遼東和朝鮮半島北部的地區大國，因此五胡亂華這個歷史名詞，其實還應該算上高句麗族這一胡才是。

在高句麗割據遼東以及朝鮮半島北部的時候，朝鮮半島的南部正在百濟和新羅這兩個國家的統治之下。朝鮮半島的南部，有馬韓、辰韓和弁韓三個民族，簡稱三韓。史載馬韓有五十四國總十餘萬戶，辰韓、弁韓各有

第一章 天道輪迴：隋帝國的誕生與墜落

二十國，共計為二十萬戶，約近百萬人。他們是現在朝鮮族的直系祖先，也是如今韓國國名的由來。此三韓，有史書記載是戰國時代中國人從中原逃難至朝鮮半島，與當地土著融合形成。因此，中國與韓國的關係，不是朋友關係，而是親戚關係，此說法是有歷史依據的。此三韓在朝鮮半島南端繁衍生息，之後辰韓建立了新羅國，而以馬韓為主體、高句麗王族為首領的百濟也得以建國。從此朝鮮半島進入了三國時代。這三個國家中的主體民族都不一樣，互相之間沒有繼承關係。

就在五胡相繼被華夏民族融合而消失在中國土地上的時候，霸占遼東和朝鮮半島的高麗國越發顯得扎眼起來。高句麗這個國名在南北朝時代被廢棄，通稱之為高麗，此後便一直約定俗成下來，需要強調的是此高麗國與後世三韓民族建立的王氏高麗毫無繼承關係，僅僅國名相同而已。高麗國平日跟割據南方的各朝交往頻繁，希望南朝能夠牽制實力強大的北朝，好讓自己作壁上觀。可是現在平地一聲雷，南朝的陳國被大軍平定，這怎能不讓高麗國君臣驚慌失措？下一個就輪到自己的恐懼感促使高麗國在邊境大修堡壘，並且擴軍積糧，整軍備戰。這樣不友好的舉動自然被視為對帝國威嚴的極大挑戰，不過高麗久在化外，隋文帝還是想讓高麗乖乖的俯首稱臣。於是隋文帝命人寫了一篇極為霸氣的國書，警告高麗國不要玩火：

「……王謂遼水之廣，何如長江？高麗之人，多少陳國？朕若不存含育，責王前愆，命一將軍，何待多力！殷勤曉示，許王自新耳。宜得朕懷，自求多福。」

此封國書一到，最後幾句殺氣騰騰的話讓病中的高麗王高湯惶恐而亡，他的兒子高元即位，被隋朝使節拜為上開府儀同三司，襲爵遼東公並高麗國王，高麗史稱嬰陽王。

父親的死並沒有為高元帶來多少醒悟。雖然接受了隋文帝的冊封，高元居然在第二年的二月，即僅僅四個月後就率靺鞨萬餘人進犯營州（治所

今遼寧朝陽）。此時鎮守營州的是總管韋沖。這位韋沖可不是一個好相與的，他是雍州萬年（今陝西西安市）人，唐朝宰相韋待價祖父，歷任汾州刺史、石州刺史這些地方實職官，後來又鎮壓過陶子定、羅慧方等叛軍，是一個非常有能力的官員。他的特長是很能得人心，尤其少數民族像靺鞨、契丹這些都願意為他效死力。曾經有這樣一件事：隋文帝剛登上皇位不久，徵發汾州的千餘胡人築長城。築長城古往今來都是一件苦差事，孟姜女哭長城的例子人盡皆知。漢人尚且如此，何況胡人呢？果不其然，這群胡人途中全部逃亡。這時候隋文帝問韋沖怎麼辦？韋沖說，這都是當地官員執政不善的關係，讓他去的話，不用動刀兵就可以解決問題。結果韋沖到了地方，果然沒動一兵一卒，就讓胡人們乖乖地去了長城服勞役。這實在是一個非常神奇的人，也因此韋沖母親去世，按照禮制他必須回家守孝三年，隋文帝都不允許，下詔「奪情」。（中國古代禮俗，官員遭父母喪應棄官家居守制，稱「丁憂」。服滿再行補職。朝廷於大臣喪制款終，召出任職，或命其不必棄官去職，不著公服，素服治事，不預慶賀，祭祀、宴會等由佐貳代理，稱「奪情」。）韋沖之能力可見一斑。

高麗新任國王高元居然敢率兵侵犯韋沖所在的營州，這就是把自己往鐵板上狠狠地撞。營州這地方少數民族極多，如契丹、靺鞨、奚等族均在此地混居。韋沖在此地威望極高，諸民族對他既敬且畏，指揮起來可謂是如臂指使。在這樣的情況下，高元不意外地被打了個灰頭土臉，狠狠逃回了國內。

雖然高元沒能在營州撈到什麼便宜，可是這樣挑釁的行為不啻在隋文帝臉上狠狠地打了一個耳光。之前高湯就公然進行「軍備競賽」，現在換了兒子居然升級成主動進犯，向隋朝這個亞洲最強帝國挑戰，這個高元的勇氣實在可嘉。當然高麗方面做出如此不理智的舉動也不是完全沒有原因，導火線就是在開皇六年（西元586年）原本隸屬於高麗的契丹部眾「背

叛」高麗轉而內附隋朝,高麗一直耿耿於懷。再加上隋朝與高麗的關係也是充滿火藥味,就有了這一次極為不智的攻擊行動。

高麗還是那個高麗,中國卻已經不是那個分崩離析的中國。對於高元的軍事挑釁,隋朝馬上做出了最強硬的反擊。開皇十八年(西元598年)六月,隋朝下詔廢黜高麗王高元的官爵,以漢王楊諒、上柱國王世積並為行軍元帥(前敵總指揮),以尚書左僕射高熲為漢王長史(參謀長),幽州刺史周羅睺為水軍總管(海軍總司令),水路三十餘萬討伐高麗。

這次討伐行動雖然精兵良將都齊全,運氣卻不站在隋軍這一邊,天災接二連三降臨到隋軍頭上。首先陸軍這邊天降豪雨,後勤極其困難,士兵吃不飽肚子。連續不斷的暴雨還造成疫病在軍中擴散。禍不單行,在陸軍被大雨困住的時候,從山東渡海直搗平壤的隋朝海軍也遇上了大風,船隻大多被吹散、沉沒。隋軍的非戰鬥損失率驚人,據史書記載,九月撤軍的時候,隋軍死者十有八九。如此巨大的非戰鬥損失,顯然戰爭不可能再進行下去。雖然老天讓高元逃過了此劫,可因為隋軍軍容極盛,高元懾於隋帝國的強大實力,不敢繼續對抗。他立刻遣使上表,自稱「遼東糞土臣元」,將姿態放到了最低。

這次的上表正好迎合了隋文帝的心理。當時的大東亞地區,公認的國際秩序就是以中國為中心的冊封體系。違反了這個體系,中原帝國就可以有正當名義進行征討。這樣的體系對於帝國周邊的屬國而言,其實就簡單的一句話:「態度決定一切」。只要臣服,帝國也就不為已甚。要是依仗自己的實力與中原對抗,結局必定是奉陪到底,不死不休。高元既然屈服了,隋文帝也是明君,不願為此徒費軍力,加重人民負擔,於是就此罷兵。

高麗王國在東北的國勢基本上是一國獨大,其疆域東跨海距新羅,南亦跨海距百濟,西北渡遼水,至於營州(治所在今遼寧朝陽),而北接於靺鞨。在向中原擴張已經沒有希望的情況下,高麗改變國策,不斷向朝鮮

半島南側用兵，極力壓迫朝鮮半島南部的兩個國家，百濟和新羅。

得知隋朝發兵攻打高麗，百濟國萬分高興。這百濟國與高麗國同文同種，但關係卻是劍拔弩張，邊境上衝突不斷。百濟巴不得高麗倒大楣，因此聽聞隋軍失利的消息之後，立刻派了使者到長安覲見，強烈要求當「帶路人」，幫助隋朝再次進攻高麗。可是高麗國王高元已經搶先一步，讓隋文帝打消了再次興兵的念頭。百濟借刀殺人的計策沒有成功，反而被高麗得知。作為報復，高元領兵猛揍百濟，打得百濟叫苦不迭，真是偷雞不成蝕把米。

由於高麗稱臣，隋朝和高麗的關係轉為緩和。兩國在隋文帝當政的時候再沒有起過衝突，雙方維持了十來年的和平。

大業：隋煬帝的壯志與迷失

一代英主隋文帝楊堅於西元 604 年不明不白地死在了長安城的大寶殿內。靠著討好母后，勾結權臣楊素，楊廣終於如願以償地成為了隋帝國的至尊。楊廣雖然在父親楊堅的兒子中排行老二，但他的野心卻極大，登基之後，替自己取的年號就叫做「大業」。要多宏大的事業才能叫做「大業」呢？楊廣給了世人一個在歷史上堪稱經典的答案。

首先，楊廣登基之後決意遷都洛陽。遷都的理由很簡單，因為有方士進言說長安對他的命星不利。這個原因在今天看起來荒唐至極，但對古人來說，這是一個需要大為重視的理由。當然這只是表面上的說法，如果用陰謀論的看法，那就得追溯父親楊堅的死因了。隋文帝楊堅在大寶殿死得不明不白，也許楊廣遷都更深層的原因，是不想住在父親的被害現場吧⋯⋯

當然，楊廣是一個有企圖心的人。就算遷都，也不能遷得馬馬虎虎。

他不想搬到漢魏時代的舊城裡面住，而是大手一揮，直接另選地址，再造一個新都城。要知道，僅僅在二十多年前，楊堅同樣捨棄了漢代的舊長安城，營造了一座規模巨大、氣勢磅礴的新長安城，亦叫做大興城。如此短的時間內又要建造新都城，對人力物力的消耗可想而知。作為「大業」的第一炮，楊廣呼叫民夫兩百萬人參與興建洛陽城，耗時十個月。楊廣將一座新洛陽城修建得富麗堂皇，堅固無比，之後歷經楊玄感、李密等人的進攻而不破，甚至後來的千古一帝李世民也只能將之圍困至投降，無法硬取，這洛陽城的建造品質可見一斑。之後武則天將此命名為神都，而日本更是欽佩唐代洛陽的宏大壯觀，氣象萬千，於是他們將自己的京都按照洛陽的樣子整修了一番，然後稱之為「京洛」、「洛都」、甚至直呼「洛陽」。以至於日本在戰國時代那些實力最強的地方諸侯（日本稱之為大名），為了宣示自己有爭霸天下的實力，就必須帶著大量軍隊去「上洛」。這一切的肇因，便是楊廣如今建造的這座新洛陽城。

這座洛陽城的規模根據唐代的記載，外郭城大約有 27.5 公里，面積約 47 平方公里。有東南北三面八個城門，其最寬的大街寬達 121 公尺，為定鼎門大街。洛陽城內共有 103 坊，周圍有坊牆，牆正中開門，坊內正中設十字街。縮小里坊面積，劃一方三百步（一里）的里坊規格，這是洛陽故都（北魏洛陽城）舊制的恢復，對里坊居民的控制，顯然比京城大興更加強化。洛陽西北隅適占洛陽城地勢最高的位置，在這處負隅高地上建造了宮城、皇城，並形成夾城。宮城除南置皇城外，北建重城，東隔東城，西面連苑。宮城、皇城本身又都內外徹磚。皇城之南並界以洛河。宮城後面有曜儀城、圓壁城，又建東、西隔城。皇城東面有東城，其北建含嘉倉城。外郭城東北部及洛水南岸為里坊區。洛陽城的建築規模略小於京城長安城。含嘉倉城糧窖密集，儲糧來自河北、河南諸道的官糧。洛陽戒備的堅固嚴密，遠在京城之上。

在古代，一次調動兩百多萬人建設一座世界級的大都市，已經是一件稱得上宏偉的事業了。可是，這在楊廣心中不過是一道開胃菜而已，真正的大業還在後面。後世耳熟能詳的「隋唐大運河」，人人都知道是楊廣發起修建的。實際上隋代修建的運河一共有五條，即廣通渠、通濟渠、邗溝、江南河、永濟渠。其中僅廣通渠是隋文帝時代修建的，剩下四條全部是楊廣的手筆。這四條人工運河使用的總人力少說也在三百萬人以上。消耗如此誇張的人力物力，最終的成果自然也不會小。這條運河在歷朝歷代都被視為重要的運輸生命線，到今天依然發揮著作用，可謂是名符其實的「大業」。

對於楊廣來說，足以讓其「流芳萬世」的大運河依然遠遠滿足不了他的宏偉理想，他想要的還有更多。他集結河北十餘郡的民夫修了一條通過太行山到并州（今山西太原）的馳道。又「舉國就役」，從榆林北境，東達於薊（今北京市），開了一條廣百步、長三千里的馳道。又徵調了百餘萬人修築西起榆林（今內蒙古準格爾旗東北十二連城），東至紫河（今內蒙古南部、山西西北部長城外的渾河，蒙古語名烏蘭穆倫河）的長城。此外還有他授意營造的十餘座各地行宮，在各地巡視所造的龍舟等等。在歷代君王中，要說役使民力，比楊廣更厲害的大概也找不出第二個了。

楊廣這種大規模徵調百姓的行為，在古代被稱為「徭役」。所謂徭役，說白了就是義務勞動，屬於國家強制行為，拿不到一分錢不說，很多時候還得自備飯食，勞動強度極大，動不動便會出現傷亡。當然這些傷亡也屬於死了白死，基本上不存在什麼撫卹。因此徭役對統治者來說就像毒品一樣，用起來讓人過癮至極，飄飄欲仙。歷史證明了，這麼好用的東西可不是沒有副作用的，一旦用過頭了，身死國滅立刻會發生在眼前。在隋朝之前，中國第一個大一統的封建王朝──秦朝──滅亡的導火線便是因為徭役。當陳勝、吳廣在大澤鄉向秦朝砍出第一刀的時候，滅六國統一天下

第一章　天道輪迴：隋帝國的誕生與墜落

的龐然大物「強秦」，就像泥塑的雕像一般，一推就倒。

這樣的前車之鑑對楊廣來說，不可謂不警醒。楊廣可是一個飽讀詩書的皇帝，後世歷朝歷代對書籍分類的經典分類法──「經史子集」分類法──就是他首創。他曾經很自信地說，就算比學問，我也是當然的皇帝。這樣一個飽讀詩書的皇帝，對歷史上的教訓，應該比一般人更為清楚。因此楊廣當政的時候，下詔免除了婦女和奴婢部曲的徭役。甚至他在為闡明自己要修建新洛陽的理由而寫的〈營東京詔〉中，還口口聲聲地說要以簡樸為要，務從節儉，杜絕浪費。可就如毒品一樣，人人都知道毒品有害，但沾上了還能戒掉的人少之又少。徭役對於一個皇帝的吸引力，也如同毒品一樣會讓人上癮，欲罷不能。就隋代來說，男子的起徵年齡是18歲，免役年齡是60歲，每年要服役30天。後來改為21歲起徵，每年服役20天。看似負擔並非很重，可實際上完全不是這麼一回事。楊廣要成就大業，因此他需要大規模徵發百姓去建設那些浩大的工程。僅僅上述一些工程，粗粗計算一下，楊廣所動用的人力總數就在六七百萬左右，可謂天文數字。更駭人聽聞的是，這些工程的死亡率高到恐怖的程度。例如修建新洛陽，據記載死亡率是十之四五。而築長城，死亡率更是十之五六！按照這樣的死亡率推算，楊廣的這些「大業」消耗掉的人命甚至可能達到三四百萬之巨！要知道，就算是第一次世界大戰這樣幾乎牽涉到全人類的戰爭，作為戰爭一方的同盟國也不過就陣亡了三百多萬人而已。當然，由於中國史官對數字一貫抒情的態度，這麼高的死亡率值得懷疑。但即便在真實的歷史上沒有如此高的死亡率，死亡人數極多這一點，相信不假。

楊廣如此濫用徭役，所引起的極高死亡率首先會導致農村青壯勞力大幅度減少，其次過長的勞役時間又會使得被徵發的百姓無法趕上農時進行耕作，最終導致大批耕地荒蕪、絕收。這樣又使得大批農村家庭破產，以至於形成流民，最終變成反抗官府統治的所謂「盜賊」。而且我們知道，

古代中國數千年來都是一個以小農經濟為主體的農業國家。大批農村家庭被摧毀，政府無法獲得足夠的稅收，又面臨盜賊叢生的問題，於是收入減少，支出增加，最終形成一個惡性循環，導致國家經濟崩潰，朝代滅亡。

當然，單單是超級工程還遠遠無法滿足楊廣的「大業」夢。對於楊廣來說，身為西晉滅亡近三百年後真正重新統一南北的主帥，他對於軍事上的功績有著一種異乎尋常的執迷。楊廣登基之後，擊契丹、破吐谷渾、出海流求、西域建郡，對於一個帝王來說，這也可以光耀千秋了。尤其是出海流求，此次出訪在歷史上原本不過是一次小事件，誰也沒想到，千年後這次出訪居然成了中國是否擁有釣魚臺主權的歷史依據之一。

這事還得追述到大業元年。海師何蠻向朝廷報告：春季和秋季，在無風的晴天裡，向東方遠望，可以看到某個地方被淡淡的煙霧籠罩，若隱若現，似乎就是傳說中的蓬萊仙島。當皇帝的，沒有幾個不想「仙福永享，壽與天齊」。聽了這何蠻的話，楊廣心動，便有了朱寬的出訪。所謂的求訪異俗，實際上就是去找仙人，看看有沒有可能帶幾個回來。

朱寬在何蠻的幫助下，乘風破浪，果然發現了那片群島。那片群島遠遠望去猶如一條蟠龍蜿蜒於海上，若形若虯浮水中，故取名為「流虯」。眾所周知，「虯」是龍的意思，不同於印度「龍」，中國的「龍」是一種至高無上的帝王象徵。為了避免忌諱那些自詡為「真龍天子」的皇帝，後來「流虯」便改為了「流求」。朱寬發現的這片群島，我們現在叫做琉球群島，這片島嶼便包括了如今的釣魚臺。

朱寬上了島才發現，這島上的確有人，卻不是什麼仙人，反而是一群野蠻人。這群人雖然也有國王，有小王，有村落，卻粗野好鬥，時常互相攻擊。他們互相爭鬥的時候也非常有趣。基本上就是雙方派出三五勇士互相喝罵，然後互相射擊。如果敗了，大家一鬨而散，然後派人賠禮道歉，雙方也就能和解。和解之後，大家居然將之前戰鬥而死的勇士們的屍

體收集起來，飽餐一頓，將吃剩下來的骷髏獻給國王。這下朱寬可犯了愁——仙人沒找到，那怎麼交差呢？跟島上的人交流，問問消息，也不知所云，雙方根本語言不通。沒轍，也別廢話了，乾脆抓了一個人回去。

朱寬回去之後，楊廣倒是沒發怒，反而對這個地方很感興趣。「普天之下莫非王土，率土之濱莫非王臣」嘛，既然有國家，有國王，那就應該來長安向朕朝覲，這規矩可不能破。於是把朱寬又打發了過去，要求流求人歸順。與此同時，為加強對沿海及流求等島嶼的管理和控制，隋煬帝把建安郡治從建甌遷到大海邊的閩縣（今福州），為管理流求開始了準備。可是琉球人野蠻慣了，誰知道你大隋天子是怎麼回事？搞得朱寬依舊不得要領，只得弄了一副琉球人穿的布甲回去交差。這一次終於觸怒了楊廣。楊廣此人本來就是中國歷史上少有的好大喜功的皇帝，琉球人如此對待他的使者，那還能有什麼好果子吃？於是，楊廣於大業六年派武賁郎將陳稜、朝請大夫張鎮周兩位為主將，發東陽兵萬餘人正式進攻流求國。隋軍在進攻流求國的時候，路過一個島嶼叫「高華嶼」，即今日的釣魚臺。

陳稜出發之前做了不少準備。之前朱寬去的時候不是語言不通嗎？陳稜就特別找了一個通曉流求國語言的崑崙人，也就是馬來黑人。到達流求國的時候，先讓這崑崙人去溝通一下，也算先禮後兵。這流求國真像吃了秤砣一般，死活不肯朝貢。既然如此，那也沒什麼好說的，皇帝的命令必須要完成，就讓這流求國王渴利兜的頭顱作為皇帝的獻禮吧！

陳稜一聲令下，隋軍開始了凶猛的進攻。陳稜先命張鎮周為先鋒，進攻流求人。流求國王歡斯渴刺兜遣兵與隋軍抗戰，被張鎮周頻頻擊敗。陳稜率主力進至低沒檀洞，流求小王歡斯老模率軍出戰，被陳稜擊敗。陳稜陣斬歡斯老模。

初戰得勝。隋軍發現這流求國相當野蠻，毫無文明可言，什麼兵法戰陣一概不懂，打仗都是一窩蜂。隋軍乾脆分為五部，分進合擊，一路攻至

流求國都。流求國王歡斯渴剌兜被迫親自率兵出戰，又被隋軍擊敗。隋軍隨即攻入流求國國都，乘勝追擊至流求軍柵。戰至此處，流求國已經徹底沒了勝利的希望。隋軍再接再厲，將這最後的防禦徹底摧毀，於戰陣上斬殺了流求國國王歡斯渴剌兜，俘獲其子島槌，一把火徹底燒毀了流求的宮室。

最終，流求國徹底被滅，國人被俘約一萬七千口，均被帶回隋朝。陳稜、張鎮周這兩位海軍將領因為這次遠征琉球國的戰功，回國後均被楊廣毫不吝嗇的升官加爵。陳稜晉升為從二品右光祿大夫，張鎮周則為正三品金紫光祿大夫，待遇優厚。從中也可看出，楊廣對此次的征戰很是得意。自此，流求國所轄的釣魚臺等島嶼盡數歸於隋帝國。

以上種種對楊廣來說都只能算是餐前甜點。他想要的，是更大更輝煌的功績。當年統一南北，他雖然號稱主帥，實際上的軍事負責人卻是時任元帥長史的高熲，楊廣不過是個被供起來的象徵罷了。甚至在攻滅陳國之後，楊廣想索要陳後主的貴妃張麗華都不能如願。張麗華被高熲很不給面子地殺了，心高氣傲的楊廣對此耿耿於懷。如今南北一統、突厥臣服，還有什麼更大更輝煌的戰功值得炫耀呢？正當楊廣拔劍四顧心茫然之時，大業六年的這一次出遊給了楊廣新的靈感，他突然發現在遼西和朝鮮半島居然有如此一大片故土等著他去收復，這契機來得正是時候！

要打仗，自然要有理由，對此楊廣的理由可謂是充分十足。首先，高麗居然跟突厥有所勾結，這一點就無法讓人接受。當突厥取代了柔然成為北方草原上的霸主後，曾對中國北方邊境造成了極大的威脅，整個北方都在突厥的陰影之下。直到隋朝建立後，利用巧妙的外交戰，使得突厥一分為二，化為東西突厥，突厥實力受到極大削弱。隋朝另外集中名將精兵進行征討，這才將東突厥暫時壓制住。而高麗自中原大亂後急速擴展勢力，侵占了整個遼東和朝鮮半島北部，東北亞的契丹和靺鞨或多或少均在其控

制之下，可以說是東北亞的第一大國。這兩強聯手，就能從西面、北面和東面對隋帝國的領土形成全面的威脅，這樣巨大的威脅對於隋帝國來說顯然不能忽視。此外，高麗國如今的疆域本就在漢朝疆域內，之前國力不濟沒有辦法，如今隋帝國兵強馬壯，又怎能任由這麼大一片國土流失在外呢？打這一仗的意義毫無疑問了，不論從哪方面看，這一仗都必須打。但問題是如上文所說的那樣，好不容易找到了機會，楊廣這次可不滿足於僅僅派遣一員良將將高麗國消滅了事，他要御駕親征！他要讓天下人都知道，他是個會打仗的皇帝，而不是只能躲在後面分享功勞的「吉祥物」！

動員：百萬人力背後的社會代價

親征高麗，對於楊廣來說可謂是大業中的大業，他要來一場史無前例的大遠征，更要一場前無古人後無來者的輝煌勝利。要做到這一切，最重要的就是一個字——「錢」。俗話說兵馬未動糧草先行，打仗沒錢不行，而國庫的錢是有定數的，在楊廣的大手筆之下已無力支撐起如此規模的戰爭行為。想辦法要錢，是楊廣的首要任務。古今中外，歷朝歷代，政府想憑空獲得一筆巨大的錢財都不是一件容易的事情。例如漢武帝要全面反擊匈奴，國庫裡的錢花光了不說，還開始透過鹽鐵官營、酒類專賣來賺錢。不得不說楊廣是一個很超前的人，他與法國總理歐蘭德一樣，都將主意打到了富人的頭上，要向富人徵戰爭稅！

在中國古代封建社會，能被稱為「富人」的都是一群什麼樣的人呢？不外乎貴族、官僚、地主與商賈。他們是封建王朝穩定的基礎，同樣是國家身上的蛀蟲。他們與皇權的博弈無時不在進行。南北朝乃至隋唐，都有所謂的「士族」與「庶族」之爭。但不論是士族高門還是庶族寒門，本質上都是地主，都是富人，這些人與皇帝一起構成了整個國家的統治階級。楊

廣向這群人徵稅，可謂將矛頭對準了統治國家的整個階層。更為恐怖的是，全國的讀書人又大都出自這個階層。在中國的封建時代，讀書人的地位一般都非常高，他們掌握著輿論，得罪了他們，在歷史上想要好名聲就難如登天了，甚至在當時就有可能被直接醜化汙衊。例如後世清代皇帝雍正為了挽救經濟困境，實行「攤丁入畝」、「士紳一體當差一體納糧」的政策，客觀上挽救了清朝的經濟，大大延長了清王朝的統治壽命。可雍正的政策也一樣大大得罪了「富人」階級，於是謠言滿天飛，連雍正即位都要被編一個「傳位十四子」的段子，來造謠他得位不正。最後弄得雍正不得不寫了一本《大義覺迷錄》來為自己辯白，但依然毫無作用，最終只能在對心腹重臣的奏摺批覆中怒吼，「朕就是這樣漢子！就是這樣秉性！就是這樣皇帝！」來標榜自己。

同樣，楊廣敢向富人收稅，就得做好被他們反噬的準備。他做好這樣的準備了嗎？從後來的發展態勢看，很顯然他沒有！在楊廣看來，皇帝就是至高無上的，多收點稅又算得了什麼？收到錢的楊廣並未像守財奴似的將錢放到倉庫中保存，而是轉手便花了出去。他高價購買軍馬，又找來工匠製作精良的器械，製造運輸車輛和戰船。還將涿郡打造成了一個戰爭前進基地，天下兵馬均需彙集在此地，還囤積了大量的糧食以供軍用。

楊廣站在隋帝國這片堅實的土地上呼風喚雨。可是沉迷於功業中的他沒有發覺，他索取的遠遠大過了這片土地所能夠負荷的。雖然這片土地是那麼的富饒，在無節制的索取面前依舊在慢慢枯萎，最終四分五裂。

後世很多人在研究楊廣這個人物的時候，常常會驚呼，楊廣遺留下來的那些「大業」往往造福了幾代人甚至幾十代人。很多學者，甚至是國外的學者因此對楊廣讚譽有加，認為其真實的形象並非如此惡劣，極有可能是被汙衊和醜化的。他們往往忘記一個關鍵的問題，那就是用錯誤的手段得到正確的結果是最不可取的。因為這樣錯誤的手段會被誤認為是正確

的，而一再被應用，最終造成大問題。楊廣就是典型的例子。就在大業七年（西元611年）的戰爭準備期間，民力的損耗達到了驚人的數字。

1、命幽州總管元弘嗣往東萊海口造船三百艘。工期緊張，官吏們日夜督役，工匠們晝夜立於水中不能上岸休息，於是自腰以下皆生蛆，三到四成的工匠因此而死。

2、徵發江、淮以南民夫及船運黎陽及洛口諸倉米至涿郡。舳艫相連長達千餘里，載兵甲及攻城器具，民夫數十萬人在兩地日夜運輸，不得休息，因此而死的人一個挨著一個，臭穢盈路，天下騷動。

3、令山東置軍府，令當地養馬以供軍役。又徵發民夫運米，囤積於瀘河、懷遠二鎮，推著自己車牛運糧的民夫均在當地被扣留，沿路民夫死亡過半，百姓們種田沒了耕牛耽誤了農時，田園大多荒蕪。

如此巨大的人力物力消耗倒也罷了，更為要命的是如此龐大的動員大多都集中在關東地區，也就是河北、河南、山東這部分地區。這部分地區今天看來並沒有什麼特別，但在三國魏晉南北朝這樣一個三百餘年的大分裂的時代中，曾經統治這塊地區四十餘年的「東魏」—「北齊」世系，與西面的「西魏」—「北周」世系分庭抗禮，一直到西元577年才被北周滅亡。由於北齊高歡帝系胡化的影響，這片土地上的人們民風彪悍，甚至誕生了被稱為「山東豪傑」的世系軍事集團。他們胡漢雜糅，胡風濃烈，善戰鬥，務農業，訓練有素，與關西的關隴軍事貴族頗有隔閡。楊廣在這樣一個危險地區濫用民力，涸澤而漁，等於將自己的帝國置於一個巨大的火藥桶上，隨時會被引爆。危機已經越來越近了……

不知節制的戰爭動員，極大破壞了隋帝國的經濟。又恰逢山東、河南大水，受災地區達三十餘郡。天災人禍交織在一起，各路反王開始登上了歷史舞臺，火藥桶的引線終於被點燃。

長白山前知世郎，純著紅羅錦背襠。

長矟侵天半，輪刀耀日光。

上山吃獐鹿，下山吃牛羊。

忽聞官軍至，提刀向前蕩。

譬如遼東死，斬頭何所傷。

——〈無向遼東浪死歌〉王薄

這首〈無向遼東浪死歌〉的作者，便是揭開隋末大動亂的長白山（這裡的長白山並不是今天東北的長白山，而是位於今山東章丘境內，而現在的長白山當時叫做「太白山」。）知世郎王薄。隨之而起的還有平原「阿舅賊」劉霸道、漳南人竇建德、鄃人張金稱、蓨人高士達。由於百姓受壓迫極深，這些造反勢力揭竿而起之後發展速度極快，拉起上萬人隊伍也不鮮見。朝廷雖然委派官吏追捕斬殺，但是根本捕不勝捕，殺不勝殺。陰雲密布在中原大地上，亂象再顯。

內政上的隱憂已經初顯，不過隋帝國畢竟底子厚、身體壯，一時半會兒還能撐得住。但大戰在即，總指揮卻是要御駕親征的楊廣，這就太糟糕了。身為國家最高掌權者，除非到了最危險的時刻，否則親征都不是什麼好選擇。更何況楊廣這樣實際上毫無一線實戰經驗，基本上紙上談兵的傢伙呢？

當然，朝內不是沒有人看到這點。楊廣這人很虛榮，他出征前徵召合水令庾質，問他：「高麗全國的人還沒我大隋一個郡的人多，如今朕用這麼多人討伐它，你認為能順利攻下高麗不？」其實這哪是真心想問什麼軍事問題，純粹就是擺好 pose 等著被讚美嘛！這時候如果換個聰明人，直接跪下山呼萬歲，陛下英明神武，一統江湖即可。花花轎子人抬人嘛，就算是皇帝也是需要被稱讚的。可是這個庾質很不聰明，他絲毫不給楊廣面

第一章 天道輪迴：隋帝國的誕生與墜落

子，反而說：「如果這樣討伐的話自然是可以打下來。但是以臣的愚見，陛下最好還是不要親征。」又道：「如果一時打不下來，我怕損害了陛下的威嚴。如果陛下的車駕在此停留，任命猛將勁卒，傳授他們大策略方向，然後以急行軍出其不意對高麗進行打擊，那麼肯定能順利打下。打仗的訣竅是要快，如果慢慢來，等敵人有了準備就很可能無功而返。」這言下之意就是──楊廣搞這麼大的堂堂之陣完全就是不通兵事，拿來作秀可以，真正上戰場完全不行。您還是留在這裡，別給前方將士添亂了吧！

庾質的這些話倒是字字珠璣。如若當時楊廣聽從他的諫言，也不至於有後來悽慘的下場。但此時的楊廣又怎能聽得下去這番話呢？歷史終究無法改變，大業八年（西元612年），楊廣率領浩浩蕩蕩的隋朝大軍終於出發。

隋軍主力被劃分為二十四軍，具體情況見下列表格：

歸屬	序列	出擊目的地	統帥將領
左十二軍	第一軍	鏤方道（今遼寧瀋陽西北）	似右屯衛大將軍麥鐵杖
	第二軍	長岑道（今遼寧瀋陽東）	原定左武衛將軍樊子蓋，後樊子蓋轉入後繼者不明。
	第三軍	海冥道（今朝鮮海州）	不詳
	第四軍	蓋馬道（今朝鮮北部狼林山一帶）	左屯衛大將軍吐萬緒
	第五軍	建安道（今丹東市孤山縣境內）	不詳
	第六軍	南蘇道（今遼寧撫順新賓境內）	原定兵部尚書、左候衛大將軍段文振，但其渡遼前病死，後繼者不明。
	第七軍	遼東道（今遼寧遼陽）	左驍衛大將軍荊元桓
	第八軍	玄菟道（今遼寧新賓西）	左屯衛將軍辛世雄

動員：百萬人力背後的社會代價

歸屬	序列	出擊目的地	統帥將領
左十二軍	第九軍	扶餘道（今遼寧昌圖）	左翊衛大將軍宇文述
	第十軍	朝鮮道（今朝鮮平壤南）	不詳
	第十一軍	沃沮道（約今吉林臨江至長白一帶）	右翊衛將軍薛世雄
	第十二軍	樂浪道（今朝鮮平壤）	右翊衛大將軍于仲文
右十二軍	第一軍	黏蟬道（今朝鮮平壤西南）	似檢校左武衛將軍崔弘升
	第二軍	含資道（今朝鮮平壤東南）	不詳
	第三軍	渾彌道（今朝鮮平壤北）	右武衛大將軍李景
	第四軍	臨屯道（今朝鮮首爾東北）	不詳
	第五軍	侯城道（今遼寧瀋陽東南）	不詳
	第六軍	提奚道（今朝鮮瑞興南）	不詳
	第七軍	蹋頓道（今遼寧朝陽縣境）	右驍衛大將軍史祥
	第八軍	肅慎道（今遼寧北部）	太僕卿楊義臣
	第九軍	碣石道（今平壤西部）	右候衛將軍趙才
	第十軍	東暆道（今朝鮮江陵）	不詳（治書侍御史陸知命為該路隋軍的「受降使者」）
	第十一軍	帶方道（今朝鮮平壤南）	不詳
	第十二軍	襄平道（今遼寧遼陽北）	右御衛將軍張瑾

今人對隋煬帝的出兵總數總是非常懷疑。根據《資治通鑑》上的記載，隋軍總兵力是一百一十三萬三千八百人，號二百萬，後勤民夫更是倍於士兵。按照《資治通鑑》給出來的出兵序列計算，算來算去都算不對，很多研究者極為苦惱。這二十四軍看上去策劃得非常有條理，有策略目標，有統兵大將，甚至連每軍的人陣列隊都一清二楚。實際上，這些全都是為了模仿漢武帝弄出來沿路耀武揚威的，根本就不是隋軍的真實軍隊序列。隋軍一到遼東開打之後，又進行重組。如果單純按照《資治通鑑》的

描述進行計算,必然很難得出正確的結論。

　　這個所謂的二十四軍序列,在大業三年(西元 607 年)的時候楊廣就想用。當時他又一次帶幾十萬兵馬出塞,太府卿元壽建議他模仿漢武帝分二十四軍出關行軍,好好過一把千古一帝的癮頭。最後因為周法尚的強烈反對而作罷。這次楊廣打定主意要來一次輝煌的遠征,噱頭自然一定要做足,這二十四軍也就必須上演一番。一場轟轟烈烈的武裝閱兵遊行開始了,楊廣一共組建了二十四個軍,再加上御營的內、外、前、後、左、右六軍,隋軍的陸軍總兵力一共是三十個軍左右。這三十個軍按照後來隋軍分兵重組之後的九軍三十萬五千人計算,隋軍陸軍總人數為一百零一萬左右。來護兒率領的水軍兵力史書沒有明說,只是說「分江淮南兵,配驍衛大將軍來護兒」,那麼來自南方的水兵有多少呢?這一點史書裡面倒是有記載,有江淮以南水手一萬人,弩手三萬人,嶺南排鑹手(一手拿盾牌一手拿短矛的士兵)三萬人。雖不能確定具體的人數,但根據隋軍的艦隊規模以及後來的戰鬥過程來看,有理由推測,隋軍加上水手的總人數是七萬到八萬左右。而水軍在涿郡彙集之後就集中於東萊這個前進基地內,並未參加這場前無古人的武裝大遊行。剩下的四五萬人則是突厥之類的少數民族僕從軍。這一次遠征,如此巨大規模的軍事行動,按照史書中的說法就是「近古出師之盛,未之有也。」其實不要說是中國,就是拿到世界看,古代這樣規模的軍事行動也是屈指可數。

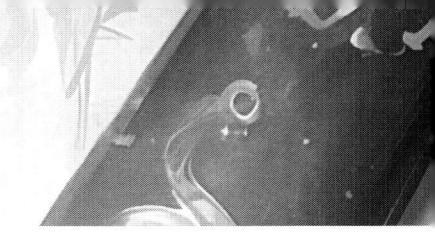

第二章

屍山血海：
三征高麗與帝國傷口的撕裂

第二章 屍山血海：三征高麗與帝國傷口的撕裂

▋過河！過河！過河！遼水畔的悲壯首戰

　　隋帝國的百萬大軍浩浩蕩蕩地出發了。彷彿受到了某種詛咒一般，剛出發沒多久，此次遠征計畫的策劃人之一，兵部尚書、左候衛大將軍段文振便因病死於軍中，隋軍東征的最後一個保險也就此喪失了。

　　段文振是官三代出身，他祖父和父親都是刺史級別的高官。靠著父輩的餘蔭，他也很順利的當了官。畢竟這是一個貴族門閥政治的時代，沒個好出身想要出頭是千難萬難。除了有個好出身，段文振比他的父親和爺爺更加威猛。他打過突厥、殺過南蠻、平過南陳、討過吐谷渾，深受皇帝楊廣的信任。在這次討伐高麗的作戰中，段文振是制定作戰計畫的最高層核心之一。當然在隋唐時代，猛將可一點都不罕見，單單能打仗不出奇，問題是他還是個預言家！他曾經預言突厥不能信任，日後必為大患。日後突厥果然反叛，將楊廣困於雁門。他還預言兵曹郎斛斯政不是好東西，絕對不能信任。日後果然這廝就叛逃至高麗。最神奇的是，他在彌留的最後時刻還上了一道預言式的奏疏，大概意思就是：「這高麗國看來是不肯輕易屈服的，必須嚴加提防。他們嘴上說降服，心中卻藏著叛意，絕對不能輕易接受。遼東雨季剛剛開始，不可久留。希望陛下能嚴令諸軍火速出發，迅速攻克平壤，其他各城必然不攻自破。如果不能及時破城，一旦遇上連綿秋雨，必然會極為困難。到時候軍中無糧，高麗軍在前阻截，靺鞨在後威脅，全軍勢必遭遇困境，絕不是上策。」預言家就是預言家，之後事態的發展與他說的幾乎絲毫不差。看到這裡，就不免讓人遐想，假若段文振能不死，那以他的身分地位和對戰事的判斷，也許隋軍的未來又會是另一副樣子。

　　隋軍主力一路向東行軍，直到遼水（今遼河），才停了下來。遼河是東北地區南部的最大河流，也是中國七大河流之一。面對滔滔河水，隋軍

> 過河！過河！過河！遼水畔的悲壯首戰

面臨渡河的難題。高麗一方重兵雲集，嚴陣以待，企圖利用遼河的天險來阻止隋軍渡河，隋軍則必須突破這道天塹才能進軍遼東城。因此雙方的第一場交鋒就顯得極為殘酷和血腥。

此戰的一線主將，為率領第一軍的右屯衛大將軍麥鐵杖。此人與身為官三代的段文振不同，是徹徹底底的草根出身。史書上說此人「性疏誕使酒，好交遊，重信義，每以漁獵為事，不治產業。陳太建中，結聚為群盜」。如果不知道這段話是寫麥鐵杖，也許大部分人會認為這是在說《水滸傳》中的阮氏兄弟。實際上麥鐵杖做的事也跟水滸中的那幫梁山好漢差不多。他有個獨門技能，可以一天跑五百里，水滸中的神行太保戴宗原型大約就是此人。換到現在，奧運馬拉松國手必然有他一個。

麥鐵杖整天這樣打家劫舍，當然會遭到追捕。當時的廣州刺史很有能力，很快將其擒獲。不過這麥鐵杖也算幸運，因為他身材雄壯驍勇，居然一步登天，被指派為陳朝的皇帝執傘。這好比是一搶劫犯被抓之後發現其身手高強，於是成為國家特務一樣神奇。當然這還不是最神奇的地方，更不可思議的是——他居然早上當著皇帝的貼身近侍，晚上就跑去百餘里外的南徐州搶劫，第二天又仍為皇帝執傘不誤。就這樣麥鐵杖一連搶了十幾次，絕對是膽大包天。常在河邊走，哪有不溼鞋？要說被麥鐵杖搶劫的這群受害者也都非富即貴，就算麥鐵杖隱藏在皇帝身邊，還是被認出，於是他們紛紛向皇帝舉報。但麥鐵杖整天都在皇帝身邊徘徊，朝廷上下都不相信會有這麼匪夷所思的事情。後來告狀的人越來越多，陳朝尚書蔡徵出了一個主意。一天罷朝時，他忽然以白銀一百兩為酬，募人到南徐州投遞緊急公文，規定必須於第二天黎明時持回文上奏皇帝。許多人計算里程和時間，縱使跨駿馬也不能完成任務，因而無人應召。這是專門為麥鐵杖設下的圈套。麥鐵杖根本不知道朝廷要對付他，心想：「這活我可拿手！」於是高高興興地接了任務。結果麥鐵杖連驛馬都不用，輕鬆將任務完成。這

第二章 屍山血海：三征高麗與帝國傷口的撕裂

也將麥鐵杖在徐州做強盜的事實呈現在皇帝面前。

雖然暴露了，但在古代，麥鐵杖這樣的人實在不多見。朝廷感覺人才難得，還是留了他一條命。之後陳國滅亡，麥鐵杖投入大將軍楊素的軍中，屢立戰功。最經典的一次，楊素讓他渡江偵察敵情，他不小心被擒，敵軍主帥派了三十人押送他，結果被他找了個機會全部殺光。

如此勇猛的麥鐵杖，在官路上卻並非一帆風順。要知道從東漢末開始，中國便進入了一個門閥貴族的時代，像麥鐵杖這樣沒有家世的平民，想在仕途上有所作為，無比困難。他在陳朝，就算顯示了神奇的能力，最後連個官都沒當上。轉投隋朝之後，雖然在楊素麾下屢立戰功，論功卻時常被忘記，最後隨便封了個虛銜便被打發回家待業。直到楊廣登基之後，才真正獲得重用，不但得到了柱國的爵位，還爬到了右屯衛大將軍的高位上。對麥鐵杖而言，楊廣對他實在有知遇之恩，值得他用生命來報答。出征前，他留下話：「大丈夫生死自有天命，怎能病懨懨地躺在床上，最後死在兒女身邊？」留下這句話後，他身為先鋒，出征高麗。

面對滔滔河水，此時領軍渡河，危機重重。麥鐵杖身為第一軍大將，本可以留在後方，不必親身犯險。可是他僅僅把自己的兒子叫到身邊，對他們作了最後的囑咐：「我深荷國恩多年，今日便是死節之時，我若戰死，你們不需難過，只需心懷『誠』與『孝』就夠了！」說完便一馬當先，渡水衝陣。這種情形在好萊塢電影中可以無數次地看到，英雄人物高喊著：「今天是個犧牲的好日子！（Today is a Good Day to Die！）」，慷慨赴死。麥鐵杖於人生的最後一刻，讓自己在歷史上留下了濃重的一筆！

　　壯士何慷慨，志欲吞八荒。

　　驅車遠行役，受命念自忘。

　　良弓挾烏號，明甲有精光。

臨難不顧生，身死魂飛揚。

豈為全軀士，效命爭戰場。

忠為百世榮，義使令名彰。

垂聲謝後世，氣節故有常。

大業八年（西元612年）三月十四日，隋陸軍進擊至遼水（今遼河）西岸，與高麗軍隔岸相拒。高麗軍在東岸嚴陣以待，隋軍不能渡河。煬帝讓工部尚書宇文愷造浮橋三道於遼水西岸，然後移向東岸。這宇文愷是隋朝有數的建築家和製造家之一，隋朝的長安城（大興城）和洛陽城都是他主持規劃建設的。此外他還修過運河，修過長城，造過能容納數千人的大帳，造過可以運載數百人侍衛卻活動自如的觀風行殿。他的製造技術可以說是世界第一流了，但恰恰在這裡出了紕漏。由於測量誤差，事先預計不夠，浮橋長度不夠，距離對岸尚有數丈距離，而敵軍卻群集而至。即使如此，隋軍亦驍勇無比，紛紛下水與高麗軍戰鬥。但高麗軍站在岸上居高臨下攻擊，盡占地利。此時，麥鐵杖毫無猶豫，全副盔甲跳下水，游到岸上與敵人鏖戰。武賁郎將錢士雄、孟金叉亦隨之，終究寡不敵眾一同戰死。天地蒼茫，三軍流涕！將星隕落在這奔騰不息的遼水河畔之上。

渡河行動失敗之後，隋軍將浮橋拉回西岸。這次換成少府監何稠修補完成浮橋。要說這位何稠也是個一流的製造家，他曾經製造一種特殊的綠瓷來仿琉璃，也造過不少精美華麗的宮室。不過讓何稠真正千古留名的，還是他發明的情趣用具——「任意車」。這種任意車傳說女子一旦進入，手足便被控制，供楊廣任意淫樂。此車中有機關，可以自行搖動，還可以在宮室內任意移動，讓楊廣可以在路上臨幸宮女，堪稱超級淫具。可能是一法通萬法通，何稠在軍事工程方面同樣造詣非凡。這位隋唐時代的情趣用品製造大師接替了宇文愷的工作之後，率工匠們不眠不休工作了兩天，隋軍終於將浮橋建造完畢。這次何稠沒有出宇文愷那樣的紕漏，三道浮橋

成功地將兩岸連通。

幾十萬隋軍在兩天前眼睜睜地看著自己的袍澤兄弟盡數戰死於東岸，自己卻因為橋短而無法援救，因而戰意之高昂，非比一般。橋成之日，三軍仰天而誓，必盡滅敵軍以謝英魂於九泉之下！諸路隋軍如惡虎出柙，迅速通過浮橋，在東岸擺陣與高麗軍大戰。這一仗打下來結果不問可知，「高麗兵大敗，死者萬計。」隋軍乘勝圍攻遼東城（今遼寧遼陽）。

遼東圍城：鋼鐵堡壘與皇帝的執念

隋軍的野戰攻擊力讓高麗人膽寒。雖然初次交鋒隋軍便損失大將，但最後將高麗駐河軍隊擊潰，並包圍了高麗重鎮遼東城，似乎戰事正朝向好的方向發展。楊廣萬萬沒想到的是，這小小一個遼東城，居然成了他東征高麗的最後一站。為什麼會出現這樣的情況呢？這事主要還是壞在他自己身上。

這楊廣平素是個極端驕傲的人，他念念不忘要超過自己的父親，開創自己偉大的事業。為此，他曾經有一句名言，「人家說我繼承先帝遺業，其實我和士大夫比才學，我也該做皇帝。」對文學，他就是這樣自信，對打仗，他也同樣自信。他曾是攻陳的名義總指揮，就覺得自己很能打，於是自我膨脹到開始教臣子如何打仗。沒了睿智的段文振輔佐，楊廣自信滿滿地擬定了很多奇葩的軍事法則要求臣下遵守。如進軍之時必須三軍同時前進，不得輕兵掩襲。有軍事行動之前一定要先奏聞待報，將領沒有自由決定的權力等等。

古代行軍打仗不比後世，什麼事情一個電話，一封電報就能很快讓人知曉千里之外的軍情。隋軍即使有了戰機，等傳令兵一來一回的奏報下來，

戰機也早消失無蹤。凡事必要三軍同進，兵法中的兵貴神速便成了空中樓閣，征遼也就變成了一場純粹的消耗戰。

不得不說，遼東城的高麗守將抗壓性非常棒，被上百萬隋軍圍困居然還能堅持不投降。甚至不但不投降，還時不時地派出部隊與隋軍野戰。大概這位守將也知道守城也需以攻代守的戰爭訣竅吧！但現實往往會給予死讀兵法的人無情的打擊，不論是數量還是野戰能力，隋軍都遠遠超過遼東城守軍，數次出城野戰的結果都是被揍得丟盔棄甲。這樣的結果讓遼東城上下都清醒了不少，於是閉門死守，再也不肯出戰。

遼東城守軍縮回城之後，隋軍漸漸開始坐蠟起來。遼東城在漢朝叫襄平城，此時的遼東城與漢朝的襄平城卻毫不相同。遼東城在高麗數百年的苦心經營之下，與其說是城池，不如說是一座要塞更為恰當。

為何高麗人將好好的一座城池修成一座堡壘式的要塞呢？這個就要從高麗對中原帝國的防守策略上來看了。眾所周知，中國東北氣候和中原地區相差很大。遼東地區的溫差與關中地區的溫差平均相差五到八度，極限溫差甚至相差二十度以上，隋唐時代亦是如此。如此懸殊的溫差就成了高麗守軍的致命武器，只要拖過了那僅有的幾個溫暖月，無需高麗人動手，嚴寒自然會擊敗中原的軍隊。在隋唐時代，士兵們是沒有棉襖的，人們的主要禦寒織物依然是麻布，禦寒性遠不如棉衣。高級軍官可以穿皮裘禦寒，普通士兵顯然不可能享受這樣的待遇，這樣的情況直到宋代棉衣普及才有所緩解。因此，氣溫的因素對於隋唐軍隊來說相對於後世更為嚴峻。

有了天氣這樣的法寶，高麗國自然會善加應用。在數百年來對中原軍隊的戰爭中，雖然幾度王都被占，國王倉皇逃命，但還是總結出了一系列利用天氣對抗的經驗，其中最重要的就是堅壁清野，大修要塞。因此，藉著中原大亂的數百年黃金時期，高麗國不但侵吞了遼東，而且在遼東修建了大量的要塞式城池。

第二章 屍山血海：三征高麗與帝國傷口的撕裂

這些高麗式的要塞，經過今天的考古發現，基本都很少有規範的街肆、里坊布局或者官署建築，絕大多數都是軍隊屯戍一類的半地穴式建築或石砌帶火坑的簡易住宅，並且大多有儲糧的窖址，以及人工築就、多與自然水源相連的蓄水池。大城周圍多拱衛以眾多小城，而大城的位置往往就在交通線附近的山地上，因此也被叫做山城。

這樣的軍事要塞數量眾多，又都分布在交通線上，就意味著進攻方必須一個一個剷除這些阻礙。可是這樣的軍事要塞地勢險要，易守難攻，既不缺糧食也不缺水，要塞內全民皆兵，沒有內部隱患。以古代的攻城水準，想要輕易地攻打下來難度非常高。即便打下來一個，後面還有一堆等著。只要將中原軍隊拖入了秋冬季，這場仗就算是贏了。

面對這樣一座遼東要塞，隋軍開始了漫長的攻城戰。隋軍畢竟人多，又因為天氣與後勤的因素必須速戰速決，於是採取了早晚分班輪流不停攻打的戰術，企圖一口氣打下遼東城。事實上隋軍的戰術非常奏效，遼東城即便再怎麼要塞化，畢竟守軍數量有限，面對如此凶猛的攻擊，招架不住也是理所當然。

就在遼東城數次瀕臨陷落之際，楊廣這位隋軍總指揮開始玩起了無間道。他頒布了這麼一個規定——高麗人如果想投降，隋軍就要停止攻城，以顯示他的仁君風範。高麗人恰恰把楊廣這樣的心理摸得熟透，屢屢在遼東城要被攻陷的時候就假意投降。隋軍只能立刻停止進攻，派人回報。等旨意到來，高麗人早已修補完城牆，調配好兵力，嚴陣以待。就這樣來來去去，同樣的戲演了三四趟，雙方就像跳探戈那樣你進我退我退你進。進退之間楊廣玩得不亦樂乎，死活不改初衷。而遼東城就在這樣的玩鬧中堅如磐石。

平壤攻略：一場遲來的崩潰

　　遼東城圍城戰整整打了一個半月都沒什麼結果。用百萬隋軍圍攻一個小小的遼東城只能空耗軍力。由於地勢和城池規模的限制，可以在第一線戰鬥的士兵並不多，因此即便隋軍晝夜攻打，依然有很大一部分兵力處於空閒狀態。

　　六月十一日，楊廣帶著他的御營，終於慢騰騰地來到了前線。小小一座遼東城，居然能阻擋隋朝大軍如此之久，這讓楊廣極為難堪。以他的驕傲，當然不會承認是自己的奇葩策略導致戰事不順。既然自己沒錯，那就肯定全是手下的錯，所謂「部下的苦勞是上司的功績，上司的過失卻是下屬的責任」！楊廣怒斥諸將作戰不利，甚至擴大到諸將是有意憑藉門閥家世與自己作對，因此才打不好仗，對諸將喊打喊殺。

　　發了一頓火之後，楊廣開始親自督戰。督戰的同時，他居然還停止不了那顆愛折騰的心。他又讓何稠做總工程師，在遼東城西數里短時間搭建了一座「六合城」。這座城周長八里，幾乎能和遼東城的規模媲美。楊廣就在這座人工城中悠哉悠哉地指揮著隋軍攻城。

　　楊廣這個人極端驕傲自負，但並非沒有腦子。他抵達遼東之後也察覺了靠大軍一路平推的辦法行不通，於是很快改變了起初擬定的策略，將百萬圍城的隋朝軍隊一分為二，將部分隋軍重組，組成九軍共三十萬人，由宇文述等將率領，自懷遠（今遼寧北寧附近）渡遼水向鴨綠江挺進，直插高麗國的心臟——平壤。此時水軍也由大將來護兒率領，自東萊出發，渡渤海進入浿水（今平壤大同江），目標亦是平壤。傳說隋軍艦隊綿延數百里，雄壯至極！

　　應該說這次的分兵，策略上是可取的。如果作戰成功，只要平壤一失，高麗全境將群龍無首，其餘城池便能一鼓而下。尤其又是水陸兩路同

第二章　屍山血海：三征高麗與帝國傷口的撕裂

時進攻平壤，如果配合得好，那將重演漢武帝征朝鮮的故事，攻破平壤，掃平高麗。

率領水軍的來護兒走的是海路，一路順風順水。而高麗國水軍寥寥無幾，更別提可以海戰的水軍。所以隋朝水軍後發先至，比陸路的大軍要早到平壤。這一點和漢武帝時期攻朝鮮非常相像。這支水軍其實並非攻城主力，水軍的船隊上面攜帶有大量糧食補給，實際上更多是輔助陸軍後勤。能否順利與陸軍主力會合，是第一次攻遼成敗的關鍵。

對高麗國來說，隋軍的斬首策略已經非常明顯，水陸兩軍合擊的態勢迫在眉睫。高麗國王高元也是知兵之人，他知道目前唯一的應對策略是各個擊破。來護兒的水軍最先抵達平壤，相對隋陸軍而言，不論是數量還是絕對實力上都弱很多。隋水軍理所當然被列為首要消滅的對象。高麗國聚集了當時所能召集到的所有兵力，在離平壤六十里的地方與登陸隋軍進行決戰，企圖一舉將隋水軍消滅。高麗可不是什麼小國，據考據，隋唐時代的高麗國擁兵六十萬，是東北亞地區不折不扣的大國。此次出擊，高麗軍陣在戰場上居然「列陣數十里」，可謂傾巢而出。以唐代駐蹕之戰中高麗可以出動十五萬軍隊與唐軍野戰的數字來看，與來護兒野戰的高麗軍隊數量應該也不會少於此數。

從策略戰術上說，高麗國王高元的應對非常正確，他唯一沒料到的是來護兒這個人。來護兒在《隋唐英雄傳》中位列「四猛」之一，在評書中便不是什麼善茬。實際的歷史中，他的祖先是東漢中郎將來歙，曾祖父與祖父都曾經封侯，可說是出身名門。他自己年幼失怙，被世母吳氏撫養長大。這人從小就想著做大事，要為國效力博取功名。梁末侯景之亂時，來護兒的世父為當地豪強陶武子所殺，吳氏常流著淚對來護兒提及此事，來護兒一直想要報仇雪恨。陶武子在當地勢力龐大，同姓宗族有數百家之多。在那個時代，鄉間農村幾乎都是被宗族勢力所掌控，宗族勢力的強弱代表了

平壤攻略：一場遲來的崩潰

在地方上的話語權。來護兒雖出身名門，家族卻已衰落，無法與陶武子抗衡。來護兒卻並未放棄，他趁著陶武子家辦婚事的機會，尋找了幾個幫手，衝入陶武子家將其殺死，用其首級祭奠世父。在場賓客雖多，卻均被其震懾，不敢有所動作。從這件事可以看出，來護兒膽大包天又有勇有謀。之後他在隋軍平定南陳之戰中屢歷戰功，又平定了南方的高智慧等諸多叛亂，功勳卓著，非常厲害。高元妄圖以多擊寡，搶先搞定來護兒，只能注定踢到鐵板上。

來護兒這邊都是水軍，數量並不多，還有相當數量的水手。限於當時船隻的運力，也不可能有很多的馬匹，因此在戰術上屈於劣勢。高麗軍方面不但數量上遠遠多於隋水軍，而且裝備上也並不遜色，在馬匹上更有優勢。高麗人擅長製作鐵甲，也擅長騎射，戰鬥力極強。當時來護兒手下的將領都認為出戰會不利，還是等待隋軍主力到達再與敵進行決戰為好。來護兒並不這樣認為，他對手下諸將說：「我本來以為他們肯定會堅壁清野，死守城池，現在居然敢與我軍野戰。這不是送死嗎？不一舉打敗他們還等什麼？」對照來護兒以往的事蹟，他會說這種話還真沒什麼好奇怪的。

雙方決戰的結果出乎所有人的意料。擁有絕對數量優勢，還擁有鐵甲重騎兵的高麗軍被打得大敗。究其原因，可能是來護兒軍中的三萬弩手發揮了巨大作用。隋軍大概採用了盾牌持矛步兵前排防禦，後排強力弩手不斷射擊的戰術，大破高麗軍於平壤野外。但由於來護兒的軍隊多為步兵，騎兵數量嚴重不足，因此只能擊潰對手，無法全殲，這也為後來埋下了很大隱患。

此戰後，來護兒率四萬精兵追殺高麗潰軍，意圖直接攻占平壤，獨得大功。但副將周法尚卻持反對意見。周法尚在史書中似乎總是一副唱反調的形象，之前楊廣玩軍事遊行，被他反對，現在來護兒要攻占平壤又被他反對。但這次周法尚沒有說服來護兒。來護兒最終還是率兵殺入平壤外

第二章　屍山血海：三征高麗與帝國傷口的撕裂

城，平壤似乎唾手可得。此時意外發生了。進入平壤之後，過於順利的情況讓一代名將來護兒放鬆了警惕，隋軍將士在平壤內縱軍大掠，隊伍亂成一團。高麗王高元的弟弟，後來的高麗榮留王高建武召集了五百名死士埋伏在羅鄭遂空寺內，看到有機可乘便率這五百人對隋軍決死突擊。

大意的隋軍並沒有想到外城內居然還有這麼一支伏兵，被打得措手不及。之前高麗軍的潰兵也在內城恢復了元氣，順勢出城追殺。隋軍在混亂的狀態下被銜尾追殺至岸邊。四萬隋軍能逃回來的僅僅只剩下數千人。還好周法尚與來護兒意見相左之後率領本部兵馬並未參加追擊，大概是來護兒看此人老是唱反調所以才沒有帶在身邊的緣故吧！不過這個決定卻恰恰挽救了隋水軍。周法尚預感到來護兒的軍事冒險極有可能會出問題，於是令剩下士兵嚴陣以待。高麗追兵一看隋軍有所準備，不敢再追，也緩緩退回平壤城內。來護兒經此一敗，精銳損失大半，不敢繼續在敵人大軍眼皮子底下逗留。只能放棄與陸軍大部隊會師的計畫，乘船往浿水下游而去，屯兵於浿水入海口。

花開兩朵，各表一枝。說完了水路的隋軍，現在我們回到走陸路的隋軍三十萬主力上面來。宇文述這九軍從瀘河（今遼寧義縣附近）、懷遠（今遼寧北寧附近）出發時就遇上了很嚴重的後勤問題。當時的人馬按照作戰需求，都配給了百日的軍糧，另外加上每個士兵必須裝備的盾牌、盔甲、長槍馬槊、行軍裝備、生火之物和帳篷等，每個士兵的負重達到了三石之多，相當於一百公斤左右！要知道現代美軍的極限應急負重，也不過是負荷 60 公斤走 8 公里而已。一百公斤的負重，早已超過普通士兵能夠承受的極限。但為了後勤需求，軍內嚴令「遺棄米粟者斬」。士兵們沒辦法，只能將糧食偷偷埋在宿營時自己帳篷的地下。結果隋軍剛剛走到鴨綠江西岸時，軍糧已消耗殆盡。

可能有人會問，隋帝國在瀘河、懷遠二鎮集中了龐大的畜力作為運輸

工具，民夫用牛車運糧過去的時候他們的牛車都被扣下作為軍用，為什麼隋軍不用畜力來運輸呢？大規模開發之前的東北，自然環境極為惡劣。懷遠附近夏秋兩季蚊蟲極多，牛馬都無法在此環境下通行。而且當地沼澤遍地，與其說是行軍，不如說是蹚水。後世人甚至將這段路程比喻為地獄之旅，（宋代的許亢宗的《宣和乙巳奉使金國行程錄箋證》和金人王成權的《青宮譯語》）可見其艱苦程度。隋軍並非不想用畜力運糧，實在是有心無力。

　　去掉後勤短缺這個致命問題不談。這支隋軍，將領各自為政，人心不齊，決策之時又受楊廣策略的制肘，可說渾身都是毛病。隋軍到達鴨綠江西岸時，高麗王正聚集主力對付來護兒的水軍，因此派了重臣乙支文德前來詐降，希望能夠拖延隋軍進度，並且探察虛實。這人一到軍營，立刻被右翊衛大將軍于仲文捉住。

　　這次楊廣終於沒犯傻，他對于仲文早有密旨：「如果遇到高元或者乙支文德來投降的話，一定要抓住他不能放走。」可見這乙支文德的重要性。此人是高麗國中一等一的人物，有膽有識，謀略無雙。抓住此人，是斷了高麗國的一柱。不怕神一般的對手，就怕豬一樣的隊友，此時「豬隊友」，時任慰撫使的尚書右丞劉士龍竟然跳出來阻止，要求于仲文將乙支文德放走。慰撫使是楊廣任命的職位，負責受降招撫高麗軍隊或者民眾，每軍均有一名。他們直接聽命於皇帝，不受大將節制，權力極大。在劉士龍的極力阻止下，于仲文居然真的膽敢違背皇帝的命令，將乙支文德給放了。

　　于仲文老於戰陣，東征高麗之前他曾擊突厥討吐谷渾，戰功顯赫。此次征討高麗，于仲文率軍路過高麗烏骨城（今遼寧鳳城邊門鎮），用瘦弱的馬驢數千放置在軍後偽裝成輜重，假裝不設防備。高麗軍中計偷襲，落入圈套，被于仲文回軍掩殺，打得七零八落。這樣一個經驗豐富的老將，居然如鬼迷心竅一般犯下如此大錯，只能說是天意使然。放走乙支文德之

第二章　屍山血海：三征高麗與帝國傷口的撕裂

後,于仲文後悔不已,派人急追乙支文德。正如三國裡諸葛亮借完東風之後的橋段一般,隋軍追兵在後大叫：「更有言議,可復來也。」乙支文德卻如孔明一般飄然渡鴨綠江而去。于仲文悔青了腸子,發狠特選鐵騎渡水追擊,連破乙支文德設下的阻攔兵馬。但乙支文德逃跑的速度天下無雙,就這樣也沒能追上,最後還遺留了一首詩給于仲文：「神策究天文,妙算窮地理。戰勝功既高,知足願雲止。」留下詩,乙支文德連夜燒毀營寨而逃。如此戲劇化的場面,世界戰爭史中也算是獨此一家。

有句話說得好：「一場戰爭的勝負所在,不過就是比交戰雙方誰犯的錯少。」後世再看隋軍的指揮,總是楊廣這個最高總指揮犯錯。等皇帝不犯錯了,手下的將領就開始犯錯。而且這些錯誤居然個個致命。反觀高麗方面,雖然也犯錯,甚至也曾經犯過大錯,但幾乎均能及時補救。一增一減中,雙方的平衡就此打破。

乙支文德這一跑,不單單是探知了隋軍的虛實,還讓隋軍丟了面子,更嚴重的是造成了隋軍內部的嚴重分歧。楊廣這個人是毛驢性格,你得順著他來才行,要是跟他唱反調,下場絕對不會好。這次他親自囑咐要抓的人居然被放走了,簡直是公然抗命。就這樣回去,于仲文肯定沒好果子吃。隋軍軍中情形卻已頗為不利,缺糧已經到了極為嚴重的境地。宇文述知道事不可違,要求退軍。但于仲文為自己的身家性命著想,極力主張繼續追擊。

于仲文在出征之前曾經被楊廣接見過。當時于仲文口若懸河,說得頭頭是道,博得了楊廣的歡心,於是命令諸軍將士有何問題都要去諮詢于仲文。面對宇文述的反對意見,于仲文很是狐假虎威了一番,劈頭就對宇文述說：「將軍率領十萬大軍,不能破小賊,有什麼顏面回去見皇帝？看來此行注定是要無功而返了！」又說：「當年周亞夫擔任將軍的時候,即使是見天子,軍容也不變。全軍都聽命於他一人,所以功成名遂。如今大家

都有自己的想法，如何能消滅敵人？」話裡話外將自己擺在了主將的位置上，意思就是皇帝說了，你們遇事都得請教我，那就得都聽我的。楊廣登基以來，殺了不少高官顯貴。違逆他意志的人，楊廣向來不會手下留情。諸將明知于仲文的追擊計畫不妥，但害怕被皇帝處罰，也只能捏著鼻子認了。

　　乙支文德來過之後，清楚隋軍缺糧。見到隋軍追來，就開始採用疲兵之計。一面堅壁清野，一面且戰且退。一日之內，隋軍竟然連勝七仗。隋軍被接連的勝利所迷惑，急攻猛進，越追越遠，最後追過薩水（今清川江），在離平壤三十里的地方依山紮營。隋軍已經接近極限，士卒飢餓難耐，後勤斷絕。如果來護兒水軍不敗，此時兩軍會合，高麗國哪裡還有生路？歷史沒有如果。乙支文德見隋軍疲敝，他最後又加了一把火。他派了個使者，宣稱隋軍若肯班師，願將國王高元送往長安謝罪。

　　隋軍本來就已經到了極限，平壤城又險固難拔，早已沒了打的心思。現在看高麗人要投降，歡欣鼓舞，心裡最後的一股氣也鬆懈了下來。隋軍班師之路，便成了一條死亡之路。高麗人在隋軍後撤的路上四面圍攻，將隋軍死死拖住。隋軍一開始還忙而不亂，列方陣且戰且退。但人總是有極限的，餓著肚子又如何作戰？七月二十四日，隋軍半渡薩水（今清川江）時，高麗軍猛擊隋後軍，擔任後衛的隋將辛世雄戰死，隋軍陷入重重圍困，遼東大地已成死地……

　　全軍崩潰之際，隋軍將士各自為戰，為了一個生還的希望而拚死戰鬥。九軍之一的沃沮道薛世雄軍，在敗退至白石山之際被高麗軍團團包圍達百餘重，四面矢下如雨。薛世雄以兩百最後的精銳重騎兵向高麗軍發起決死突擊，高麗軍如林的長矛陣也不能抵擋這些死士，最終陣形動搖。隋軍後陣內疲餓的士兵趁機以方陣集中一點進行突破，血戰到底，用巨大的傷亡為代價，終於將高麗軍陣徹底擊破，隋軍方面也幾乎損失殆盡。

這樣的情況下，諸軍皆潰，失去控制，一晝夜狂奔四百五十里，高麗軍乘勝追擊。宇文述等退至遼東城時，據《通鑑》的記載居然僅剩下兩千七百人。隋軍屍骨成山，遼東大地血流成河。

當然，《通鑑》記載的這個結果有誇大之疑。隋軍僅剩下兩千七百人，可是史書中也記載：「衛文升一軍獨全。」衛文升一軍就起碼有三萬多人，自然不可能如史書中說只有兩千七百人生還。最大的可能性是，這兩千七百人是當天跑回營地的軍隊數量。不過，不論生還多少人，隋軍損失巨大這點是肯定的。

回過頭來再看當初整個戰爭態勢。如果來護兒當時不輕敵大意，能占住平壤外城的話，高麗軍也就不可能搞出那麼多花樣。隋軍的陸路大軍即便缺糧，也能從來護兒的船隊那裡得到補給，那麼整個策略局勢就完全不一樣。平壤當時號稱「小長安」，規模不小。來護兒能占據外城，會合陸路主力隋軍後，雖然高麗秋冬寒冷，但有個外城讓隋軍紮營，就可以進行長期圍城。平壤存糧再多也頂不住這樣長期的圍困，最後的勝利必然是隋軍的。

此時大勢去矣，隋軍不但平壤攻略失敗，楊廣坐鎮的遼東城一樣未能攻下。時間很快進入八月底，遼東氣溫開始驟降。楊廣不想撤軍亦是不行。此次征遼，人力物力耗費鉅萬，卻僅僅攻取了遼水西面一座小小的武歷邏城。楊廣灰頭土臉之下，只好改武歷邏城為通定鎮，置了一個空頭的遼東郡充充門面。而千萬百姓的血肉，卻灑遍了這片白山黑水。

再征高麗：烈焰未熄，戰火重燃

第一次規模浩大的遠征行動失敗了，楊廣顯然不會就此善罷甘休。在隋帝國強盛的國力支持下，僅僅隔了一個冬天，楊廣於第二年（西元613

再征高麗：烈焰未熄，戰火重燃

年）春再次發出詔令，征討高麗。天下兵馬再一次彙集於涿郡，戰鼓也又一次擂響。

楊廣這樣的行為，必然會在國內再次引起騷亂。楊廣東征的基地位於河北涿郡，山東、河南、河北是其大後方，也是主要的後勤來源地與兵員來源地。在第一次東征動員後，這些地方早已暗流湧動，「群盜」蜂起。楊廣居然毫無休養生息之意，僅僅隔了幾個月就要再來一次東征，這一下子就點爆了火藥桶。規模化的「盜賊」集團開始大量出現。

齊郡王薄、孟讓、北海郭方預、清河張金稱、平原郝孝德、河間格謙、勃海孫宣雅，各自聚集起數量龐大的軍事力量。他們人數多的居然有十餘萬，人少的也有數萬，郡縣官府的治安軍根本不是對手。真正精銳的野戰正規軍卻都聚集在涿郡準備征高麗，外重內輕，國家的動亂眼看就要愈演愈烈。

國家面臨危機的關頭，隋朝出現了一個優秀的救火隊員──張須陀。他是河南弘農閿鄉人，二十歲左右就跟隨名將史萬歲去雲南鎮壓當地羌族叛亂，功勳卓著，升任儀同。後來跟隨楊素平定漢王楊諒的叛亂，又升到開府。參加兩次戰爭，升官升得非常順利，不用說，這張須陀的家世一樣很有來歷。他的先祖張溫是東漢的司空太尉，曾祖張慶是北魏的恆農郡守，祖父張思是北周的南陽郡開國公，家世不凡。

張須陀稱得上一位好官。他在當齊郡（治所今山東濟南）郡丞的時候，因為楊廣的橫徵暴斂加上饑荒，穀物價格暴漲，百姓無衣無食。張須陀居然敢在沒有請示過的情況下，下令開倉放糧，讓百姓暫時度過難關。歷朝歷代，無旨便開倉放糧都是官場大忌，更何況張須陀那時候還不是齊郡的一把手。郡丞是郡守的下級，這一把手都沒說要開倉放糧，二把手卻這麼積極，實在是官場大忌。幸運的是，當時齊郡郡守元褒也是一個有德行的人，沒有扯張須陀的後腿。朝廷最後不但沒處罰他，反而對他進行了獎賞。

第二章　屍山血海：三征高麗與帝國傷口的撕裂

張須陀沒有辜負朝廷對他的信任，他率領齊郡的郡兵，以羅士信、秦叔寶為先鋒，先破知世郎王薄於泰山，再率兵兩萬破孫宣雅、郝孝德與王薄的十餘萬聯軍，後接連大敗裴長才、郭方預等軍，因為楊廣征高麗而導致山東河南等地的混亂局面暫時被他控制住了。郡兵不過就是地方治安軍而已，戰鬥力無法與隋正規野戰軍相提並論。張須陀率領這樣的軍隊與「盜賊」作戰，實在不易。有一次他與裴長才交戰，沒來得及召集士兵，就率領五名騎兵與敵人兩萬周旋，圍攻之下身陷重圍，身上多處受傷，依然奮戰不止，最終撐到了後續援兵到來，將裴長才打敗。就在張須陀奮力剿匪的同時，後世知名的隋唐英雄人物也開始紛紛粉墨登場，或為盜賊或為官軍，可謂你方唱罷我登臺，熱鬧非常。

大業九年（西元 613 年）一月，楊廣留代王楊侑留守長安，越王楊侗守東都洛陽。三月，隋煬帝從洛陽出發，再度率軍親征。四月二十七日，楊廣的車駕渡過遼水，再次圍攻遼東城。

有了第一次經驗，第二次顯然就比第一次目標明確了很多。此次出征，一開始就兵分三路，宇文述、楊義臣、王仁恭率部直趨平壤，楊廣本人率諸將圍攻遼東城，另外來護兒從東萊依舊率水軍入海直攻平壤。楊廣顯然意識到第一次征高麗所犯的錯，這次不再對手下將領指手畫腳，准許他們便宜行事。這次攻勢成功的可能性不小。

這次先鋒大將變成了王仁恭。他上次撤退時，擔任最危險的殿後任務，不但順利撤退，還逆襲擊破追兵，立下大功，由此獲得楊廣青睞。他出扶餘道進軍新城（撫順北關山城），高麗守軍數萬依城而戰，企圖再與隋軍交手。現實是殘酷的，野戰當中高麗軍與隋軍戰鬥力上的巨大差異再次顯現，王仁恭僅僅出動了一千精銳騎兵便將高麗軍徹底擊潰。高麗人這次徹底死了心，只能祭起老招數──據城死守。

這邊隋軍進攻遼東城那是法寶盡出，飛樓、橦、雲梯、地道四面俱

進，晝夜不息，猛攻遼東城。高麗方面也有不同的應對策略，兵來將擋水來土掩，雙方性命相搏二十晝夜，傷亡巨大。當然不單單靠這些攻城器械，隋軍中還有些奇人異士，更是厲害非凡。

隋軍征遼東之時，軍中有個叫沈光的，恰巧他和麥鐵杖一樣也是南方人，父親沈君道曾經擔任過陳朝的吏部侍郎，陳亡之後舉家遷往長安。禍不單行，家裡居然又因為漢王楊諒謀反失敗而遭受牽連，瞬間淪為貧民。從官宦之家淪為貧民，這樣的反差並非任何人都能適應，他的父兄沒有其他謀生的技能，只能仗著還有點文采，幫人寫寫書信之類的賺錢。可是這個沈光不一樣，他從小生得矯健敏捷，而且有一手調教馬匹的本事，當時號稱是「天下之最」。憑這一手絕活，沈光生存的問題解決了。沈光卻不像他的父兄那樣僅僅弄個養家餬口的活就心滿意足。他平時放蕩不羈，「交通輕俠」，於是「為京師惡少年之所朋附。」有道是：「少年俠氣，交結五都雄。肝膽洞。毛髮聳。立談中。死生同。一諾千金重。推翹勇。矜豪縱。輕蓋擁。聯飛鞚。鬥城東。轟飲酒壚，春色浮寒甕。吸海垂虹。閒呼鷹嗾犬，白羽摘雕弓。狡穴俄空。樂匆匆！」靠著混「黑社會」，沈光的經濟寬裕起來，達到了「甘食美服，未嘗困匱」的地步，也就是富裕了。

沈光之奇，不單奇在他善於調教馬匹，更奇在他會輕功。當時有座禪定寺，寺內有個旗桿高達十餘丈。不知是風大還是繩子磨損，綁旗子的繩子斷了，不論是寺內僧人還是圍觀民眾，都沒人能爬到旗桿頂上換繩子。這時候沈光來了，只見他用嘴叼著繩子，順著旗桿爬到了桿頂。這還不算什麼，繫完繩子之後沈光又玩了一招「空中飛人」，居然直接從桿頂往下跳。眼看撞到地面之際，他用手撐住地面，倒行數十步。看得觀眾們是瞠目結舌，驚訝萬分。自此之後，沈光也就有了個外號——「肉飛仙」。

沈光擁有這樣的本領，自然不會甘願做一個「老大」。他畢竟也是官宦人家出身，自身學識也不差，極其渴望立功顯名，光耀門楣。恰巧楊廣征

第二章　屍山血海：三征高麗與帝國傷口的撕裂

高麗，徵集天下驍勇之士，沈光彷彿看到了晉升的金光大道，主動報名參軍。他的手下們對沈光都異常崇拜，因此也踴躍參軍，到後來出自沈光門下的居然達萬人之多，沈光的街頭勢力可見一斑。

英雄之士總不乏豪言壯語，沈光臨行之前跟送別的賓客說道：「是行也，若不能建立功名，當死於高麗，不復與諸君相見矣。」讀隋唐史書，總會被裡面不同類型的英雄豪傑話語所感動。當時的人們似乎均帶有一股雄壯之氣，話說出來就感覺到一個頂天立地的男子漢佇立於天地之間。

此時遼東城被圍，參與攻城的就有沈光。當時隋軍用衝梯攻城，這個衝梯類似於《魔戒》裡面攻城的那種器械，沈光就是攀在衝梯上第一批攻城的人。面對面的血肉搏殺，比得就是快狠再加上不要命。沈光憑著混黑社會時候街頭搏殺的經驗，一上城頭便驍勇無比，十幾個高麗兵倒在他的刃下。高麗人見此人凶猛，立刻調集重兵圍攻沈光。沈光雖勇，畢竟好漢抵不上人多，被打下了城樓。眼看就要摔成肉泥的時候，沈光的輕功再次發揮作用。下落之時，衝梯上綁著的繩索被沈光一把抓住。如同玩雜技一般，沈光攀著這根繩索瞬間又衝上城樓，再次與高麗軍生死相拚。這彷如動作片的驚險一幕恰巧被城下觀戰的楊廣目睹。楊廣此人因為自身的原因，對世家貴族出身的臣子將領內心往往十分提防，對寒門人士卻往往另眼相待，如麥鐵杖、沈光均是這樣。在楊廣的青睞之下，沈光從此青雲直上，不但被封官，還御賜寶刀和良馬，賞遇優重。楊廣甚至推食解衣以賜之，可謂皇恩浩蕩。當然，沈光也無愧於楊廣如此厚遇。江都之難後，沈光為了替楊廣復仇，和麥鐵杖的兒子麥孟才相約除掉宇文化及，不幸被內奸出賣。沈光當時不及披甲，就帶領百餘人突襲宇文化及的營帳，可惜宇文化及早得知消息逃走。沈光突襲不成被團團圍住，他雖然沒有甲冑，照樣猛不可當，「斬首數十級，賊皆披靡」。叛將司馬德戡一看肉搏戰對付不了沈光，立即調動了大隊騎兵，四面射擊，沈光方遇害，其麾下數百人

皆鬥而死，無一個投降。沈光死時年僅二十八，「壯士聞之，莫不為之隕涕」。算是死得轟轟烈烈，青史留名！

緊密攻打了一個多月後，遼東城顯然已經很難支撐。楊廣又習慣性地玩了次大手筆，他命令隋軍準備了百餘萬個裝滿土的布囊，欲築一道闊三十步、高與城齊的「魚梁大道」，直接將高速公路修到城內去。另外還作八輪樓車，高出城牆，夾著魚梁道，可以俯射城內，掩護隋軍登城。一切準備工作均已就緒，就等著給高麗守軍最後一擊的時候，一個如晴天霹靂一般的消息傳了過來……

後院起火：楊玄感起兵與帝國內爆

楊廣能當上皇帝，權臣楊素在其中發揮了至關重要的作用。甚至最後隋文帝死得不明不白，也極有可能是楊素與楊廣合謀的結果。參與了如此多的事情，楊素明顯是屬於知道得太多的那一類，而且又手握大權，這就成了新皇的眼中釘。有句話說得好，「與常人交，共享樂易，共患難難。與帝王交，共患難易，共享樂難。」楊素就屬於這典型中的典型。不過值得慶幸的是，楊廣還沒來得及下手，楊素就死了。即使這樣，楊廣依然要說：「如果楊素不死的話，終究要滅了他的九族！」可見楊廣對楊素的猜忌到了什麼程度。楊素雖然死了，可他還留下一個龐大的家族和勢力網，身為楊素繼承人的楊玄感自然時刻能感受到皇帝那種隱含的殺意。過著這樣不知何時就會身首異處的生活，自然非常痛苦。既然不知皇帝何時會動手，還不如先發制人，於是楊玄感開始了一系列的策劃……

皇帝征討高麗，給了楊玄感靈感。他投皇帝所好，故意在楊廣面前極力支持戰爭，並且主動要求參戰。這番舉動正中楊廣的心思，於是本來投

第二章　屍山血海：三征高麗與帝國傷口的撕裂

閒置散的楊玄感漸漸爬了上來，並且在第二次征高麗的時候，被委以負責遠征軍後勤的重任。這樣一個任命，不啻於在征高麗大軍身後安插了一把鋒利的匕首。果然，就在高麗那邊打得最激烈的時候，楊玄感迫不及待地開始了他的造反計畫。

要爭奪天下，除了自身的能力之外，會用人很重要。當時跟隨楊玄感造反的人中，有一個非常厲害的，叫做李密。李密祖籍遼東襄平，出生於一個最頂級的門閥貴族家庭。李密的家世威風到什麼程度呢？他曾祖父為西魏八柱國將軍之一的李弼。祖父李曜，為北周的邢國公。父親李寬，為隋朝的上柱國，封蒲山郡公，可以說是豪門中的豪門。李密又是這個家族中的第一繼承人，從襁褓時便決定了此人前途無量。

李密的父親李寬早死，他便繼承了父親的爵位。身為頂級門閥的家主，李密不但自己悉心學習各類史書和兵書，還收養門客，禮遇賢才，從不吝惜資財，顯得野心勃勃。實際上漢末之後三百餘年間，各個王朝篡亂相繼。以李密這樣的出身，有野心也屬尋常。命運之神卻並不怎麼垂青他。他成人之後，依從慣例，入宮充當楊廣的侍衛。這種慣例實際上是歷朝歷代皇帝籠絡控制門閥貴族的手段之一。讓世家門閥的兒子入宮做侍衛，既可以培養與皇帝之間的感情，又是潛在的人質，一舉多得。萬一獲得皇帝的垂青，那麼飛黃騰達便指日可待。普通人進了皇宮，一開始總是戰戰兢兢，唯恐有所差錯。但李密入宮之後卻很不老實，也許他那時心中就存著「彼可取而代之」的心思吧？李密的做派在皇宮中如鶴立雞群一般，很快被楊廣所注意。於是楊廣對他有了一句評語：「這小孩的神態很不尋常，以後不要讓他在宮內值宿守夜。」這句話雖不如諸葛亮在《三國演義》中的一句「吾觀魏延腦後有反骨，久後必反」神奇，但縱觀李密之後的人生，楊廣對其莫名的忌憚實在可以說有先見之明。

楊廣發話之後，李密應該從宮內滾蛋了。但以李密的家世，也不能

後院起火：楊玄感起兵與帝國內爆

說滾就滾。畢竟李密一入宮就擔任了親衛大都督、東宮千牛備身的高級職位，要他走，總得有個說法。當時的大臣宇文述就哄騙李密：「老弟你非常聰敏，應當以自己的才學來爭取官職，做侍衛這種雞零狗碎的事可不是你該做的。」李密一聽很高興，於是主動辭職，在家刻苦讀書，不見外人。

後來李密去尋訪好友，他騎一頭黃牛，把《漢書》掛一冊在牛角上，然後一手拿著牛鼻繩一手翻著書閱讀。這個情況被大權臣楊素看到了，非常好奇，於是和李密攀談。兩人聊得非常投機，楊素對兒子楊玄感說：「我看李密的才華見識，你們都比不上。」楊素非常禮遇李密。實際上是將李密作為重要的人才加以培養籠絡，為自己的繼承人楊玄感培養班底。

被楊素籠絡多年，楊玄感要造反，李密居然也心甘情願當軍師輔佐他。當時李密給了楊玄感三個計策：上策是襲據涿郡，扼臨榆關，使隋軍潰散在關外；中策是攻取長安，安撫士民，等隋煬帝回來，據關中和他對抗；下策是襲攻洛陽，但洛陽有越王楊侗率兵留守，久攻不下，隋兵四面來救，事情就難說。

用後世的眼光看，李密的三個計策中，上策無疑極其陰毒。涿郡當時並無重兵把守，又囤積了大量糧草軍械，占據了這裡，就卡住了征遼大軍的咽喉。隋軍在缺少後勤，又遭到兩面夾擊的情況下，必定無法堅持很久。當然這個計畫也並非完美無缺。首先，楊玄感起事地點是在黎陽（今河南浚縣），距離涿郡千里以上，路途十分遙遠。要順利趕到涿郡並將其攻下，就要與楊廣的東征大軍搶時間。就距離來說，楊廣的大軍比起楊玄感距離涿郡更遠一些。但在去涿郡的路上，楊玄感會遇到一隻非常難纏的攔路虎，那就是後來的大唐開國皇帝──李淵。李淵在這時候不過是個衛尉少卿，正在去懷遠鎮（今遼寧遼陽西北）負責督運軍需的路上。楊玄感造反之後，他得到緊急命令，赴弘化（今甘肅慶陽）擔任留守，主持潼關以西的軍事防禦。如果楊玄感採用李密的上策，李淵將是他最大的敵人。

第二章 屍山血海：三征高麗與帝國傷口的撕裂

楊玄感成敗的關鍵，便是能否盡快突破包括李淵在內留守隋軍的阻攔，攻下涿郡。這對楊玄感的調度能力是很大的挑戰。

對李密來說，他內心最希望楊玄感選用的計策大概是他提出的中策。楊玄感與李密的家族在關中都是一等一的頂級門閥，楊玄感如果率軍直入關中，那麼憑他們的家族號召力，關中地區被迅速攻下的機率非常大。要知道連兵部尚書斛斯政都是楊玄感的人！關中富庶，錢糧武器裝備都不缺，並且關中地區是大部分隋軍將士的老家，他們的家族大都在關中，占據了關中，楊廣的大軍極有可能不戰自潰。這條中策對楊玄感來說可實行性最大，成功機率也最高。風險依然在於路途遙遠，甚至比去涿郡更為遙遠一些。此外還有可能被洛陽守軍截斷後路。不過造反不是兒戲，做的是殺頭的買賣，怎麼會沒有風險呢？

最終的結果讓李密很失望，鼠目寸光的楊玄感偏偏選擇了絲毫沒有成功希望的下策，還大言不慚地說：「不取洛陽，怎能顯示我的威力，你的下策，正是我的上策。」讓楊玄感沒想到的是，起事之前，身為造反核心成員之一的河內郡主簿唐禕就把楊玄感給賣了。他叛逃回河內郡，派人向鎮守洛陽的越王楊侗告密，讓楊侗早就做好了對付楊玄感的準備。

楊玄感在一切準備就緒之後，在黎陽選運糧民夫五千餘人，又選江南船伕三千餘人，對他們說：「皇帝無道，不管百姓死活，天下騷擾，成千上萬的人死在遼東。現在我與你們起兵救百姓，你們是否同意？」下面的百姓們紛紛歡喜踴躍，願意從命。實際上楊玄感說的話，主要是打動了被辛苦奴役的百姓們，百姓追隨他，是相信他真的想救百姓。

楊玄感引兵向洛陽，從汲郡南渡河。在楊廣的統治之下，整個天下已經像一個火藥桶一般，稍有一點火星就能引爆全國。在山東、河北肆虐的盜賊集團已經預示著這個天下即將進入亂世。楊玄感的起兵，更是大門閥貴族階級向皇帝楊廣開的第一槍。在這個百姓已經被逼到走投無路的時

代，楊玄感無疑給了人們一線希望。沿路百姓主動從軍，軍營門前熱鬧得像市集。楊玄感的軍隊像吹氣球一般急遽膨脹起來。

楊玄感雖然藉著宣傳，組建起一支軍隊，但這支軍隊遠稱不上一支合格的野戰軍。士兵們幾乎都沒打過仗，甚至沒有弓箭甲冑，有的只是單刀和柳木盾牌。就是這樣的一支軍隊，楊玄感還居然分兵作戰。他讓弟弟楊積善率兵三千沿洛水西進，又讓另外一個弟弟楊玄挺率兵一千翻越邙山南進，兩路合擊洛陽。把守洛陽的楊侗也同樣愚蠢，楊玄感分兵兩路，他不想著集中兵力打垮一路，反而也派出兩路兵馬分別迎敵。五千人拒楊積善，八千人拒楊玄挺。結果楊積善兵到，隋兵不戰自潰，棄甲仗在地上，有意送給楊軍。楊玄挺兵到，隋兵一戰就後退，打了五仗，就退了五次。有這樣的對手，楊玄感輕鬆愜意地殺到了洛陽城門下，隋兵幾乎全部投降。

在洛陽城外，楊玄感發表了一篇感人肺腑的宣言，他說：「我做官做到上柱國，積財產積到萬金，我用不著再求富貴了。現在冒滅族的風險，只是想救百姓啊！」民眾相信他的話，每日有上千人到軍前投效，楊玄感軍迅速擴大到五萬餘人。

雖然民心可用，可是楊玄感手下的武裝起義軍無論裝備還是戰鬥力，都不足以攻下天下堅城洛陽。更何況洛陽城內，越王楊侗和民部尚書樊子蓋早已加緊了防禦。對這樣一座城，楊玄感如老鼠拉龜，實在找不到地方下手。

攻城受挫，但在輿論上，楊玄感占盡優勢。此時不但平民百姓樂於效命，不少達官貴族之子出城作戰後都不願回去，都認為跟隨楊玄感可建功立業。如來護兒之子來淵等四十多人後來都到楊玄感帳下聽令。楊玄感的兵力也上升至十餘萬。楊玄感一面攻城，一面在洛陽周圍布防。他分派兵力，西防慈澗道，南防伊闕，東攻滎陽，取虎牢，抵禦各方增援而來的隋軍。

第二章　屍山血海：三征高麗與帝國傷口的撕裂

聽到楊玄感造反的消息，楊廣當時就慌了，遂於六月二十八日午夜密令諸將還師。軍資、器械、攻具，積如丘山，營壘、帳幕、案堵不動，皆棄之而去。高麗人察覺到隋軍動向，卻不知道為什麼大占優勢的隋軍會有如此行動，懷疑有詐，於是遲遲不敢追擊。過了兩天，才出動數千兵馬隔著八九十里的路遠遠尾隨。等到隋軍主力渡河完畢，高麗軍才向隋軍後衛發起進攻，屠殺了隋軍最後羸弱的數千人，遼河的河水再一次被鮮血染紅。至此，楊廣的第二次征高麗行動終告失敗。

這邊，天下堅城洛陽的城門下，楊玄感終於感到了人力有時而窮的無奈。怪只怪宇文愷將此城修築得太過高大堅固。洛陽城內有王族坐鎮，兵馬糧草無一缺乏，楊玄感只憑這十來萬的鄉兵就想拿下洛陽，無異於是痴人說夢。他不知道，就連被譽為千古一帝、軍事天才的李世民，在不久之後都幾乎拿此城無可奈何。在唐太宗面前，他又算什麼呢？

楊廣撤軍雖然狼狽，畢竟整體軍力沒有太大損失。他一回到國內，立刻穩住了形勢，宇文述、衛文升、來護兒、屈突通等各率隋軍分路對楊玄感進行討伐。自以為登高一呼天下景從的楊玄感，此時已成了眾矢之的。隋軍晝夜兼程回救東都，長安的代王楊侑派衛文升領兵四萬從關中殺入崤谷、澠池，屯兵於金谷園一帶。衛文升出關之前，見士氣低迷，自知不是楊玄感對手。為了鼓舞士氣，堅定與楊玄感戰鬥的信念，他居然跑到華陰把楊素的墳給掘了，還把楊素的屍身挫骨揚灰！這簡直是不給自己任何後路。不過這一招還真奏效。雖然衛文升依舊不是楊玄感對手，一輸再輸，但是衛文升始終像個打不死的小強一般糾纏不休，雙方大戰百餘次，直打到楊玄挺戰死，楊玄感才無奈後撤。

遼東隋軍兼程返回，屈突通帶兵抵河陽，宇文述緊隨其後，欲南渡黃河。楊玄感採用降將李子雄之計，準備派兵阻其渡河，把衛文升、樊子蓋徹底困死在河南。這一計畫被城中的樊子蓋識破，他不厭其煩，多次出兵

後院起火：楊玄感起兵與帝國內爆

騷擾，牽制楊玄感無法分兵。屈突通趁機率兵渡過黃河，在城東北處駐紮。楊玄感面臨幾面包圍，城中隋軍又不斷出擊，眼看東都洛陽是打不下來了。他總算想到了李密替他出的另兩個主意，其中的上策，襲擊涿郡斷楊廣後路的計畫，顯然已經不可能，剩下只有襲取關中，奪取長安這一個選擇了。於是楊玄感領軍西進，以自己楊姓親族為嚮導，一路詐稱已經攻下洛陽，現在取關中是順應民心和天下大勢。

不得不說，楊玄感實在不是個能做大事的人。仗打到如今這個地步，時間非常緊張，隋軍各路援軍已經近在咫尺，取關中是迫不得已的行為。現在要做的就是和時間搶生命。可楊玄感剛愎自用，再一次無視了李密迅速直撲長安的建議。進軍長安的途中，他居然貪圖弘農的金銀糧草而猛攻弘農。李密知道這是自取滅亡之道，再三勸諫楊玄感卻不被接納。果然，楊玄感不但沒有攻下弘農，反而被弘農太守使計硬生生拖住了三天，最終被尾追在其後的隋軍追上。雙方會戰於皇天原。楊玄感布下的軍陣橫亙達五十里，以軍容上看似乎是十分鼎盛，但倉促成軍的地方武裝戰鬥力畢竟不能跟隋軍精銳相比。宇文述、衛文升、來護兒、屈突通四大將同時出擊，不多時楊玄感的大軍便被擊潰。楊玄感和十餘騎奔進叢林，到了葭蘆戍只剩下他和楊積善兄弟二人。楊玄感慨嘆不已，自覺難免一死，讓楊積善殺死自己。楊積善手起刀落，楊玄感最終這樣悲愴地結束了生命。

楊積善自殺未遂，被隋軍生俘。楊玄感造反讓楊廣深受刺激，楊廣恨透了這些「叛臣逆賊」，下令以最慘酷的手段懲罰楊玄感的黨羽。楊玄感的黨羽被殺者達到三萬多人，六千餘人遭流徙，死者徙者大半都是受冤之人。楊廣下令將許多受刑的楊玄感黨羽綁在木架上，脖子上套一個車輪，然後強令文武九品以上官員手持兵器，對這些受刑者隨意斫砍擊刺。受刑者們被糟蹋得肢體糜爛，只剩一灘不成人形的肉醬，車輪依然套在屍體上。楊廣命令在洛陽東市將楊玄感的屍體凌遲示眾，公開展示三天後，再

第二章　屍山血海：三征高麗與帝國傷口的撕裂

剁成碎塊，一火焚之。對於生擒的楊積善等人，處以車裂之刑，屍體碎塊全部焚燒，要挫骨揚灰。至於被高麗王解送回來的斛斯政，殺法也如楊積善一樣殘忍。楊廣還加了一條——將斛斯政的肉煮熟了，分給百官吃！吃完後，楊廣讓人收集斛斯政的餘骨，全部焚燒，揚掉。事到如今，不說楊廣是暴君，實在不符合事實。

楊玄感從興起到滅亡不過幾個月的時間，正應了一句話：「其興也勃焉其亡也忽焉。」對百姓紛紛參加楊玄感軍隊這一現象，楊廣得出了一個非常奇葩的結論，就是天下的人太多，人一多就會造反，所以要多殺幾個。這樣的邏輯幾可與那個白痴的晉惠帝的名言「何不食肉糜」相提並論。但楊廣並非白痴，他比絕大部分人都要聰明有學問。可書上的東西畢竟是書上的，沒有親身體驗當然不會感同身受。對深宮長大的楊廣來說，他從來沒有見識過民眾的力量。今天再看楊廣，會發現他更像一個策略電子遊戲的玩家。老百姓在楊廣的心目中不過是一群愚昧的「蟻民」，或一串數字而已。他不知道為什麼楊玄感起兵不久就會有那麼大的聲勢，也不知道為何天下的「盜賊」會越來越多，最終只能歸咎於「人太多」。為此，他竟然下令，將接受楊玄感開倉賑濟的百姓，全部坑殺於洛陽城南。日後楊廣再次來到洛陽，看到洛陽街頭人來人往的景象，對身邊侍臣說了一句極度恐怖的話：「猶大有人在。」——人還是很多嘛。——言下之意，當時殺人殺得還嫌不夠。

如果說楊廣在這件事上有什麼觸動，不過是強化了他「門閥貴族出身之大臣不可信任」的經驗。他親眼看到父親憑運氣欺負北周的孤兒寡婦登上了皇位，也親眼看到父親對昔日的同僚充滿猜忌和懷疑，同時那些人也暗暗不服氣他的父親。這又造成了一個惡果，那就是楊廣聽不進去臣子的意見，認為「人臣會來進諫，不過是沽名釣譽罷了」，這何其天真！當楊廣說「人太多了」的時候，他認為多的不僅僅是那些普通老百姓，還有這

些「不可靠的大臣們」。其實楊廣的「天真」，在他父親身上也有所體現。史論隋文帝楊堅「惜倉廩而不惜百姓」，楊堅也有忽視普通「愚民」的傾向。只不過，楊堅畢竟老辣得多。他年輕的時候，也看到了西魏北周建立的種種，還能做得比較明智。而楊廣則是徹底地毫無概念。

三征高麗：最後的強撐與全面潰敗

　　楊廣既然看不到黎民百姓，自然也看不到在他當政的這幾年，隋朝已變得烽煙處處，民不聊生。他以為隋帝國還是以前那個任他予取予奪的國家。於是在第二年，楊廣又一次釋出了徵兵詔書，居然還要再一次征伐高麗。事情演變成這樣，早已不再是為國家利益而戰。《孫子兵法》中有這麼一句，叫「主不可以怒而興師，將不可以慍而攻戰」。楊廣博學多聞，不會不知道這一句，但這時候就偏偏忘了。楊廣一生都順風順水，幾次所謂的親征也是攻無不克戰無不勝。如今一個小小的高麗居然如此不給面子，一再地負隅頑抗，甚至兩次打敗他的征討，讓他超過父親楊堅的宏偉藍圖徹底落空，這簡直不能饒恕！

　　憤怒的楊廣想要討回面子，可現實並不能遂其意。此時整個國家的秩序已經開始崩壞，朝廷不可能像以往那樣徵集如此多的人力物力了。重新徵集的士兵大都不能按期到達，士卒也紛紛逃亡。不但如此，因為楊廣的召集令，那些不願從軍的軍戶們甚至拿起了武器開始叛亂。楊廣對此熟視無睹，僅僅任命屈突通為關內討捕大使，負責鎮壓各地反叛，自己又帶著軍隊東征高麗。東征之前，楊廣還發了一道令人噴飯的詔書，詔書上說「黃帝五十二戰，成湯二十七征，最後才成功」，言下之意就是我們才打了兩次，不丟人。

第二章　屍山血海：三征高麗與帝國傷口的撕裂

　　大業十年（西元614年）四月二十七日，楊廣抵達北平（今河北盧龍）。七月十七日，又進至懷遠鎮（今遼寧北寧附近）。此次出征，隋軍的實力大為下降，逃亡者極多，以往的百萬大軍陸上平推戰術顯然不合時宜。第一次隋軍水師險些攻下平壤給了楊廣以靈感。這次隋軍水師依然是來護兒率領，由東萊啟航，渡渤海，在遼東半島南端登陸，攻打卑沙城（即卑奢城，今遼寧金州大黑山），順利擊敗高麗守軍，氣勢洶洶直撲平壤，希望畢其功於一役。

　　楊廣三次遠征高麗彷彿打了一遍「七傷拳」，先把隋帝國弄得一塌糊塗，又把高麗打得夠嗆，可謂是欲傷人先傷己，傷己後再傷人。高麗山城的形制，基本就是一個個的軍事要塞，老百姓平時的生活起居都要在城外進行。結果隋軍連著三年進攻，高麗人只能進山城防守，不但要大量消耗積存起來的糧食，還耽誤最重要的春耕。高麗本來是頗富庶的一個大國，眼看著就要被消耗殆盡。隋軍三次遠征，將城外建築也幾乎破壞殆盡，再打下去，高麗就算不被隋軍攻滅，也遲早被拖垮。

　　有鑑於此，高麗再次玩起了假投降的把戲。高麗王高元派了一個使者，將因為楊玄感叛變而逃向高麗的隋朝大臣斛斯政送還，並還附上了降書，要求停戰。天真的楊廣居然又一次上當。歷史上便出現這樣一幕滑稽的場面，投降的一方除了一紙降書之外什麼都不用付出，而受降的一方在付出了巨大的損失之後，什麼都沒得到就撤了兵。

　　這樣兒戲般的投降自然不能為隋軍將士所接受。大將來護兒當時正要進軍平壤，收到傳詔之後極不甘心。他道：「前後三次出兵，都未能掃平敵人，這次如果回去，國家已經沒能力發起下次的征討了。如今高麗國力已非常衰弱，山野中連青草都不長，我等全力作戰不日就能打下高麗。我還是想進軍平壤，抓住高麗的偽王，獻捷而歸。」來護兒看得很清楚，如今隋朝的國勢不可能再有第四次征討，高麗的投降也顯然是緩兵之計。機

不可失，失不再來，因此堅決不肯奉詔班師。如果他能堅持下去，初唐名將李靖違詔奇襲大破突厥的故事，就要在高麗先期上演。來護兒雖有李靖的識見，手下眾將卻無李世勣的膽略。當時軍中的長吏崔君肅是一個無腦文人，見到詔書就堅決要求來護兒回軍，被來護兒拒絕之後竟然去威脅其餘眾將，揚言誰敢跟隨來護兒的他都要奏報皇帝，到時候全都要獲罪。經過楊玄感一事，隋帝國內進行了一次規模龐大的清洗行動，將領們都心中害怕抗命不尊會被治罪，也紛紛拒絕繼續進軍。來護兒見眾意不可違，才不得不撤軍。第三次征高麗就在楊廣的瞎指揮下再次無疾而終。

大軍班師之際，邯鄲盜帥楊公卿率領八千手下居然對隋軍大部隊進行了一次搶劫，搶得飛黃上廄馬四十二匹，大搖大擺揚長而去。對朝廷的大軍都敢下手，可見當時盜賊橫行已經到了什麼樣的地步。其實盜即是民，民即是盜，到了民不畏死的地步，這天下誰還能坐得住呢？

事情並沒有就此結束。回到國內的楊廣自然想行使一下「戰勝國」的權威，於是派人再次要高麗國王高元入朝覲見，當然高麗再一次裝聾作啞當沒聽到。明白被耍了的楊廣拉不下這個臉，又要學黃帝商湯的精神，令諸將準備行裝，要第四次出兵。此時已經沒有人再願意去高麗打仗，隋帝國也如風中之燭，只能苟延殘喘，有心而無力了。

帝國爭霸：戰敗之後的權力裂痕

隋帝國與高麗國連續開打三年，表面上是隋與高麗之間的較量，但這場戰爭影響的範圍幾乎包括了整個東北亞的國家和地區勢力，其中同在朝鮮半島上的百濟國首當其衝。百濟在隋文帝楊堅在位期間主動要求帶路，結果偷雞不成蝕把米，被高麗逮住狠狠揍了一頓，損失極大。隋煬帝楊廣征討高麗之際，百濟再一次派遣使者入隋，強烈要求當帶路人。百濟之所

第二章 屍山血海：三征高麗與帝國傷口的撕裂

以對帶路打高麗如此積極，主要還是因為百濟在東北亞地區無時無刻不遭到高麗這個地區霸主的壓迫。大業三年（西元607年），百濟的松山城與石頭城就遭到了高麗軍的襲擊。如果隋帝國不出手，百濟遲早亡國滅種。不過，別看隋帝國出兵之前百濟上竄下跳好不激動，等隋與高麗真的大打出手之後，百濟又開始首鼠兩端。它不但沒有出兵幫助隋軍，反而率重兵屯積在邊境，坐山觀虎鬥，甚至將拳頭揮向同樣與隋結成同盟的新羅，攻陷了新羅的椵岑城。在國際政治關係中，一個區區小國在大國面前玩弄這樣的小聰明是極端危險的。百濟自以為得計，卻沒想到這樣的做派未來會帶給他們什麼後果……

朝鮮半島的三個國家，混得最慘的當屬新羅。百濟好歹王族都是高麗人，就算時常挨揍，高麗好歹也會念著點同族的香火之情。新羅則大為不同，實力最弱，民族也不是一族，哪邊都靠不上。對新羅，百濟還總結出了一個非常適用的套路，那就是高麗揍我，我揍新羅。所以與百濟的首鼠兩端，甚至後來反而站到了高麗一邊不同，新羅自始至終都是緊抱著中原帝國不放，隋唐兩代均與帝國結成了同盟，甚至在唐代還結成了軍事同盟，可以說是當時中原帝國在朝鮮半島的先鋒打手。

除了隋帝國與朝鮮半島相關的三個國家之外，北方的突厥與契丹亦是可以影響東北亞局勢的兩大勢力。在隋帝國的極盛時代，突厥勢力是被壓制住的。在經過了一系列巧妙外交之後，突厥帝國的勢力被分化瓦解。又經過一系列的軍事較量，楊廣當政的時代，突厥啟民可汗對隋朝採取的是順從態度，這使得突厥的危險性下降了不少。契丹方面則被突厥擊敗，元氣大傷，只能服從於突厥人，之後又向隋帝國投誠。這兩者在征高麗之際基本安分守己，政治上與隋帝國基本保持一致。

除上述諸勢力之外，還有一個地處大海之上卻對大陸始終野心勃勃的日本國潛伏在暗處。日本對朝鮮半島的野心古已有之，他們不斷地向朝鮮

半島派出軍隊，希望霸占這塊通往東亞大陸的跳板。這種策略必然會與意圖制霸東北亞的高麗國產生尖銳的衝突。雙方在半島上大戰數次，互有勝負。最終在高麗廣開土王時代，高麗將日本人徹底擊敗。日本並不甘心，一直存著捲土重來的心思，與高麗國更是深有宿怨，因此在態度上亦是隋帝國的支持者。

　　隋朝有其支持者，高麗方面自然也有其支持方。在高麗的北方，有一個叫靺鞨（也就是滿族的祖先）的部落聯合體。當時這個聯合體實際服從於高麗國，他們也是高麗軍隊的重要組成部分。隋文帝時代，高麗王高元就率靺鞨萬餘人進犯隋朝營州（治所在今遼寧朝陽）。無論是隋代還是唐代，大部分靺鞨人都是高麗人的鐵桿同盟軍，他們對中原帝國的軍隊往往能造成巨大的威脅。

　　實際上，隋煬帝楊廣時代的東北亞地區，主要還是隋與高麗兩大軍事集團之間的較量。其中就外交來看，雖然高麗處在比較孤立的位置，但是隋朝的盟友基本都不可靠，三心二意首鼠兩端的居多，高麗方面卻有靺鞨人這樣死心塌地的盟軍。就實質而言，還是高麗獲得的幫助比較多。這樣的情況並非一成不變，當隋帝國被唐帝國取代後，東北亞地區將會迎來新一輪的「爭霸」戰爭。

第二章　屍山血海：三征高麗與帝國傷口的撕裂

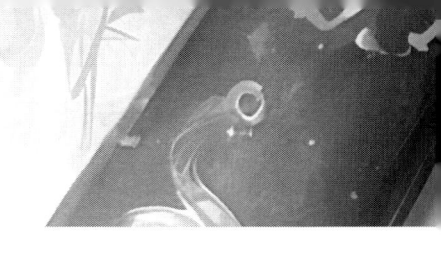

第三章

帝國崩壞：
群雄並起與舊秩序的崩解

第三章　帝國崩壞：群雄並起與舊秩序的崩解

▍權力遊戲：政治鬥爭與王朝失控

　　三征高麗失敗之後，往昔強盛的隋帝國境內已經烽煙處處，處於崩潰的邊緣。即便是這樣，以後世的眼光看，隋帝國依然可以再挽救一下。如果楊廣此時可以痛下決心，學漢武帝那般下「輪臺詔」罪己，放棄征討高麗，採取休養生息的政策，討伐國內的反叛者，以隋帝國的底子，撐過去的問題並不大。

　　有句話叫「得民心者得天下」，這個「民」按我們現在一般會理解成老百姓。其實在古代，「民」往往代表的是封建階級。不論是貴族、門閥、豪強還是讀書人，幾乎都是從這個階級內產生，皇帝就是他們的總代表。因此，歷朝歷代的人民起義，如果最後不改變性質成為他們之中的一員，最後下場必然是失敗。楊廣還有翻盤的機會，就是因為當時大多數「地主」還未對其完全失望。畢竟他還是皇帝，有大義名分。雖說這種大義相當程度上是面子功夫，但一旦對它忽視，必然會遭到無情地懲罰。這樣的機會楊廣並未能把握，他做了一件事，使得「人民」對他的最後一絲期望化為泡影……

　　話說大業十一年（西元 615 年），也就是第三次征伐高麗的次年，楊廣的旅遊癖再度發作，又親自跑去雁門視察邊塞。這事他不是第一次做，之前的幾次視察，塞外諸胡在他面前俯首帖耳，東突厥啟民可汗甚至要舉族更換漢服，表示自己的臣服。如今在遼東遭到數次失敗的楊廣又想起了昔日的輝煌，還想在塞外安慰一下自己那受傷的心靈。

　　話說回來，此時東突厥逐漸坐大，帝國的北方開始面臨實質性的威脅。楊廣這次出巡如果能夠真正震懾住突厥人，也是好事一樁。有道是「三十年河東，四十年河西」，如今的世界也不是幾年前了。隋帝國經過三次征高麗元氣大傷，國內烽煙處處，早已不復往日天朝上國的榮光。東突厥則經

過修養生息之後實力大增,再加上臣服隋帝國的啟民可汗已經去世,新上臺的始畢可汗不願示弱,他對啟民向隋帝國臣服的政策不滿已久。現在楊廣送上門來,自然要好好修理一番。劇情在這裡發生了180度的大轉折,突厥人不但沒給楊廣想像中的榮耀,反而始畢可汗趁機率數十萬騎兵將楊廣團團圍困在雁門關。隋軍數度出戰均遭敗績,雁門四十一座城池被突厥人硬是攻下三十九座!

突厥人日夜猛攻,隋軍死傷不計其數。此時楊廣才如夢初醒,收起了昔日目空一切捨我其誰的狂態,嚇得抱著自己的兒子趙王楊杲哭得雙眼紅腫。隋軍士氣低靡已極,眼看支撐不住,眾大臣紛紛勸皇帝加重賞格,並且宣布停征高麗。到了這種時刻,楊廣也不得不低下他高貴的頭顱,答應了臣子的要求。在好消息的刺激下,隋軍人人拚命,爆發出驚人的戰鬥力,終於保得城池不失。全國勤王軍隊紛紛來援,突厥眼見沒有機會,只得解圍而去。

就在這些忠誠的將士們滿心以為皇帝會兌現之前諾言的時候,楊廣卻將此前的許諾通通推翻。不但絕大部分將士都沒有得到應得的賞賜,而且依然要繼續征討高麗!楊廣自以為是皇帝,就可以隨心所欲,任意妄為,他恰恰不知道自己這次犯了身為皇帝的大忌!

在民間的眾多小說戲文當中,「君無戲言」是一個出現頻率很高的詞。一般人不知道的是,「君無戲言」這句話並不僅僅存在於民間傳說中,而是有著極為現實的政治意義。這句話起源於西周初年,周武王姬發駕崩後,唐國發生叛亂。太子姬誦年幼,在周公姬旦的扶助下做了國君,史稱周成王。有一天,姬誦和弟弟叔虞一起在宮中玩耍。姬誦隨手撿起了一片落在地上的桐葉,將其剪成玉圭形,送給了叔虞,對他說:「這個玉圭是我送給你的,我要封你到唐國去做諸侯。」史官們聽後,把這件事件告訴了周公。周公見到姬誦,問道:「你要分封叔虞嗎?」姬誦說:「怎麼會呢?

第三章 帝國崩壞：群雄並起與舊秩序的崩解

那是我跟弟弟說著玩的。」周公卻認真地說：「天子無戲言啊！」後來，姬誦只得選擇吉日，把叔虞正式封為唐國的諸侯，史稱唐叔虞。中國的皇帝號稱天子，他不是一個普通的人，而是一種至高無上的政治象徵。他說出的每一句話都代表了一個國家的政策。之所以要君無戲言，就是因為國家的政策不能朝令夕改，要有統一的政策導向，這樣君主就必須謹言慎行。而楊廣對這種關乎統治基礎的大事似乎沒有絲毫自覺，他以為皇帝真的就是天之子，在帝國內他可以從心所欲。此次事件最終導致帝國軍方與地主階級對楊廣徹底失望，一個沒有信用可言的「天子」是毫無存在價值的。至此，帝國的徹底崩潰只是時間上的問題了。

突厥危機一過，楊廣故態復萌，又開始思索他的「大業」。什麼征高麗、造龍船下江等等一個都不能少。對他來說，底層老百姓的起義根本不是什麼問題，反而身邊那些位高權重的大臣威脅更大。楊廣這種心態在他與大臣蘇威的互動中顯現得淋漓盡致。當時楊廣問諸臣，如今全國的盜賊是多了還是少了？左翊衛大將軍宇文述很沒節操地說：「已經漸漸少了。」楊廣挺高興，又問：「那比以前少了多少呢？」宇文述張口就來了一句：「不到以前的十分之一。」這種阿諛逢迎的話宇文述說著不噁心，卻也不是什麼人都能忍受得了這樣的鬧劇。當時身為重臣之一的蘇威就受不了這滑稽的二人戲，於是退到大殿的柱子後面，來個眼不見心不煩。楊廣眼睛很尖，一眼就看到了蘇威的小動作，非得讓他也出來說說。蘇威眼見避不過，只能說：「臣不負責這個，所以盜賊到底增加還是減少我不太清楚，我只是擔心盜賊的遠近而已。」楊廣很奇怪，說：「這話是什麼意思？」蘇威又說：「以前盜賊的蹤跡在長白山那邊，現在盜賊已經到氾水了。以前正常的國家租賦丁役現在全都收不到了，這些人都去哪裡了呢？還不是都落草為寇了？現在大家紛紛謊報軍情，說剿滅了多少多少盜賊，其實越剿越多。另外皇上你之前說過不再征討高麗，現在又反悔，那盜賊能被平定

才怪呢！」這麼不給面子的一段話，大庭廣眾之下當時就讓楊廣這個好面子的皇帝差點下不了臺。不過楊廣也是哪壺不開提哪壺，過了一段時間又跟蘇威商討如何征討高麗。他明明知道蘇威反對再征高麗，偏偏問，那還有什麼好回答？蘇威倒是也沒直接反對，就說了一句話：「征討高麗簡單啊，都用不著出兵，只要大赦群盜，立刻就能有一支幾十萬的軍隊，再讓他們征討高麗戴罪立功，他們為了免罪那還不人人爭先？這樣高麗輕鬆就能滅了。」這下子把國家盜賊處處的情景在楊廣面前挑明，楊廣當時就憤怒地破口大罵道：「這個老不死的奸徒居然拿盜賊來威脅我！」一句話就明顯地看出，在楊廣的心中所謂的盜賊完全稱不上威脅，類似蘇威這種位高權重的大臣才是最大的威脅！

東漢以降，中國的政治權力掌握在名為「門閥貴族」的一批人手裡。無論是漢的士族，還是胡人的豪酋，都可以算作這個行列中的一分子。這些人不僅有力量，也有知識。隋朝的根基就是這樣一批以關中為基礎的軍事貴族集團，史稱「關隴軍事貴族集團」。身為隋朝開國皇帝的隋文帝楊堅就曾經是他們中的一員。楊堅秉承南北朝時代「篡亂相繼」的風格，以權臣身分登上皇位，自然擔心自己手下這些同樣是門閥貴族的大臣們，是不是有一天同樣會篡掉他楊姓的皇位。楊廣得到皇帝這個寶座，同樣靠宮廷陰謀。靠著結交權臣楊素，楊廣在最後時刻殺掉了認清自己真面目的父親。因此在楊廣的心目中，所謂的小民百姓僅僅是一連串的符號罷了。聖賢書中屢屢有重視百姓的話語，在楊廣這個目空一切的聰明人眼裡，這不過都是一些虛無縹緲的空話而已。可是權臣的威脅卻讓他如芒刺在背。再加上之前楊玄感的叛亂，更坐實了楊廣內心的恐懼，讓他更加不信任這些臣子。對楊廣來說，當務之急根本不是盡快平定叛亂，而是怎麼擺平手下這班不聽話的大臣。主次一顛倒，問題就非常嚴重。雖然楊廣和他父親楊堅一樣對門閥貴族非常忌憚，但楊堅有足夠的威望鎮得住手下的大臣，也

第三章 帝國崩壞：群雄並起與舊秩序的崩解

有足夠的經驗和手段來擺平這類對帝國造成危害的事情。反之楊廣卻什麼都沒有，他能殺掉一個兩個反對他的人，但他不可能殺掉所有反對他的大臣。在感覺到大部分大臣並不贊同他的政策之時，他害怕了，他感覺這個被眾多關隴門閥貴族包圍著的帝都長安不再安全。於是楊廣又做了一件愚蠢的事——下江都。

下江都，以常人的思維簡直不可思議。一個皇帝置國家的政治中心不顧，卻流連在千里之外的江南小城。雖然當時的江都已經有了一定的發展，但與世界上數一數二的巨城長安相較依然差得太遠。這樣不但大大增加了控制國家的行政成本，也打亂了之前已經成熟的政令管道，使得隋帝國的整個上層無力化，簡直是變著法子讓國家走向毀滅的境地。不過，如果站在楊廣的立場換位思考，會發現他這樣做並非無厘頭。楊廣在開皇八年（西元588年）身為總指揮滅陳統一全國之後，在開皇十年（西元590年）又被任命為揚州總管，出鎮揚州（即江都），以鞏固隋朝對江南的統治。《劍橋中國史》中就盛讚楊廣對當時中國江南的統一和發展所作的貢獻。比起長安，江都才是楊廣真正的老巢所在。待在江都遠比待在貴族門閥林立的長安更能令楊廣舒心。盜賊蜂起也是楊廣最終下江都的一個重要原因。縱觀隋末的地方起義，北方比南方嚴重得多。楊廣不是白痴，相反非常地聰明，蘇威那番關於盜賊越來越近的說法雖讓他非常生氣，但也有警示的作用。楊廣身前有到處蜂起的盜賊，身後又有眾多居心叵測的貴族門閥，於是下江都也就成了一個非常自然的選擇。

西方有一條著名的「墨菲法則」，大意為：「一件事只要有可能會變得糟糕，那就一定會變糟糕。」站在楊廣的立場上，他做的一切都似乎符合邏輯，但最後結果表明他做的每一個決定都是最糟糕的。在江都他固然可以擺脫關中那些勢力強大的貴族門閥，也可以遠離越來越多的「盜賊」，但同樣也失去了對帝國北部的實際控制。在前朝北周的苦心經營後，關中

大地無論是人力還是物力均十分雄厚，又是府兵制施行的重點地區，有著整個帝國最龐大的軍事力量。楊廣離開了長安，就意味著完全放棄了關中的支配權。所謂「得關中者得天下」，秦漢以降莫不如此，覬覦這塊肥肉的野心家大有人在。楊廣在遠離了危險的同時，也同樣遠離了自己的根本，最終與整個帝國一起走向毀滅。

大「反賊」時代：天下義軍風起雲湧

　　中國的百姓往往被塑造成逆來順受的形象。真正對中國歷史有所了解之後便會發現，這種印象大錯特錯。歷史上的地方起義無論是規模還是次數，中國均為世界之冠。在中國，皇帝雖然自稱「天子」，可無論是在大臣還是在底層的老百姓心中從來就不具有什麼神性，倒是「王侯將相寧有種乎」、「天子者兵強馬壯者為之」這類的話層出不窮。既然皇帝絲毫不在乎老百姓的死活，那麼老百姓也只能拚死起義，把皇帝拉下馬。

　　老百姓活不下去就會造反，這點毋庸置疑。但造反也是要有能力的，不是誰都能做得了。首先是「帶頭大哥」非常重要，一般這類人可不是平時老實的百姓能勝任的。想當帶頭大哥，首先必須滿足一個條件，就是要「一呼百應」。沒有一幫「小弟」在身邊壯聲勢，老百姓不但不會跟著造反，八成還會認為這傢伙是神經病。因此無論造反的領頭人是不是真的有能力，起碼號召或者煽動的能力不能差，否則不但無法造反，還很有可能被人扭送官府砍頭。隋末造反第一人王薄就是一個非常有號召力的人。他寫的那首〈無向遼東浪死歌〉雖然在文學上並無太大的價值，感染力卻非同一般。他在詩中描述了落草為寇之後大塊吃肉大口喝酒的自由生活，並將抗爭的矛頭直接對準楊廣的伐遼政策。王薄振臂一呼，整個隋末隨即進

第三章　帝國崩壞：群雄並起與舊秩序的崩解

入一個「大反賊時代」，各路反王紛紛登上了歷史舞臺。

　　皇帝倒行逆施的直接結果就是整個帝國的大動亂，無法生存下去的百姓被各種領袖帶頭起來反抗，最終導致了整個帝國的崩潰。人民勇於反抗暴政自然是正義的行為，但是不是只要起來反抗朝廷就一定是正義的呢？歷史告訴我們，並非如此。所有的中國史書裡面，百姓起義往往被稱為「賊」或者「匪」。這都是封建統治階級對百姓的誣衊，但事實是不是這樣呢？實際上，大多數地方起義最終都會變成盜匪。因為他們沒有明確的目標，沒有良好的內部規範，只能靠搶劫讓團隊不致瓦解。這類起義軍往往都是烏合之眾，無法與訓練有素的政府軍和貴族地主的私兵對抗，要吃飯只能搶劫不受保護的平民。被搶劫一空的百姓沒有了賴以生存的糧食，不是變成流民，就是被這些盜匪裹脅，隋末經常看到很多起義軍在被政府軍打敗之後，很快又能聚集起一支數萬甚至數十萬的隊伍，這就是最重要的原因。而成為流民的那部分，餓死往往是最終結局。隋帝國鼎盛時期全國總人口曾達六千萬以上，到隋末喪亂後，李淵建立唐帝國之初，全國人口統計居然僅餘一千餘萬，人口損失高達七成。換句話說，從大業九年王薄造反開始算，到大唐開國，短短十來年的時間，每十個人就有七個人在戰亂中以各式各樣的方式死亡或流亡。這就是人民起來反抗暴政所需要付出的代價。所謂「興百姓苦，亡百姓苦」，無論什麼時候，暴力革命永遠是一柄雙刃劍，付出的不僅僅是自己的生命，還會有千千萬萬無辜的生命隨之消逝。

　　對隋末大亂，後世編撰的評書小說裡面有這樣一句話來描述這些造反勢力的數量——「十八路反王，六十四路煙塵」。其實不論隋帝國原本的貴族、將領，單單是起義軍的數量就達一百三四十支，總人數在四五百萬人以上。這些隋末的菁英們在中原大地上演出了一幕幕的傳奇，為一個大帝國的崛起拉開了序幕。

瓦崗群雄傳：李密與草莽英雄的轉折

在《隋唐演義》或是《說唐》當中，瓦崗寨（今滑縣南）永遠是一個至為關鍵的地方。最主要的英雄豪傑均出身於此，如義氣無雙的秦瓊秦二哥，神算無敵的徐茂功，還有混世魔王程咬金等等。真實的歷史中，眾多在初唐有著舉足輕重地位的人物都是瓦崗寨出身。論名臣有魏徵，論名將有初唐二李之一的李世勣（李世勣本名徐世勣，投降唐朝後賜姓為李，之後因避唐太宗李世民的諱改名為李勣，為全文姓名上的統一，因此統稱為李世勣），論勇將有秦瓊、程咬金、單雄信等人，可以說是群星燦爛。不為人知的是，瓦崗寨發展的初期，不過是支非常普通的地方武裝而已。從籍籍無名發展壯大成一支可以逐鹿中原的龐大勢力，其中的過程極盡曲折。

瓦崗寨剛剛建立的時候，首領叫翟讓。他是東郡韋城（今河南滑縣東南）人，做過東郡（治白馬，今河南滑縣）的法曹，也就相當於現在的警察局局長兼法院院長的概念。他當時犯了法，眼看要被殺頭。有個叫黃君漢的獄吏覺得此人非常驍勇，是個人才，不該這樣白白的死掉。於是晚上偷偷跑到獄中對翟讓說：「翟法司，世事難料，怎麼能在監獄裡等死呢？」翟讓又驚又喜，說：「我翟讓，現在如同關在圈裡的豬一般，沒有任何辦法，生死只能看您的了！」黃君漢當即替翟讓打開枷鎖，翟讓邊哭邊說：「我蒙受您的再生之恩得以倖免，但您怎麼辦呢？」黃君漢發怒道：「我本以為你是個大丈夫，可以拯救黎民百姓，所以才冒死來解救你，你怎麼卻像小兒女一樣以涕淚來表示感謝呢？你趕快逃吧，我這不用你管！」這番對白按照現在的流行寫法就是翟讓的「王霸」之氣讓黃君漢認為此人乃是大大的豪傑，於是在一番互相謙讓吹捧之後，黃君漢就把翟讓給放了。

其實歷史哪有這麼簡單。從之後翟讓的作為來看，黃君漢吹捧翟讓的

第三章　帝國崩壞：群雄並起與舊秩序的崩解

那些話壓根就不可靠，幾乎可以說是胡說八道。為什麼黃君漢要冒如此大的風險私自放走翟讓呢？我們知道翟讓是法曹，分管司法治安這塊。而黃君漢恰恰是獄吏，如果翟讓不犯事，可以說是黃君漢的上司。翟讓這個人雖然謀略兵法都非常一般，甚至可以說低劣，卻是個厚道人，對屬下很不錯。黃君漢此人可能平時就受翟讓的恩惠不少，因此才甘冒風險義氣為先，私放了翟讓。不過歷史是很有趣的，別看這個黃君漢不過就是一個小小獄吏，之後的命運可要比翟讓強得多。最終他坐到了夔州都督、虢國公的高位，是日後唐帝國平定南方的得力幹將之一。所以說「人品決定命運」這句話雖然並不全對，對某些人還是非常適用的。

翟讓逃獄之後，無路可走。正好天下大亂，他這位前法司就做起了號稱是「替天行道」、其實是打家劫舍的行業。這時候有兩個強人投奔了翟讓，一個是「猛將兄」，另外一個用三國中的話就是「得一可安天下」級別的高人。首先介紹一下「猛將兄」，這位仁兄叫單雄信，在評書當中大大有名，號稱手使金頂棗陽槊，胯下騎閃電烏龍駒，五虎上將第一名。此人在唐代便很富傳奇色彩，傳說他年幼時，在學堂前種下一棵棗樹。到他十八歲後，便用這棵棗樹做成一桿長槍，長約一丈七尺，也就是差不多五公尺的樣子，手掌都握不攏，配了個槍頭七十斤，取的名字也很酷，叫「寒骨白」。（《酉陽雜俎》）這種傳奇式的描述當然與實際相去甚遠，不過其勇武可見一斑。在真實的歷史當中他也是一個驍勇無比，善用馬槊的猛將，是翟讓的好朋友，翟讓落草之後他就率領了「同郡少年」去瓦崗寨投奔翟讓。

在進入瓦崗寨之前，沒有人知道單雄信是做什麼的。不過之前有一個沈光的例子，能一下子聚集很多「少年」落草為寇，單雄信以前的身分呼之欲出。按現在的話來說，單雄信應該就是當地惡勢力的頭頭，平素跟翟讓這個執法人員官匪勾結。現在翟讓垮了，新上臺的法曹肯定要來一個

「新官上任三把火」，單雄信顯然是最好的立威對象。可能就是這點，導致單雄信帶著手下投奔瓦崗寨。

另外一個強人叫李世勣，初唐二李之一。他在評書中的形象就是那個類似於諸葛亮，能掐會算的徐茂功。這位在初唐歷史上的地位完全可以用「大咖」二字概括，後被封為英國公，是凌煙閣二十四功臣之一。李世勣在落草之前是大地主，家裡不但富裕，而且傳說樂善好施，是儒家文化中典型的縉紳家族，封建國家的中堅力量。有這樣的家庭背景，李世勣不應該跟瓦崗寨這群落草為寇的盜賊混在一起。令人跌破眼鏡的是，李世勣偏偏十七歲就上山入了夥。其中原因史書諱莫如深，絲毫沒有提及。不過細細分析，還是可以找出一絲倪端。史書中有這樣的記載，李世勣上山之後立刻向翟讓提出：「附近是您與我的家鄉，鄉里鄉親，不宜侵擾，宋、鄭兩州地近御河，商旅眾多，去那裡劫掠官私錢物非常方便。」話裡話外就是告訴翟讓，兔子不要吃窩邊草。李世勣的家顯然離瓦崗寨不遠，如果翟讓劫掠鄉鄰，身為大戶的李世勣家必然首當其衝。李世勣極有可能是為了自保才加入瓦崗寨。本身翟讓的手下便是漁獵手為主，戰鬥力頗為可觀。加上又擁有了單雄信這等猛將和李世勣這樣的超級天才，他起家的資本不比三國中織蓆販履的劉備差。

自古以來，官兵當強盜的事情不勝列舉，中國最偉大的四部鉅著之一的《水滸傳》中描寫得尤為精到。一般來說，官兵當了強盜之後往往比普通的強盜更為厲害，用一句流行的話來說「專業才是王道」。翟讓落草為寇之後建立的瓦崗寨也是這樣。對於官軍的套路翟讓實在太過熟悉，更何況手下還有兩個一流人才，發展起初可謂順風順水，很快就聚集了上萬人馬。

瓦崗寨的規模越來越大，對周邊的威脅也越來越大，很快便引來了精銳官軍的鎮壓。來圍剿的官軍大家並不陌生，統帥便是前文提過的張須

第三章 帝國崩壞：群雄並起與舊秩序的崩解

陀，手下一員大將恰恰在評書中是單雄信和李世勣的好兄弟。他是誰呢？「胯下黃驃馬，馬踏黃河兩岸，掌中一對熟銅鐧，威震山東三州六府半邊天。」這段詞一出來，想必喜歡評書的讀者立刻就會想到這是在形容哪一個。不錯，這個人就是評書《隋唐演義》中的主角——秦瓊秦叔寶。

在評書中，秦瓊不但和隋朝有仇，而且在四十六友大結拜之後便扯起了造反的大旗，在瓦崗寨上大戰官軍，殺得隋軍抱頭鼠竄。歷史上真實的秦瓊，是個真正的猛將，他手上用的並非那人所共知的一對銅鐧，而是一桿馬槊。傳說他在跟著李世民圍攻洛陽城時，將自己的馬槊紮在城下的泥土中，然後退到一旁觀看，城中出來十幾個王世充的士兵，想拔掉這桿槍，但眾人一起動手費了九牛二虎之力也沒有拔動。這時候秦瓊飛馬趕到，他隨手將槊拔起高舉著像在玩弄一根木棍般從容離去。（見《隋唐嘉話》）他的座駕也傳說並非黃驃馬，而叫忽雷駁，馬的毛色青白相間，雄壯威武。此馬像人一樣喜愛喝酒，酒後不但不會醉眼昏花，反而精神百倍，神異無比。（見《酉陽雜俎》）他後來在唐太宗李世民麾下效力，每逢敵軍中有驍將在陣前耀武揚威的，就會命他去對付，而秦瓊必然單騎直入，將敵人刺殺於萬眾之中，人馬辟易。了解評書中的秦瓊，再看歷史上真實的秦瓊，我們會有角色錯位的感覺，他並非什麼反賊，而恰恰是評書中被自己殺得抱頭鼠竄的隋軍中的一員，而他所屬的部隊又是鎮壓地方起義軍最為得力的張須陀部。無獨有偶，評書中秦瓊的傻兄弟羅士信同樣也是張須陀軍中的重要將領，跟隨張須陀東征西討立下了汗馬功勞。

張須陀此人二十歲就從軍作戰，可以說身經百戰。他在山東，第一個對付的對象便是隋末最早起事造反的大反王王薄。王薄自造反以來拉起上萬人馬到處劫掠，官軍幾次征討均被打敗，最終惹來了張須陀親自出手。王薄見了張須陀就像見到了天敵一般，怎麼打都不是張須陀的對手。第一個照面，就在泰山下被張須陀偷襲，遭斬首數千。王薄被逼得渡黃河北

逃。張須陀依舊窮追不捨，在臨邑又大破王薄軍，斬首五千餘級，獲六畜萬計。王薄只得繼續北上，聯合豆子賊孫宣雅、石秪闍、郝孝德等眾十餘萬攻章丘。張須陀與周法尚聯手，周法尚率水軍阻截了王薄渡河之處，張須陀親率兩萬陸軍與王薄大戰。結果王薄軍大敗，逃到渡河之處又發現去路早絕，前後狼狽，人員財物被俘獲無數。對王薄來說，張須陀簡直比追魂惡鬼更為可惡。

打敗王薄之後，張須陀一發不可收拾。數年中他東征西討，先後打敗剿滅裴長才、石子河、秦君弘、郭方預、左孝友、盧明月、呂明星、帥仁泰、霍小漢等眾多起義軍，號稱是「威震東夏」，另外還拿到了一個超長超炫的稱號——「河南道十二郡黜陟討捕大使」。

大業十二年（西元 616 年）十月，隋煬帝楊廣責怪滎陽太守楊慶作戰不力，終於祭出了大殺器——張須陀，還給了他一個滎陽二把手的職位（通守位次太守），讓他率領勁旅二萬來對付瓦崗軍。這強人一出手，就知有沒有，瓦崗軍在張須陀面前幾乎不堪一擊，被打了個稀里嘩啦，前後三十餘戰，戰無不敗。如果不是在隋末這種大廈將傾的局面下，張須陀率領的政府軍想打死翟讓的瓦崗軍，就像捏死一隻螞蟻一樣容易。可恰恰就在隋末這個亂世，活不下去的人實在太多，瓦崗軍就像打不死的小強一般在一次次的敗仗中存活了下來。可能有人會奇怪，瓦崗軍不是既有猛將又有絕世奇才，怎麼連張須陀都打不過？原因也很簡單，首先是翟讓這人人品還算不錯，但能力十分有限，又不能像劉邦那麼會用人，手下將領的長處無法得到完全地發揮。其次此時的李世勣雖然能力不俗，但畢竟尚年輕，用兵謀略遠未成熟，自然不是張須陀這等沙場老將的對手，更何況論猛將兄，張須陀軍中只多不少，不論是秦瓊還是羅士信都是萬裡挑一的超級猛將。第三，瓦崗寨的兵眾雖然比較彪悍，畢竟是地方武裝勢力，無論是裝備還是訓練都無法與張須陀手下打仗經驗豐富的正規野戰軍相提並

第三章　帝國崩壞：群雄並起與舊秩序的崩解

論。這種種不利因素加起來，使得瓦崗寨在正面戰鬥中完全不是張須陀的對手。

面對張須陀咄咄逼人的攻勢，瓦崗寨情勢日益窘迫。此時一個人投入了瓦崗寨，不單單成功地挽救了瓦崗寨，還使得瓦崗寨從此走向爭霸天下的道路。這個人便是沉寂已久，再次現身的李密。

自從楊玄感失敗之後，身為謀主的李密就開始了漫長的逃亡之路。最初他從小道逃入關，卻因為告密而被捕，被囚禁在長安。本以為要就此了結殘生，誰知楊廣那不安於室的性子給了李密第二次生命。當時楊廣不在長安好好待著，偏偏跑到了河北高陽。於是以李密為首的一干欽犯必須得押往高陽去受審。押運的途中李密充分表演了什麼叫高超的越獄本領。他首先對一同被捕的人說：「我們的性命就像早晨的露水那樣，如果到了高陽必然變成肉醬，現在在路上還能有法子可想，絕不能受人屠戮！」這些人身上還有不少錢，李密就讓他們拿出來賄賂押送的官差，號稱希望官差拿這些錢替他們收屍，剩下的就作為報答。官差以為李密等人已經認命，出了關之後防備漸漸鬆懈。李密又買來酒食，天天晚上宴飲，整夜喧譁。當官差對他們的行為都習以為常之後，李密等七人在邯鄲抓住一個機會翻牆而出，越獄成功。

這次越獄，李密將兵法三十六計中的「瞞天過海」、「無中生有」、「暗度陳倉」等計策綜合在一起活學活用，上演了這樣一齣精采至極的驚天大逃亡，智謀可見一斑。有這樣的能力，李密按理說應該在哪裡都能混得不錯。出人意料的是，事實偏偏並非如此。

李密先是投奔了平原賊帥郝孝德，希望能夠容身。誰知道郝孝德根本瞧不上他，連頓飯都不給，弄到後來李密只能吃樹皮充飢。這種地方怎麼能繼續待下去？李密只好繼續流浪。之後李密跑到了淮陽的鄉村，改名劉智遠當了一個教書先生。可是這廝從小就志向遠大，哪可能安分地在村裡

教書？沒過多久居然像宋江一般寫反詩。這首詩最後幾句是這樣的：「秦俗猶未平，漢道將何冀？樊噲市井徒，蕭何刀筆吏。一朝時運會，千古傳名諡。寄言世上雄，虛生真可愧！」簡直就是赤裸裸地叫囂——說你們看樊噲、蕭何這種沒什麼本事的都能在改朝換代中千古揚名，世上的英雄豪傑們都團結起來，把這個萬惡的朝廷砸個稀巴爛！這個村子讀書人不少，一看就知道不對勁，立刻就有人去官府舉報。李密只能又逃到妹夫雍丘縣令丘君明的家。還沒喘口氣呢，就又被丘君明的姪子丘懷義給告發了。

看李密的逃亡過程，如同陷入了告密的汪洋大海，不管逃到哪裡都有人告發他，簡直走投無路。不過李密這人也許是上輩子屬小強的，溜得比誰都快，這次告密依然沒能抓到李密，只害了他的妹夫丘君明受牽連而死。經此一事李密知道想大隱隱於市是完全不可能了，只得再次投奔絕對不會將他拿送官府的「賊軍」。

在東郡周邊的地區，除了瓦崗寨這個最大的勢力之外，還有很多小股盜匪。李密一開始投奔他們的時候，遭到了如前一樣的待遇，根本不把他當回事。這也是必然的，這些盜賊頭頭們絕大多數都是文盲，所建立的隊伍也不過就是占山為王，大塊吃肉大碗喝酒而已，既無遠大的目標也無鮮明的革命綱領，李密這樣軍師型的前貴族以謀略見長，又不像李淵這類軍事貴族門閥那麼能打，自然與這些粗漢格格不入。不過這次李密沒有放棄，時時刻刻向這些人陳說怎麼逐鹿中原奪取天下。一開始這幫人都覺得他煩，這就像一個人只是一個小科長的時候就有人老說他日後會當國家總理，所以他現在應該怎麼怎麼做，這些人沒把李密當白痴就已經是非常不錯了。不過形勢比人強，天下真的如李密所說一天天糜爛了，這些賊帥才收起了小看李密的心思。此外，一個流傳極廣的預言也幫了李密的大忙，那就是中國歷史中幾大不可解的預言謎團中，最著名的一個——「楊氏將滅，李氏將興」。李密最開始的身分就是跟隨楊玄感的反賊大頭頭，又屢

第三章　帝國崩壞：群雄並起與舊秩序的崩解

次遭到圍捕卻安然無恙。將李密跟預言一對照，李密的身上便被套上了一圈神祕光環。古人大多迷信，再加上李密的辯才無雙，於是諸賊帥納頭便拜，通通被李密收入門下，成就了李密起家的第一桶金。評書中神箭無敵的勇三郎王伯當便是此時成為李密的死忠信眾，至死不渝。

收服了這些小股盜匪之後，李密把眼光投向了所在區域最大的反賊勢力瓦崗寨，並透過王伯當與翟讓牽上了線。一開始翟讓跟以前的那些盜帥一樣也瞧不起李密，隨便給了李密一個說服周邊小股勢力歸降的工作打發他。不過李密早已今非昔比，整合信眾之後也算得上是小有家底，再加上李密本人的智謀驚人，最終不管是威逼還是利誘，李密總算圓滿地完成了任務。看到李密交上來的成績單，翟讓刮目相看，轉而將其作為一個可以商討大事的附庸領袖來對待。

李密正式被瓦崗寨接受之後，便又將之前對王伯當等人做過的事情重複再重複，對翟讓開始了猛烈的洗腦。李密一見到翟讓，就用一副神棍的表情說道：「這位老大，我看你骨骼精奇，定是萬中無一的造反奇才，維護世界和平，打倒暴隋的任務非你莫屬。」翟讓可是當過「警察局長」的人，李密這套打倒皇帝揭竿而起的革命理論想哄騙翟讓還差了點層次。不論李密如何口燦蓮花，翟讓就是堅持當打家劫舍、逍遙快活的盜賊不動搖，讓李密白費了一番唇舌。

但正如電影《鹿鼎記》中陳近南說推翻清朝是他的人生理想，對李密來說，推翻隋朝，活捉楊廣也是他的人生理想。他一邊招收有能力的豪傑為其所用，一邊收買翟讓身邊的心腹向其鼓吹自己的能力。經過多番的謀劃，李密終於一躍成為翟讓的「親密同袍」，說話的分量大大增加。這次李密改變了策略，不再像起初那樣用一些大而無當的話哄騙翟讓，企圖一蹴而就，而是提出了一個在策略上可以說是高瞻遠矚的謀劃，那就是攻打滎陽。

滎陽素有「東都襟帶，三秦咽喉」之稱，所謂「群峰峙其南，邙嶺橫其北，東擁京襄城，西跨虎牢關」，歷來為兵家必爭之地。且北據鴻溝滎口，為隋代水運機樞，四通八達，經濟繁榮，自漢以降即為「天下名都」。除了地理位置極其重要之外，打下滎陽對瓦崗軍更為現實的意義，是能填飽肚子。

　　由於楊廣的暴政，無數百姓無法正常生活而流離失所，帶來的後果便是大量的田地荒蕪，直接導致了糧荒。對瓦崗軍來說，沒有大量的糧食就養不起職業精兵，光靠劫掠永遠都是流寇，成不了大氣候。因此，要爭霸天下，就必須走一條可持續發展的道路。隋朝在隋文帝時期開始了一種糧倉制度，建立了很多大糧倉。這些糧倉裡面儲存的糧食之多，號稱可以供政府五六十年的用度。在滎陽西南，就有號稱天下第一糧倉的洛口倉。洛口倉興建於大業二年（西元 606 年），秉承楊廣的一貫風格，這個專門儲存糧食的倉城被建設得宏大無比。它周長達二十餘里，建造了三千個存糧的窖，每個窖裡面可以儲存八千石糧食。也就是說，全倉可以儲量 2,400 萬石，折合近 30 億斤。在建設好後的 11 年中，洛口倉「積天下之粟」，居然將如此龐大的糧倉幾乎堆滿。只要打下洛口倉，無疑便擁有了王霸之資。而要打洛口倉就必先占滎陽。於是李密提出了攻打滎陽作為基業，整軍經武進而爭霸天下的計畫。

　　也許是李密描繪的宏偉藍圖太過誘人，居然讓翟讓忘了滎陽還有張須陀這個殺神。在李密的一再洗腦下，翟讓終於決定搏一把。瓦崗軍兵發滎陽，於大業十二年（西元 616 年）十月攻破金堤關（今河南滎陽東北），拿下了滎陽諸縣。這樣一來又惹出了身為討捕大使的張須陀。瓦崗軍對張須陀的畏懼終於戰勝了對城內物資財寶的渴望，翟讓的勇氣也僅僅維持至見到張須陀的那一刻，只略作攻擊便趕忙下令撤退。一向除惡務盡的張須陀自然不會放棄如此大好機會，率軍窮追十餘里。張須陀與翟讓前後三十餘

第三章　帝國崩壞：群雄並起與舊秩序的崩解

戰，對其可謂知根知底。此時的劇情一如之前一樣上演，張須陀毫不懷疑，在他的追擊之下瓦崗軍會再次被殺得人頭滾滾。張須陀沒想到的是，這次翟讓的背後還有一個李密。就在翟讓領兵前行之際，李密率本部千餘人暗暗埋伏在滎陽大海寺的北林間。當張須陀追擊翟讓十餘里，隊形不整人困馬乏的時候，李密的伏兵突然行動，突襲張須陀所在的中軍，將其團團包圍。張須陀顯然沒有料到這樣的突變，指揮中樞被打亂，河南討捕軍全軍頓時陷入混亂之中。這時候跑在前面瓦崗軍一看有便宜好撿，又返身殺回。前後夾攻之下，張須陀終於兵敗。一點疏漏，一點思維慣性，最終使名將張須陀付出了生命的代價。

　　張須陀人生的最後一刻非常耐人尋味。李密出動伏兵之時，驍勇無比的張須陀第一時間便殺出了包圍。當見左右部下沒能都突圍出來之後，張須陀又親自殺入包圍圈營救。如此反覆數次依然回天乏術，最終在軍隊潰敗後下馬英勇地戰鬥至死，享年五十二。張須陀最後的行為給人的感覺，與其說是要救人，不如說他更想求死。也許張須陀這位隋末的好官早已厭煩對起義軍不斷地追剿了吧，也許他內心很清楚是什麼導致了這樣的亂世。一邊是對君王的忠誠，一邊是嗷嗷待哺的百姓，他的心其實已經太累了。於是在無法選擇之下，做出了最後那樣自暴自棄的舉動。他戰死後，部下「盡夜號哭，數日不止」，可見其得軍心之處。張須陀其人，驍勇匹於呂布，武略堪比韓信，義氣有如田橫，悲壯不下項羽，其戰死對朝廷在河南的統治打擊非常之巨大，號稱河南郡縣為之喪氣。隋帝國隨著他的逝去，彷彿被抽掉了最後一根棟梁，整個大廈的倒塌不過是早晚的問題。

　　雖然在大海寺戰役中李密玩了一招漂亮的斬首行動，但河南討捕軍殘部依然擁有較強的實力。張須舵手下大將如秦瓊、羅士信都沒事，就連張須陀如果自己想走其實也能走得掉。由此可見，鄉兵組成的瓦崗軍在面對全副武裝的朝廷正規野戰軍時，依然非常脆弱。因此翟讓打完這仗之後打

起了退堂鼓。他在滎陽搜刮一番，收穫不少，便想回到瓦崗寨繼續做山大王。

因為斬殺張須陀的功績，翟讓正式承認了李密在瓦崗寨半獨立的身分，同意李密開府建牙，成立了蒲山公營。這樣一來，與其說李密是瓦崗寨的一員，還不如說是翟讓的合夥人。只不過翟讓所占的「股份」遠大於李密，在瓦崗寨中的話語權也遠遠強於李密。由於出身不同，人生經歷與眼光等各方面相差甚遠，李密與翟讓之間不可避免地會發生衝突，他們各自直系部屬之間的摩擦也日益增多。很多翟讓的部屬不把李密放在眼裡，進而欺凌李密的部屬。李密畢竟是關隴軍事貴族的一員，軍事素養不是翟讓這種二把刀能比的。李密的部屬因為李密的約束而盡力克制，不去報復。

翟讓要走，對李密來說有利有弊。好處是李密的勢力可以在滎陽盡情發展，不必顧忌翟讓一派的掣肘。弊端則是翟讓的離開會大大削弱李密攻略洛口倉的力量。滎陽地處洛陽周邊，朝廷的實力依舊相當強。所謂合則力強分則力弱，李密這點人馬顯得實力不夠。不過翟讓要走李密也沒法子強留，於是翟讓帶著攻略滎陽後獲得的絕大部分金銀珠寶、糧草輜重向東回瓦崗快樂逍遙，李密則向西繼續攻略。雙方各自分手。

不得不說，李密的確是一個很有本事的人。雖然實力大減，依然利用張須陀被殺之後的有利局勢，兵不血刃讓好幾座城池投降，由此獲得了大量物資，實力大為擴充。翟讓知道形勢一片大好之後大為後悔，又領軍來與李密會合，想再分一杯羹。李密看到翟讓來了之後也頗高興，對翟讓說：「現在洛陽空虛，留守的越王年紀太小，沒什麼號召力，底下的官員也都是庸人，您要是能聽我的，平定天下指日可待！」在隋末的名人當中，最像「唐僧」的就是這位李密，見了人就鼓動他去爭奪天下，估計當時翟讓耳朵都能聽出老繭來。之後李密又派人去洛陽偵察，誰知道被洛陽留守

第三章　帝國崩壞：群雄並起與舊秩序的崩解

發現了李密的意圖，於是開始加強防禦力量，並且派人去江都向楊廣報信。李密一看計畫敗露，只能迅速出擊，便又開始遊說翟讓，說：「如今我們是箭在弦上不得不發了。兵法講究兵貴神速，將軍您趕快率軍出發，打他一個措手不及，奪下洛口倉。到時候我們用倉內的糧食招募百萬雄師，就可以天下布武，奪取社稷指日可待！」翟讓是個小富則安的人，哪有什麼奪取天下的雄心壯志。但是跟著李密有肉吃，從以前的經驗看，每次聽了李密的話最後的好處能撈不少，當然讓他當先鋒作炮灰肯定不行。一看李密又開始滔滔不絕地說服他，他馬上說：「唉呀，您這個方略只有大英雄才能做，我這樣哪裡行？您是英雄，我聽您的，還是您當先鋒，我就作個殿後的吧！」算是在口頭上承認了李密的帶領。

翟讓根本上來說是一個小市民，眼睛看著自己的一畝三分地，並沒有什麼偉大的理想。李密強勢介入瓦崗寨之後，領導權一直潛移默化地向李密這邊傾斜，直到翟讓口頭上承認了李密的領導權為止，李密在名義上終於成為了瓦崗起義軍的盟主。翟讓心裡打什麼算盤李密也挺清楚，不過洛口倉李密也是勢在必得，也沒有在出兵的先後順序上跟翟讓多爭。兩家合兵七千迅速出擊，順利地攻下了洛口倉，獲倉米兩千餘萬石。這兩千餘萬石是一個什麼概念呢？隋唐時代，一個成年男子一年的口糧不過是七石二斗左右，也就是說一個洛口倉可以讓兩百七十多萬成年男子足足吃一年，或是維持一支二十七萬人的大軍吃十年！獲得了如此大量的糧食儲備，瓦崗軍像氣球一般迅速地膨脹起來。利用洛口倉的糧食，李密不但大大擴充了部隊，而且用開倉放糧的辦法讓流民們口耳相傳李密的恩德，使李密的名聲迅速傳遍了大江南北。至此，瓦崗軍終於拿到了爭霸天下的那張入場券。

損失了如此重量級的巨型糧倉，不單單對整個帝國損失慘重，更重要的是，洛口倉直接負責供應洛陽，丟掉了洛口倉會直接威脅到洛陽的糧食

供應。鎮守洛陽的越王楊侗立刻派出大軍清剿，主力是虎賁郎將劉長恭、光祿少卿房崱的二萬五千兵馬，此外還有張須陀的繼任者，新任河南討捕大使裴仁基率領的張須陀餘部。

張須陀的死對朝廷下層軍隊的人心士氣來說是巨大的打擊，對尚在洛陽醉生夢死的一干官僚們來說，似乎毫無影響。在他們的心中，瓦崗軍不過是一群饑民，烏合之眾而已。國子、太學、四門三館的學士以及貴冑勳戚居然都把瓦崗軍當成刷軍功的工具，紛紛踴躍報名參軍。這幫人基本都出身名門世家，家裡有錢有勢，身上配的裝備全是高級貨，士氣上更是高昂。虎賁郎將劉長恭率領這樣的軍隊氣勢洶洶當先殺奔洛口倉，河南討捕大使裴仁基率軍渡過汜水掩殺瓦崗軍身後，兩軍約定大業十三年（西元617年）三月十二日在洛口倉城南面會合。

洛陽的官軍對瓦崗軍完全不屑一顧，絲毫沒有想到需要保密。結果李密對他們的作戰計畫瞭如指掌，針對他們的計畫制定了對策。正面劉長恭率洛陽官兵於十二日先期到達洛口倉，與瓦崗軍隔洛水對峙。劉長恭是個完全不懂兵法的蠢蛋，也不知他是如何當上虎賁郎將的。他居然為了搶功，不等裴仁基到達，就在己方士兵們還沒吃早飯的情況下強令渡河，在石子河西列下南北十餘里的大陣，企圖畢其功於一役，一次打垮瓦崗軍。有趣的是，他這樣不顧作戰計畫，不顧友軍是否到位的莽撞作風，反而打亂了李密的計畫。原本針對官軍兩面夾擊的作戰計畫，李密、翟讓挑選了驍勇強壯之士分作十隊，翟讓率其中的六隊在石子河以東列陣對戰劉長恭，李密則率剩下的四隊埋伏在橫嶺（嵩山北麓）下等待裴仁基。劉長恭等人本就輕視瓦崗軍，再一看瓦崗軍人數很少，更是驕橫。兩軍開打後，翟讓率兵搶攻，但洛陽官軍裝備精良，士氣旺盛，戰鬥力十分不俗，無頭無腦地把翟讓又給打了個稀里嘩啦。幸運的是，劉長恭打得實在太過興奮，自以為勝券在握，狂追翟讓，結果又像張須陀滎陽大海寺一戰一樣，

第三章　帝國崩壞：群雄並起與舊秩序的崩解

陣型被拖得老長。那邊李密在橫嶺等了半天裴仁基，連個人影都沒看到，卻看到翟讓的敗軍狂奔而來。結果李密的伏兵全讓劉長恭的追兵給消受了。洛陽官軍既沒吃飯，又與翟讓打打追追一上午，早已精疲力盡，橫衝下來的李密伏兵在霎時間就將劉長恭所部給衝得七零八落。兵潰如山倒，劉長恭眼見戰事已無可挽回，將身上盔甲外衣全脫掉，瘋狂逃竄才生還回到洛陽。此戰洛陽官軍死傷過半，輜重、器械、鎧甲全部被瓦崗軍繳獲。等打完了劉長恭，裴仁基那邊才率領河南討捕軍悠哉悠哉地到達作戰地，結果卻發現漫山遍野的劉長恭潰軍，於是連忙腳底抹油，打都不敢打就撤回了虎牢關。

　　李密的這次勝利是非常關鍵的。首先，震懾了東都洛陽的官軍，真正讓瓦崗軍依託洛口倉站穩了腳跟。其次，此戰翟讓再次為李密所救的事實，也讓李密真正在瓦崗軍中穩固了地位。面對這個局面，翟讓也想得挺開，反正之前已經奉李密為主，現在乾脆就把這個名分確定公開。李密也毫不推辭，在他心目中，這本身就是捨我其誰的事情。不單單如此，李密居然剛公開坐上瓦崗寨的頭把交椅，就迫不及待地稱帝了！對李密來說，可能當皇帝是他自被踢出楊廣侍衛隊之後一直潛藏在內心中的終極夢想吧！正因為如此，他才義無反顧地追隨楊玄感造反，即使失敗也不改初衷。

　　李密是頂級門閥貴族出身，雖說迫不及待想過當皇帝的癮，但畢竟不能像個土包子一樣隨隨便便。歷史上篡位的傢伙往往喜歡把自己的行為美化成「禪讓」，就是想把自己篡亂的行為披上合法的外衣。像李密這樣的政治人物，對這一套可謂諳熟。於是，李密表面上並不稱帝，僅自封為魏公，建立了一個大元帥府的機構統領下屬。實際上他不但設壇即位更改年號，還封翟讓為上柱國、司徒、東郡公，任命單雄信為左武侯大將軍，李世勣為右武侯大將軍，房彥藻被任命為元帥左長史，東郡人邴元真為右長史，楊德方為左司馬，鄭德韜為右司馬，祖君彥為記室，大封官爵。李密

做完這一套，相當於對外宣布瓦崗寨另立小朝廷，自己成為事實上的皇帝，與隋政府分庭抗禮了。

在古代稱帝是一把雙刃劍。好處就是下面的人從此有了希望，全都是開國功臣，日後的榮華富貴是跑不了的，可以大大凝聚己方的向心力。如果實力夠大，也能吸引很多沒有什麼野心的勢力投靠，很快擴充自己的實力。壞處便是立刻成為舊王朝與各路有野心勢力的公敵。李密自立之後，效果立竿見影。這時候李密財雄勢大，手中有這個時代最硬的強勢貨幣——糧食，又接連打敗強大官軍的進攻，風光無限，各路勢力紛紛來投靠，旗下勢力很快就聚集了幾十萬人。這個數字很有灌水的嫌疑，不過也可以看出李密的勢力擴張之快。除此之外，一支沒有任何人能想像得到的朝廷精銳部隊居然也向李密投誠。這徹底地改變了瓦崗寨的組成，以及河南地區的力量對比。

此次投誠的主角，是統領張須陀餘部的河南討捕大使裴仁基。這位仁兄繼承了張須陀的傳統，也是個好官，對待士卒尤其不錯。每次擊敗敵人之後，所得的財物都賞給部下，因此尤得軍心。可這支軍隊的監軍御史蕭懷靜不知道哪根筋不對，居然不允許裴仁基這麼做，還動不動打小報告彈劾裴仁基。蕭懷靜簡直把降低士氣、得罪士卒還得罪軍隊主官這幾大忌諱全給犯了。如果在太平盛世，也許還沒什麼關係，問題是國家早已顯出末世的跡象，居然還這麼不長眼，簡直就是拿自己的小命開玩笑。

洛口倉城之戰後，裴仁基因為去晚了，只能狼狽退守百花谷。此時裴仁基陷入了進退兩難的境地——要進軍吧，勢單力孤，打不過瓦崗軍；要退兵回虎牢關吧，又怕蕭懷靜告狀被朝廷處罰甚至殺頭。李密看出了裴仁基的窘境，祕密派人向其許以厚利，遊說他投降。本來裴仁基尚且猶疑不定，賈務本之子賈閏甫的勸說讓他最後下定了決心。賈閏甫的父親賈務本是張須陀的副將，滎陽大海寺一戰，張須陀戰死，賈務本也身受重傷，

第三章　帝國崩壞：群雄並起與舊秩序的崩解

硬撐著將五千士卒帶回之後便撒手人寰。李密與賈閏甫有殺父之仇，居然連此人都主張向李密投降，只能說李密身上的頂級貴族光環實在太過於耀眼。雙方郎有情妾有意，很快便達成了協議。祕密投降之後，裴仁基退兵返回虎牢關，果然蕭懷靜暗地裡又向朝廷裡告了一狀。裴仁基早就祕密監視這廝，見這廝這麼不識趣，那也只能按照賈閏甫的提議，給這廝一刀了事。

　　裴仁基的投誠，比之前的幾十萬人馬對李密都來得重要。李密起家的班底幾乎都是落草為寇的綠林好漢，他們雖然勇敢，但是也有很大的局限。在日後烈度越來越大的爭霸戰爭中，正規軍出身的將領重要性自然會越來越大。裴仁基的河南討捕軍極大充實了李密的中高層軍官團，讓瓦崗軍的戰鬥力有了實質性的提升。裴仁基投誠之後，李密終於建立起了一支精銳部隊──「內軍」──作為自己的核心力量。此時的瓦崗寨文武名臣群星閃耀，魏徵、李世勣、單雄信、秦瓊、羅士信、程咬金、裴行儼、王伯當都在李密帳下效力。至此李密才算得上真真正正的頭號反王。

　　中國是一個非常講究中庸之道的國家，稱王未必是件好事。後世朱元璋信奉的「高築牆，廣積糧，緩稱王」，道盡了爭霸天下的祕訣。在各方逐鹿中原的時候，往往最後統一天下的人，偏偏不是曾經實力最大、名聲最響亮的那個。可惜李密雖然熟讀兵書，此時卻還未悟出這個道理。所謂出頭的椽子先爛，李密雖風光無限，卻忘了自己身處河南四戰之地。東都洛陽易守難攻，瓦崗軍內部裂痕漸起，最終使得盛極一時的瓦崗軍煙消雲散。當然身為巨無霸的瓦崗軍不會自然崩潰，這需要一個終結者。終結者到底是誰呢？

胡人王世充：篡位與政變的代價

　　李密在河南闖蕩得風生水起的時候，一個人也隨李密的擴張趨勢而起，並最終將李密打垮。這個人就是反王中的第二號人物——王世充。和一般人的想像不同，王世充既不是中原人氏也不姓王，而是一個西域胡人。他本姓支，祖父早死，祖母帶著王世充的父親守了寡。隋唐年間風氣開放，從一而終的封建禮教不流行，胡女更是多情。所謂「胡姬招素手，延客醉金樽」，一來二去新寡的少婦勾搭上了一個叫王粲的官員。王世充的祖母對怎麼抓住一個男人的心很有些本事，不但與王粲打得火熱，還替他生了一個叫王瓊的兒子，最終母以子貴，風光嫁入王家。王世充也從他父親這輩便拋棄了本姓，改姓為王。對於王世充而言，他的祖父可謂是死得有價值！如果他的祖父不早死，王世充最多不過當一個胡商而已，未來成就有限。祖父一死，完全改變了王世充的人生命運。這個叫王粲的官員出身霸城王氏。當時王氏主要有二十一郡望，霸城王氏又叫鳳閣王氏或京兆王氏，在王姓家族中的尊貴程度排名前三。有了這樣的出身，王世充才能當上汴州的長史。要知道這還是一個門閥貴族當家作主，當官相當程度上要看出身的時代啊！

　　王世充這人有兩個特點。第一，他非常喜歡兵法以及天文占卜的學問，按照《三國演義》裡面諸葛亮的說法，「為將者，不識天文，不知地理，乃庸才也」。王世充對這些非常精通，也就奠定了他日後領軍打仗以軍功上位的基礎。第二個特點，他特別喜歡詭辯，擅長顛倒黑白、指鹿為馬。放到今天，大概可以當上國家級辯論隊選手了。不過隋煬帝楊廣還就不喜歡什麼直臣，這種能滿口胡謅的能力恰恰對了楊廣的胃口。於是王世充官運亨通，很快便爬到了江都丞的位置上，並且還當上了江都行宮的總管事。

　　因為楊廣對江都的偏愛，江都實際上已經成為了隋帝國末期的首都。

第三章 帝國崩壞：群雄並起與舊秩序的崩解

王世充在皇帝的眼皮子底下做事，近水樓臺之下有大量的表現機會，這對王世充未來的官路產生了巨大的作用。

亂世年月，要想出頭，首先要靠實際的軍功。王世充身為後來的二號反王，論本事當然是一等一的。由於楊廣的倒行逆施，就算在江都周圍也不是一片安寧。大業九年（西元613年）六月，劉元進、朱燮、管崇幾人先後起義。在與官軍的戰鬥中，三人聯合，形成達十餘萬人規模的起義軍，劉元進還稱起了天子。

劉元進能當上天子也不算偶然，史書上對他的描寫簡直跟《三國演義》裡面的劉備一個樣，都屬於手長尺餘，臂垂過膝的非人類。古人都很迷信，他看自己長得特殊，就以為這樣真的能當皇帝。可能朱燮與管崇也是因為這個，才讓他當天子吧。楊廣偏偏特別忌諱這個，看到這類生具異相的人都巴不得殺掉，立刻派了吐萬緒、魚俱羅這兩員大將進行鎮壓。評書中魚俱羅是第二條好漢宇文成都的師傅，某些版本的評書中甚至能解決掉第一條好漢李元霸，可謂是超然於諸好漢之上的高手。真實的歷史當中，他跟被鎮壓的對象劉元進算是一對。劉元進是臂垂過膝，魚俱羅則是有重瞳，在古代都算是有帝王之相，所以最後這哥倆下場都沒好到哪裡去。

魚俱羅和吐萬緒兩人都是軍中宿將，非常能打，比起劉元進這類烏合之眾不知道強了多少倍。兩軍一對陣，劉元進就被打了個稀里嘩啦，連管崇也被砍了。不過魚俱羅與吐萬緒也就得意了這麼一陣子。劉元進雖然一敗再敗，總有地方上活不下去的老百姓加入。魚俱羅和吐萬緒雖然取得連幾勝，但就是無法徹底消滅劉元進。人類的體力和精神都是有極限的，敵人老是打不死，勝仗再多也有撐不住的時候，兩將只能上書申請暫時休整。魚俱羅這個猛將因為有帝王之相，早被楊廣所忌，平日裡就提防此人擁兵自重。正好此時魚俱羅又暗地派船去接自己的家眷，結果被人給告發了，這就更加惹下嫌疑。楊廣藉著討伐叛亂不勝的罪名，乾脆把魚俱羅給

殺了。吐萬緒也被撤職，最後鬱鬱而死。

萬事都是相對的，有人失意便有人得志。魚俱羅與吐萬緒倒了楣，王世充卻趁勢而起。他受命在江都招募了萬把人的部隊去討伐劉元進。「三十年的苦練，今日終於大派用場了！」王世充興奮莫名，誰知剛上陣就用力過猛，一仗就把劉元進、朱燮通通給殺掉了。不單單如此，這王世充還玩了個絕戶計。隋末官軍面對起義軍，最大的難處就是這些起義軍的流寇作風。光殺他們的首領，打散他們的團隊，其實一點用都沒有。如果以為大功告成放任不管，用不了多久，就會有一支人數更多的起義軍出現在官軍面前。王世充此人不愧是二號反王，他打贏劉元進之後就在通玄寺的佛像前焚香立誓，約定降者不殺。隋唐時代甚至更早，都是一個佛教大興的時代，佛前立誓是極為鄭重的行為。這一舉動立竿見影，之前造反的人們紛紛來降。他們沒想到，王世充是何等心狠手辣。足足三萬投降的起義軍，全部被他坑殺在一個叫黃亭澗的地方。

雖說梟雄為成大事可以不擇手段，但王世充性格中對信義的極端漠視，也讓他自食苦果，最後的敗亡實在並非偶然。當然，對於楊廣來說，王世充這種針對叛亂的雷霆手段簡直太對胃口了，他可不關心死了多少犯上作亂的賊寇。王世充領兵作戰的機會越來越多，功勞也越來越大。大業十年（西元614年）十二月，山東起義軍孟讓率部十餘萬進攻江都。王世充故意示弱。孟讓中計，十分輕敵。孟讓軍中缺糧，居然敢解散部隊去各地搶糧。王世充趁機突襲，孟讓全軍覆沒，僅以身免。大業十二年（西元616年）十二月，河間郡起義軍格謙聚眾十萬，自稱燕王。王世充前往鎮壓，擊斃格謙，格謙的餘部在高開道率領下逃走。後來高開道占領了北平，也是隋末著名反王之一。王世充在與頭號反王李密照面之前，基本上是百戰百勝，成績傲人。

當然，在楊廣面前，單單能幹遠遠不夠，王世充的溜鬚拍馬本事也是

第三章　帝國崩壞：群雄並起與舊秩序的崩解

一絕。大業十一年（西元 615 年）楊廣被圍困在雁門之際，王世充率江都士兵前去救駕。江都距雁門千里之遙，按照常理推算也知道，皇帝是否可以得救，跟王世充這支人馬關係不大。但怎麼才能讓皇帝知道自己的忠心呢？在路上，王世充天天蓬頭垢面地哀哭，整夜不解甲冑，休息就隨便坐在茅草上。王世充是江都郡丞，也是江都行宮的大管家，要收買幾個皇帝身邊的近侍還不是小菜一碟？這番做作很順利地透過某種途徑傳到了皇帝耳朵裡。楊廣知道他這樣忠心，自然非常高興。第二年，王世充又向楊廣獻上精心準備的銅鏡屏風，就這樣坐上了江都通守的位置，升級成為江都的一把手。對楊廣的喜好，王世充煞費苦心仔細思索。他除了更賣力地四處剿匪之外，又玩起了為皇帝蒐羅美女的招數。他公然對楊廣說，江淮一帶清白人家的美女很多，想進宮的也不少，就是自己錢財不足，無法幫陛下去聘娶這些美女。楊廣竟然授權王世充動用府庫的錢去做這等事。王世充掌握了海量的財富，至於這些錢有多少真正花在皇帝身上，就只有天知道了。

　　王世充在江都步步高昇之際，李密在河南同樣風生水起，不但直接威脅到東都洛陽的安全，還公然釋出討伐楊廣的著名檄文。其中有名句：「罄南山之竹，書罪無窮；決東海之波，流惡難盡。」這正是成語「罄竹難書」的由來。如此種種，讓楊廣恨極了李密，瘋狂調動全國各地精兵救援洛陽。王世充在江都成績如此亮眼，順理成章上了援兵的名單，被命令率兩萬江淮兵增援洛陽。增援的總指揮為左御衛大將軍涿郡留守薛世雄，他率領三萬燕地精騎從涿郡殺奔洛陽。薛世雄是從楊廣征高麗以來的老將，在高麗軍十面埋伏之際以二百重騎突圍得以生還。他的兩個兒子薛萬鈞、薛萬徹在唐朝也都是眾所周知的猛將，可謂將門世家。這位老將軍打了一輩子仗，卻不幸栽到三號反王竇建德的手裡，還沒到洛陽三萬精銳就煙消雲散。蛇無頭不行，這個總指揮的位置便砸到了王世充頭上。於是，王世充

便在自己沒有準備好的情況下，與生命中最大的敵人之一李密，開始了以整個中原大地為賭注的死鬥……

王世充赴援洛陽之際，李密在河南的發展陷入瓶頸狀態。雖然洛陽官軍面對李密屢戰屢敗，甚至又被李密拿下洛陽城的另一個大糧倉——回洛倉，但李密再次面對天下堅城洛陽卻依舊沒有什麼好辦法，只能不斷與官軍進行無意義的拉鋸戰。歷史很有趣，當年楊玄感造反的時候，李密將硬打洛陽看成下策，勸楊玄感先取長安，據有關中作為帝王之資，如今李密又遇到同樣的情形。有個叫柴孝和的勸李密留翟讓守洛口倉，裴仁基守回洛倉，李密自己則親率精銳殺入長安奪取關中。等關中底定，到時兩面夾擊，洛陽唾手可得。對於柴孝和的建議，李密並未聽從，反而說：「我的部隊都是山東人（這裡指崤山以東），不打下洛陽，誰肯跟我去關中？」這句話被歷史學家陳寅恪先生認為是山東豪傑集團興起的指標。洛陽作為關東的重要政治象徵，對山東豪傑集團極其重要，不論是不是李密當家，只要他的手下以山東豪傑為主，洛陽就不能不打。這種山東豪傑集團的觀點影響深遠，卻並不符合當時的實際情況。要知道，對山東豪傑集團構成影響深遠的東魏、北齊建都均在鄴城，而非洛陽。此時的洛陽是楊廣新建而成的，要說洛陽對山東豪傑集團能有多大的影響力，其實很難說。

實際上，身為當年楊玄感的謀主，李密比誰都清楚奪取關中的重要性。為何李密對關中垂涎三尺，卻還是不敢採用柴孝和的計畫呢？原因很簡單，根基太淺，無人可用。因此，「非不為耳，實不能也」。只要細細分析，便能知道此時李密的形勢何其尷尬。看柴孝和的說法，要留翟讓和裴仁基守河南老家。這兩人中，翟讓是瓦崗軍創始人，裴仁基是最近投降的前朝廷重將，哪個都不是李密的嫡系，留他們守李密好不容易打下的基業，如何能放心？不留他們，李密的心腹內根本選不出任何一個有足夠能力和資歷的人，來率領餘部對抗實力依然很強的洛陽守軍。李密說，不打下洛陽，

第三章　帝國崩壞：群雄並起與舊秩序的崩解

誰肯跟我去關中？實際上他心裡想的應該是，不打下洛陽，我怎麼敢去關中？造成李密如此窘境的根源，還在他上次叛亂身上。李密當年追隨楊玄感造反失敗之後，一路大逃殺。李密在前瘋狂逃竄，官府在後將李密的家族殺戮一空，導致他無法像後來底定關中的唐高祖李淵那樣，靠親族子女就能在關中呼風喚雨。李密此時幾乎就一光桿司令，在河南找不到親族坐鎮，去關中也沒有足夠的親族響應，空有祖先和家族的榮耀早已今非昔比。所以，就算李密冒險去打長安，也未必打得下來。看上去永遠不會陷落的堅城洛陽，讓李密陷入了騎虎難下的窘境。一句話──入關中，打長安是找死；據河南，打洛陽是等死。

李密無法親自實行這套關中攻略，但關中對他的誘惑巨大。於是，他接受了柴孝和請求入關中偵察情報、伺機而動的建議，讓柴孝和帶了幾十名騎兵潛入陝縣活動。李密如今已經聞名天下，仗著李密的名聲，柴孝和剛到就有一萬多人前來歸附，聲勢實在不小。

柴孝和進軍關中之際，李密與洛陽官軍在洛陽附近的另一個大糧倉──回洛倉──展開激烈的爭奪戰。回洛倉儲量只有洛口倉的十分之一，對洛陽來說重要性卻比洛口倉大得多。因為此糧倉距離洛陽僅僅七里，可以充分對洛陽進行補給。一旦丟掉了回洛倉，對洛陽這樣的巨型都市打擊極大。李密率領三萬主力，另外派裴仁基、孟讓率兩萬偏師共同進攻洛口倉。一開始進攻很順利，不但拿下了回洛倉，甚至一度攻入洛陽城內。李密太低估了洛陽對回洛倉的重視程度，洛陽守軍瘋狂地對其發起了反攻。雙方在回洛倉大戰。李密自從登基之後便運氣爆棚，怎麼打都能贏，直到在回洛倉中了一箭……

李密與後來的唐太宗李世民一樣愛玩身先士卒這一套，可老天就是不照顧他。人家李世民身經百戰，皮都不曾擦破一點。李密好像一個移動靶子一樣，動不動就中箭。回洛倉決戰之時，李密不知怎地挨了一箭。養傷

的時候又被官軍連夜急攻，導致瓦崗軍大敗，死傷大半。消息很快傳到柴孝和這裡，結果剛組建起來的一萬人馬來得快去得更快，一聽到李密打了敗仗，瞬間呼啦啦全跑了。柴孝和一看這任務沒法再繼續下去了，只得又回到李密的身邊。

李密攻略關中的想法隨著柴孝和的失敗而破產。但正如柴孝和所說，你李密不要，自然有人想要。唐帝國的開國皇帝李淵此時已經反了，一門心思預備從太原自東向西殺入關中，奪取長安。之後自立為西秦霸王的薛舉也馬不停蹄，自西向東進行攻略，目標直指長安。整個隋帝國沒有了任何淨土，到處都是戰亂和流亡，一個個英雄豪傑趁時而起，共同締造這個屬於他們的時代。

既然占據關中的希望徹底破滅，李密也發了狠，一門心思攻打洛陽。之前在回洛倉輸了一陣，李密略微休整便殺了個回馬槍。這次李密採用左翼騎兵、右翼步兵、中間強弩兵的戰術，還配備了上千面響鼓振奮士氣。戰鬥打響之後，鼓聲震天徹地，瓦崗軍士卒血脈賁張不顧生死，一舉打垮回洛守軍，再次奪回回洛倉。

當李密與洛陽守軍鏖戰之際，河南、山東突發大水，餓殍滿野。楊廣這回沒糊塗，下詔開黎陽倉賑濟災民。他明白了，下面的人卻開始「犯糊塗」，居然膽敢無視詔令，不按時賑濟，導致每天竟然有幾萬人因飢餓而死！這些官吏為何膽敢這麼做，史書內並未細說。不論時代如何發展，關於糧食這件事，基本上古今皆同。古代社會，一般大災之後必然會出現流民與糧荒，糧價也必然飆升。如果沒有一個強而有力的政府平抑物價，隨之而來的就是糧商的大規模囤積居奇，從而引發巨大的災難，說白了就是大量地餓死人。

對河南和山東來說，情況已經到了最壞的時候。即便這樣，黎陽倉的官吏居然拒絕賑濟，只能說明這些人在官商勾結私賣國家的糧食，從中獲

第三章 帝國崩壞：群雄並起與舊秩序的崩解

取暴利。這些不知死活的貪官汙吏們大發橫財之際，瓦崗軍也盯上了這個大糧倉。

與洛口倉和回洛倉不同，黎陽倉並不在洛陽周邊，而是遠在河北。黎陽倉西瀕永濟渠，東臨黃河，水運極為便利。朝廷從河北地區收來的租米，都先集中於此，然後再由永濟渠或黃河運往洛陽、長安。用兵東北時，由江淮運來的軍糧，也先儲藏在這裡，然後由此運往東北。它是河北地區唯一重要糧倉，也是連接河南、河北、山東三地的重要樞紐。對瓦崗軍而言，拿下黎陽倉，可以藉助黎陽倉內的米糧，將影響力擴大到河北、山東，有助於打破目前進退兩難的瓶頸狀態。當時李世勣向李密進言說：「天下大亂本來就是因為老百姓沒吃的活不下去，如果能再掌握了黎陽倉的話，那離成功就不遠了。」李密感覺有理，派李世勣率五千兵馬，會同附近一些投靠李密的小勢力去進攻黎陽倉。面對李世勣的兵鋒，黎陽倉內的那些貪官汙吏哪有半分的戰鬥力？黎陽倉很快被拿下。

瓦崗軍拿下黎陽倉，第一件事是開倉放糧。在面對餓死還是造反的重要抉擇時，人們很快做出決定。流民們蜂擁而至，十天之內參加瓦崗軍的人數達二十萬之巨。大量郡縣隨之向李密投誠，連李淵、竇建德這等勢力，不管是不是真心，都不得不向李密示好。天下有名望的人才，如一代名臣魏徵，也歸附了李密。民以食為天，亂世中金銀珠寶不是最重要的東西，糧食才是強勢貨幣。李密拿下洛口、回洛、黎陽這三個國家建立的大糧倉。掌握了隋朝立國以來很大一部分糧食儲備。擁有了這樣的經濟實力，自然會讓其他勢力感到無比畏懼。

經過很長時間的跋涉，王世充終於率隊來到洛陽。初來時他的心氣很高，一番對峙後直接召集十餘萬人，主動向李密挑戰，兩個反王就此開始了他們人生中的第一場爭鬥。王世充先前的戰績絕不是吹出來的，一開始便放出勝負手。他率軍夜渡洛水，在黑石關（今鞏義市西南四公里，是洛

水渡口之一）紮營。黑石關西與邙嶺夾岸相對如門，是古代交通的咽喉，扼控鞏洛之中。王世充占住這裡，等於掐死了李密部隊的迴旋餘地，逼得李密不得不強攻黑石關。

第二天，王世充分兵守營，自己率領精兵在洛水北岸列陣。李密聽到這個消息，知道此戰不能不打，於是率兵強渡洛水，急襲王世充。王世充軍占據地利，半渡而擊，殺得李密大敗，柴孝和也落水淹死。王世充一戰得勝之後立刻銜尾追殺，企圖一戰而定，絕不給李密喘息的機會。李密的應對也堪稱經典，他當機立斷，將部隊一分為二，自己親率精銳騎兵渡過洛水向南，其餘戰力低下的大部隊作為誘餌向東逃入月城（今河南鞏縣西北）。王世充不知就裡，只知追殺大部隊，率眾將月城團團包圍。此時李密率領的精銳騎兵從洛水南岸策馬直奔王世充的大本營黑石關。王世充的守營兵馬完全不明白李密是怎麼打過來的，驚恐萬分，連舉六次烽火向王世充示警。王世充一看大本營被抄了，趕緊撤了月城之圍，狼狽回救。誰知李密又玩了個圍城打援，王世充軍大敗，被斬首三千餘級。這次大規模的交手，兩人各顯其能，從正面對打來看，王世充率領的朝廷正規軍有一定優勢。但是論隨機應變、謀略百出，李密則占了不小優勢，最終王世充還是比李密略遜一籌。二人第一次對決，李密以微弱的優勢勝出。就像有了心理障礙一般，王世充此後與李密開仗，居然每每以同一個模式先勝後敗，而且一次比一次慘。

在洛水之北被李密迎頭痛擊後，王世充總算知道了李密的厲害，於是堅守營壘不再出戰。越王楊侗見此情況，派了個使者去慰勞王世充。對此，王世充既慚愧又恐懼，只得硬著頭皮再次向李密挑戰。來慰勞的使者為什麼會讓王世充既慚愧又恐懼呢？其實慰勞是假，督戰是真。李密如今幾乎占據了洛陽周邊的所有大糧倉，僅存的糧食根本無法供應洛陽這樣一座世界級大城市的需求。面對斷糧的危機，越王楊侗不得不對王世充有所催促。

第三章　帝國崩壞：群雄並起與舊秩序的崩解

　　十一月初九，王世充與李密又在石子河（今河南鞏縣東）兩岸對峙。李密擺了個南北長達十餘里的大陣，氣勢驚人。對王世充軍的戰鬥力，其實李密也很頭痛。王世充手下的江淮兵歷來是能打敢戰的上好兵源，十分不好對付。這次李密故技重施，放出了瓦崗寨中的大殺器──翟讓。翟讓此人可是個寶，幾次關乎瓦崗寨存亡的戰役，翟讓都做出了巨大的貢獻。不論是對張須陀還是對劉長恭，翟讓「走為上計」戰術都發揮了巨大作用。翟讓又一次站在了對抗敵人的第一線。雙方開打，翟讓再次發揮了其精采的「演技」，被打得抱頭鼠竄。可憐的王世充沒有研究過李密的成名之戰，就這麼上了當，追著翟讓殺了下去。接下來，李密以迅雷不及掩耳之勢，熟練之極地對王世充使出一套連續技。他先讓王伯當、裴仁基從旁橫向分割王世充軍的陣勢，阻住他們的後路。隨後親率中軍突擊王世充。王世充軍再次重蹈張須陀、劉長恭的覆轍，因為追擊被拉長散亂的陣型完全無法抵抗突然的打擊，被打得大敗，只能向西逃竄。當然，王世充不像張須陀那般愛兵如子，雖然狼狽，性命倒是無憂。

　　石子河之戰的失敗雖然讓王世充損失慘重，但以他的精明能幹，也看出李密與翟讓之間存在很大矛盾。如今王世充屢戰屢敗無法可想，只能將希望寄託在瓦崗軍內部的矛盾上，希望矛盾爆發之後可以從中漁利。實際上，李密與翟讓二者之間的矛盾根源並不在他倆身上，之所以最後上升到你死我活的境地，與他倆身邊的親信有很大關係。

　　李密身為一個走投無路投奔瓦崗寨的人，當初是個被翟讓收留的角色。從身分上來說，翟讓是瓦崗寨之主；從情分上來說，翟讓對李密有恩。但論能力，李密要比翟讓強得多。慢慢主客易勢，這樣的情形堪比《水滸傳》中的晁蓋與王倫。翟讓的腦子比王倫清醒得多，他經過幾次戰鬥，明白自己才能不及李密，於是主動把領導者的位子讓給了李密。翟讓識時務的做法卻讓身邊的親信極為不滿。身為一個首領，代表的不是他一個人的

利益,而是一個集團的利益。李密從一個無根無蒂的外來戶突然成為新首領,自然大大損害了這個集團的利益。他們想奪回先前的風光,就只能將翟讓重新上位。翟讓的司馬王儒信勸翟讓自任大塚宰,總管政務,來奪李密的權。翟讓的哥哥翟弘更是明目張膽地說:「天子應該自己當,幹嘛要讓給別人!你不做天子,讓我來做!」這些話翟讓聽了都付之一笑,根本不當回事。可是「人在江湖,身不由己」,有些事情不是不想做就能不做的。翟讓身邊的人老是蠢蠢欲動,李密不免心裡有想法。這時候如果翟讓聰明一點,就應該嚴厲約束下屬,徹底打消他們心中的妄念。但翟讓以前當領袖當慣了,雖說把領導者的位置讓給了李密,平日裡依然大大咧咧,他的部屬也一如既往地欺凌李密的部下。甚至翟讓本人為了分贓不均,也時不時地會擺出上級的架子,辱罵甚至拘束李密的部下。這些被欺負的人,到了李密面前自然不會說翟讓什麼好話。李密這個人耳根子軟,一次兩次也就算了,但天天有人打小報告。最後這幫人把翟讓形容成了一個大毒瘤,強烈要求李密「毒蛇螫手,壯士斷腕」。

愈演愈烈的矛盾,將兩人推到了必須分出生死的地步。李密最終還是按捺不住殺心,擺了一個鴻門宴,將翟讓及其親信們幾乎全部殺掉。此次鴻門宴活下來的有兩個人,單雄信見機得快,立即跪地求饒,被李密當作投誠的榜樣寬釋。李世勣年輕力壯,反應迅速,第一時間破門而出企圖逃命,被守門的兵士砍中頸部倒地,如果不是王伯當及時喝止,一代名將李世勣就會死在這場毫無意義的內訌中。單、李是瓦崗大將,李密捨不得殺此二人,就這樣二人得以留下性命。李密隨後更親手為李世勣裹傷,又單騎入單雄信營中安撫單雄信的部下。單、李二人見大勢已去,無可奈何,只得降了李密。

由於翟讓一派的首腦或死或降,李密又只殺了翟讓一門,對其餘人等一概不問,因此翟部基本平靜,這起火併在一日內就全面完成,沒有給

101

第三章　帝國崩壞：群雄並起與舊秩序的崩解

王世充任何可乘之機。王世充失望之餘也非常佩服，說了一句話：「李密天資明決，為龍為蛇，不可測也。」這句話含義簡單，就三個字：「算你狠！」王世充不知道，李密的這次內訌已經在自己陣營內埋下了深深的禍根。此時症狀不顯，一旦爆發出來便無可挽回。

王世充等得花兒也謝了，沒等到瓦崗軍分裂崩潰，卻等來了自己全面缺糧。河南一地的糧倉幾乎都在李密的手上，洛陽的糧食補給業已慢慢枯竭。王世充十來萬大軍，每天的物資消耗是一個驚人的數字，又沒有新的補給，眼看糧食要見底。王世充坐困愁城，只得拚死一搏，試圖夜襲瓦崗軍。

古代夜襲是一把雙刃劍，黑燈瞎火的誰都看不見誰，特別容易誤傷。運氣好還能以很小的代價重創敵人，如果運氣不好，領軍的將領甚至會死在自己人的手上。王世充要不是真沒轍，也不至於這樣孤注一擲。人算不如天算，王世充屢戰屢敗之後一直有士兵逃歸李密，從這些人那裡，李密知道了王世充近來一反常態，不但大量招兵還大肆犒勞將士。掐指一算，李密推算出王世充要夜襲，當即命令軍隊嚴加防備。當日夜裡三鼓時分，王世充軍果然殺至。面對嚴陣以待的瓦崗軍，王世充軍居然凶悍無比，將王伯當率領的前陣擊破，鼓譟著登上城樓，企圖一鼓作氣打垮瓦崗軍。瓦崗軍方面由總管魯儒率軍拚命抵抗，阻止王世充軍登城。王伯當潰敗之後也沒走遠，看準了黑夜中王世充無法追擊，就地收集逃散的士卒，再次返身殺回。王世充軍攻城正急，身後被王伯當打了個措手不及，再次軍潰。士卒戰死淹死一千餘人，帳下驍將費青奴亦被斬殺。

王世充面對李密再次先勝後敗，狼狽異常。坐鎮洛陽的越王楊侗別看只有十四歲，卻是用人不疑，不但沒有怪罪，反而派了使者慰勞。王世充倒是個屬猴的，見竿就爬，居然將失敗的原因歸罪於兵太少。楊侗想想也覺得有理，於是加派七萬援軍補充王世充的力量。王世充多了將近一半人

馬，一下子威風了起來。原本正面作戰他就有一定優勢，這下實力大增，不進攻更待何時？王世充揮軍先在洛北擊破李密一部，又於正月十五日命令各軍在洛水上搭設浮橋，全軍向李密對岸大營發起總攻。也許是援軍太多，王世充被興奮衝昏了大腦，居然在沒有統一指揮協調的情況下，命令各軍分別架設浮橋向對岸進攻。這下子各軍亂了套，不但架設浮橋的速度不一，進攻速度也不一，有先有後，雜亂無章。

虎賁郎將王辯速度最快。他率軍奮勇突擊，成功擊破李密軍外層營牆。李密軍營之中一片驚恐，眼看就要潰敗。王世充卻並不了解這一情況，也許他看渡河各軍實在太過雜亂，想要協調好後再發起進攻，居然吹號角收兵，導致己方軍隊一片混亂。李密抓住機會，帶領敢死隊奮力反撲。王辯進退兩難，死於陣中。洛陽官軍爭相後撤，擁擠落水一下子淹死一萬多人。王世充手下大將亦多死於此役，洛北各軍全線崩潰。王世充又一次親手導演了一場先勝後敗的悲劇。

王世充再無面目回洛陽，於是率軍北赴河陽。當晚風狂雨冷，士兵渡河後衣履盡溼，正月裡寒風刺骨，普通士卒又無足夠的禦寒衣物，結果一路凍死的又數以萬計，跟隨其到達河陽的竟然只有幾千人。這一夜，王世充淒涼無奈，實非筆墨所能形容。朝廷給自己的兵馬損失殆盡，王世充再也沒什麼藉口好說，只得綁縛自己投獄，請求治罪。可此時除他之外，洛陽實在找不出第二員幹將。越王楊侗還是派人赦免了王世充，將他召回洛陽，賜給金錢、錦緞、美女來寬慰他。王世充也有那麼點打不死的精神，既然朝廷不怪罪，他就重新召集先前逃散的一萬多舊部防守洛陽。之前王世充吃夠了缺糧的苦頭，如今反正也死了與李密野戰的心，就把軍隊駐紮在洛陽城內專門儲存糧食的含嘉倉城，進行防禦，總算是暫時不用為吃飯問題頭痛了。

將王世充打得徹底沒了脾氣之後，李密首先進據洛陽翼城金墉城（今

洛陽新城東北），並且修復了金墉城在戰爭中損壞的城牆房屋，準備以此城為依託，長期作戰。隨後，李密率軍三十萬在北邙（金墉城北）列下大陣，從南面猛攻洛陽的上春門（洛陽城的東北門）。洛陽城內的朝廷將官在與李密的對抗中實在凋零得不像樣，只能派出金紫光祿大夫段達、民部尚書韋津這樣的高層官員出馬，領兵抵禦李密，會不會打仗，與官階是不是夠高，一點關係都沒有。尤其段達，又是個大大的庸將。當年討伐山東「盜賊」的時候屢屢失敗，結果被盜賊取了個外號叫「段姥」，是有名的怯懦之人。他一見李密軍勢強盛，心中害怕，居然率先回逃。所謂「將乃軍之膽」，領兵大將臨陣脫逃對整個軍隊有什麼影響，顯而易見。整個洛陽官軍的軍陣立刻就垮了。李密立刻縱兵追擊，洛陽官軍全面潰敗，韋津死於陣中。這仗打完之後，李密將獲得全勝，這在所有人眼中都是毫無疑問的事情。大批朝廷將領官員紛紛率領部下向李密投降。連竇建德、朱粲、孟海公、徐圓朗這些反王都認為李密已無人可制，紛紛派人奉表，勸李密公開稱帝，不要像之前那般遮遮掩掩。裴仁基等將領也上表，請正位號。但李密否決了他們的意見，說：「東都洛陽沒有攻克，還談不上這事。」在李密眼中，洛陽已經成為一個象徵。只有攻占洛陽，才能說明他真正有了稱帝的資格。這種對洛陽無比的怨念，在楊玄感失敗之時就深深烙在了李密的心中。他要用拿下洛陽來證明，他從哪裡失敗，就能從哪裡爬起來。

江都之變：隋煬帝之死與南方政局

世事難預料，這個世界上總是有意外發生。眼看著洛陽就如一條死魚放在砧板等著李密去切，這條魚居然翻身活了。不但沒被切成魚塊，甚至還變成了一條大白鯊，反過來把李密給吞了。出現這種情況的原因只有四個字——楊廣死了。因為皇帝死了，所以隋帝國的東都洛陽活了。這麼

諷刺的事情，偏偏就在隋末的亂世中上演了。

楊廣在江都過得滋潤無比，怎麼突然死了？問題出在其身邊的禁衛軍身上。楊廣將他的隨駕戰士稱為「驍果」，這些戰士全是從關中千挑萬選出來的精銳。楊廣雖然在治國上非常昏庸，但他並不是一個笨蛋，也意識到自己的所作所為已經讓北方失去控制。因此他開始打起在南方另選都城，以江東作為根據地進行統治的主意。楊廣在南方住得很開心，並不代表別人都跟他一樣喜歡這個地方。中國的經濟重心真正轉移到南方是宋代以後的事情，而在隋代，與北方繁華的關中相比，南方絕大部分地區顯得落後蠻荒。再加上中國人自古以來有葉落歸根的觀念，楊廣做出遷都的決定後，保衛他的驍果們知道，如果繼續跟隨楊廣，他們將永遠也回不了關中的家鄉。於是，開始不斷有人逃亡。當底層士兵完全不可控制的時候，中高級的將官們如果不迎合這個潮流，等待他們的命運，必然是被這股洪流沖毀。

統領驍果的是楊廣的寵臣，虎賁郎將司馬德戡。司馬德戡發現士兵們幾乎人人都想跑，一旦大規模的逃亡出現，他的下場不是被士兵們殺死，就是因為士兵逃散的罪名被楊廣治罪而死。與其這樣，還不如跟著一起逃跑。一場自上而下的大規模串聯開始了，軍官們之間日夜聯繫，甚至到了公開叫囂的地步。所謂「君不密則失臣，臣不密則失身，機事不密則害成」，如此不加遮掩的行為又怎能隱瞞所有人呢？當時有一個宮女對楊廣告了密。最不可思議的事情發生了──楊廣竟然認為這件事情不是宮女該管的，將告密者給殺了。用一種理智的看法分析，楊廣不是不想管，而是不能管，也不敢管了。連最親近的驍果都背叛了皇帝，他又能用誰來處置他們呢？最後連楊廣的正室蕭后都對下面的人說：「天下局面到了今天這個地步，沒法挽救了，不用說了，免得白讓皇上擔心！」實際上等於以鴕鳥心態等死而已。

第三章　帝國崩壞：群雄並起與舊秩序的崩解

　　楊廣在那邊醉生夢死，這邊的西逃串聯愈演愈烈。終於有一個人使得這個行動從根本上變了質，這個人就是宇文智及。宇文智及的先祖是匈奴人，姓破野頭，在鮮卑族俟豆歸當僕人，鮮卑族漢化之後隨主人改姓為宇文氏。祖父宇文盛，北周時期因戰功被封為上柱國。其父宇文述，北周時期深受重用，被封為濮陽郡公。到了隋文帝楊堅立隋的時候，宇文述又追隨韋孝寬屢立戰功，被封為上柱國，進爵褒國公，後在楊廣上位之事上與楊素同為主要策劃人之一。與楊素不同，宇文述在楊廣主政之後未受猜忌，而是權傾朝野。可以說，宇文智及是含著金湯匙出生的「官二代」。但此人簡直是貴族界的奇葩，從小就將「紈褲子弟」這四個字發揮得淋漓盡致。他小時候喜歡打群架，喜愛與流氓地痞廝混，整日飛鷹放狗鬥雞耍猴。成年靠著父親的餘蔭賜爵濮陽郡公之後，開始荒淫不法，無惡不作。宇文述看他這麼不成器，動不動就揍他。家族中唯一對他好的就是大哥宇文化及。每次宇文述要殺這小子，都被宇文化及所阻止。於是，這哥倆的關係變得極好。此人就像如今的某些「富二代」，時不時會冒出壞主意。他向宇文化及出了個餿主意，讓宇文化及藉著家族的勢力去走私，宇文化及還真去做了。結果事發之後要殺頭，宇文述力保宇文化及，把罪名全推到宇文智及頭上，恨不得讓這廝快快去死。後來楊廣看在宇文述的面子上，沒追究這事。對這個兒子，宇文述內心極端憎惡，臨死上表還對楊廣說，宇文智及非常混蛋，日後會亡我家族的必定是此人，讓楊廣千萬不要重用他。最後楊廣給了宇文智及一個將作少監的位子，也算是尊重宇文述的意見了。

　　對宇文智及來說，楊廣這個皇帝對他算是仁至義盡，不但救了他一條小命，還讓他在朝廷的高位上坐著。可此人是一隻白眼狼，不但沒有感念楊廣的恩德，反而在知曉司馬德戡的計畫之後心生反意。他用天下大勢說服了司馬德戡等人，將「西逃」計畫改成了武裝暴動、推翻楊廣統治的一

場「起義」。起義總得找個領頭的，宇文智及雖有野心，但他不過是個文官，手中沒有兵權，職位也不夠高，不能服眾。如此，宇文智及想到了哥哥宇文化及。宇文化及時任右屯衛將軍，手中既有兵權，又是宇文一族的族長，不論官職還是身分都足以當這個頭。宇文化及可不像宇文智及那麼膽大包天，聽說要起兵叛亂，臉色都變了，身上直冒冷汗，但又不敢大義凜然地一口拒絕。他的表現，與後世武昌起義中黎元洪的表現簡直一模一樣。

一群陰謀家商議好之後，司馬德戡開始向部下吹風，宣稱因為驍果都想逃跑，所以皇帝釀了很多毒酒，準備利用宴會，把驍果都毒死，只和南方人留在江都。這謠言看似拙劣，實際非常有效。它充分利用了驍果士兵對「南方人」的地域矛盾，又十分貼合楊廣那喜怒無常的性格。司馬德戡要是放到後世，大概也是造成分裂的一把好手。由於士兵們的支持，司馬德戡順利地發起兵變。製造了無數人間悲劇的隋煬帝楊廣終於走到了人生盡頭，被勒死於寢宮內。隋帝國的宗室外戚，除了楊廣的弟弟楊俊之子秦王楊浩，平時與宇文智及交好，得以存活，其餘的幾乎全部被殺。最可悲的是齊王楊暕，他失寵於煬帝，父子一直相互猜忌。楊廣聽說亂起，立刻對蕭后說：「不會是阿孩（楊暕小名）吧？」後來宇文化及派人到楊暕府第殺他，楊暕以為是楊廣下令的，還說：「詔使暫且放開孩兒，兒沒有對不起國家！」亂兵將他拽到街當中殺死。楊暕最後也不知道要殺他的是誰，父子之間至死也未能消除隔閡。除此之外，江都內對隋帝國依然忠誠的文臣武將們亦被捕殺一空。殘酷的大清洗之下，整個江都都籠罩著一片腥風血雨。

江都兵變後，宇文化及迫不及待自封大丞相，總領百官，又將秦王楊浩立為傀儡皇帝。別看他沒膽子真正參與政變，抓權卻是一等一的強。做完這一切，宇文化及開始準備回關中。宇文化及靠兵變上臺，底層士兵要

求回關中的呼聲他必須滿足，否則，等待他的將是另一次兵變。收拾了行囊之後，宇文化及率軍十餘萬踏上了回關中的路途。回關中的路上，宇文化及與司馬德戡的矛盾變得越來越尖銳。江都兵變中，司馬德戡是主要實行者，他手中掌握了絕大部分驍果精銳，是最強的實力派。宇文化及的權力欲極強，他可不想臥榻之側還有司馬德戡這樣一頭猛虎，因此透過種種手段不斷削弱司馬德戡對軍隊的控制。司馬德戡本身不過一介武夫，頭腦簡單，玩政治又哪裡是宇文化及這等老牌官僚的對手？司馬德戡很快就在宇文化及的步步緊逼中一敗塗地，最終在忍無可忍又想再進行一次兵變的時候，宇文化及成功將其逮捕處死。

李密之死：瓦崗勢力的終場悲歌

在李密眼看要拿下洛陽的當口，宇文化及來了，這讓李密的壓力極大。宇文化及的出現使得李密兩頭受敵，策略形勢突然惡化。宇文化及所部又是政府軍的精銳力量，他們對回到關中極為渴望，無論戰鬥力還是戰鬥意志都非常之旺盛，是強勁的敵人。面對這種情形，李密攻略洛陽的任務不得不停下來，三方軍隊暫時形成了僵持態勢。

宇文化及跟李密並無恩怨，倒是洛陽方面跟宇文化及是生死大敵。越王楊侗的父親就是齊王楊暕，跟宇文化及是國恨家仇，仇深似海，不共戴天。但如果不是江都兵變和宇文化及西進，洛陽城大概已經陷落。宇文化及的到來，讓洛陽上下都鬆了一口氣。就結果而言，洛陽的越王楊侗和文武百官們都應該感激他才是。但如果李密稍微讓讓路，洛陽的形勢立刻會變得極為糟糕。洛陽殘破如此，再無力量同時對抗兩個大敵。洛陽方面只能抱著試試看的心理，對李密用了驅虎吞狼之計，讓他來對付宇文化及。

李密之死：瓦崗勢力的終場悲歌

為此，洛陽方面赦免了李密的罪過，並予以官爵賞賜，基本都是些空頭支票。

一般來說，這類條件招安對梁山好漢這樣小打小鬧的團體還行，要想招安李密這種實際上已經稱帝的特大反賊，一點誘惑力都沒有。鷸蚌相爭，漁翁得利，如此明顯的招數李密應該一眼就能看出。奇怪的是，李密居然還真就領受了洛陽朝廷的賞賜，返回頭與宇文化及對戰。李密為什麼這麼做？史無明載。不過縱觀李密的作為，唯一的解釋就是他此時已被勝利衝昏了頭腦，心態上變得狂妄。對宇文化及，他完全不放在眼裡，認為可以輕鬆收拾掉，然後再來擺平洛陽。李密從來沒有將宇文化及看做是同一層次的敵人。這點從李密跟宇文化及的整個交戰過程中可以明顯看出來。

宇文化及率軍於大業十四年（西元618年）六月抵近黎陽，開始進攻李世勣把守的黎陽倉。江都兵變之所以發生，除了關中的驍果們思念故鄉之外，另一個很重要的因素是江都糧盡。因此宇文化及也沒有帶多少糧食，黎陽倉成為他主要的攻擊對象。此時李世勣已經開始嶄露身為名將的風姿。他不與宇文化及正面交戰，而是利用黎陽的城池進行防守。李密又親帥兩萬精銳駐紮在清淇（今河南滑縣西南），與李世勣用烽火相呼應，深溝高壘，同樣不和宇文化及野戰。每當宇文化及進攻黎陽倉，李密就出兵騷擾他的後方，跟宇文化及玩起了捉迷藏。不單單是這樣，李密還對宇文化及玩起心理戰。有一次在淇水（源出河南林縣東南臨淇鎮，東北流經淇陽合淅河，折東南流，經湯陰至淇縣，入衛河），他居然破口大罵宇文化及說：「你這廝本來不過是匈奴的奴隸破野頭（到底是匈奴的奴隸還是鮮卑的奴隸說法不一，但是對理解宇文化及的家族出身沒有影響），父兄子弟都受大隋的恩典，幾代富貴，滿朝文武沒有第二家。主上喪失德行，你不能以死規勸，反而謀逆弒君，還想篡奪天下。你不效法諸葛亮之子諸葛瞻蜀亡而死的忠誠，卻效法霍光之子霍禹謀逆，為天地所不容，還想做什

第三章 帝國崩壞：群雄並起與舊秩序的崩解

麼？如果趕快歸順我，還可以保全你的後嗣！」一個天下頭號「逆賊」大罵另外一個「逆賊」不忠、謀逆，還罵得如此理直氣壯，引經據典。宇文化及和他的同伴都驚呆了，良久都沒能說出一句話，最後好不容易憋出來一句：「要打就打，說什麼廢話！」結果被李密又是一番嘲笑。李密對身邊的人道：「宇文化及這個傻瓜還想當皇帝，看我怎麼拿棍子抽他！」

被李密如此羞辱，宇文化及氣得發瘋，下令大規模打造攻城用具，鐵了心要把黎陽打下來。李世勣針對這個情況，在城外挖了一堆壕溝。宇文軍的攻城器械受壕溝阻攔，無法運到城下。李世勣又暗暗在溝裡挖了地道，以奇兵突襲宇文軍，不但將其擊敗，還焚燒了他的攻城用具。李密鬥嘴鬥贏了，又小敗宇文化及，很是高興。接受洛陽方面的冊封，又免去了雙線作戰的威脅，得以將西線的大批瓦崗精銳調到東線對付宇文化及。李密因此更不把宇文化及放在眼裡。他知道宇文化及缺糧，故意向宇文化及求和，說要提供糧食給宇文化及。宇文化及還真相信了，高興萬分，不再限制士卒的飯量。恰巧李密手下有人犯法，逃到宇文化及處，把他的計謀全報告給了宇文化及。這下李密算是捅了馬蜂窩，要說泥人還有三分土性呢！哪容得這麼三番五次又是羞辱又是耍騙？

眼見軍糧已盡，宇文化及盛怒之下乾脆孤注一擲。他指揮全軍渡過永濟渠，與李密在童山（今河南浚縣西南）腳下大戰，從早晨七八點打到傍晚六七點。瓦崗軍本質是地方武裝勢力，正面作戰本就不如官軍。李密的看家功夫更是打埋伏、敲悶棍，而不是硬碰硬地正面對打，因此瓦崗軍在與王世充正面作戰的時候屢屢吃虧，只能依靠別的招數才能扳回來。宇文化及手上的驍果都是千挑萬選出來的隋軍精銳，戰鬥力比洛陽的官軍有過之而無不及。李密瞧不起宇文化及，連帶著將驍果的戰鬥力輕忽到了極點。他放棄了先前正確的深溝高壘防守戰術，居然愣是要和宇文化及打一場硬碰硬的野戰。

李密之死：瓦崗勢力的終場悲歌

宇文化及雖說愚笨，可手下都是驕兵悍將，正面一打就讓瓦崗軍嘗到了苦頭。在宇文軍的強力打擊之下，瓦崗精銳死傷慘重。兩軍殺得你死我活之際，李密再次中了一箭。這次更厲害，李密直接摔下馬，不省人事。李密這一倒，左右親隨一鬨而散。眼看要完蛋之際，得虧有秦瓊秦叔寶義氣無雙，單槍匹馬奮勇殺散追兵，始終護衛李密。之後又收攏潰兵，轉身與宇文化及力戰，才勉強阻止了宇文軍的攻勢。

出現這種情況的原因，除了驍果凶猛異常之外，與李密對自己人的處置有很大關係。李密對翟讓下手之後，整個瓦崗軍他說一不二，對下面的人也開始擺起派頭。瓦崗軍當時不缺糧草，但除糧食之外其他物資依舊比較缺乏，李密似乎並未確定戰利品的分配方案，因此對於立功將士往往沒有物質上的獎勵，卻對新加入的人厚加賞賜。如此賞罰不均，自然會引起眾人的不滿。對此狀況李世勣頗有微詞，當眾表示過不滿。誰知李密反而把李世勣直接踢到黎陽守糧倉，將其排擠出了瓦崗軍的核心集團。這樣做，又怎能不讓部下離心離德呢？

苦戰一天的瓦崗軍雖然極為狼狽，總算抵擋住了宇文軍凶猛淩厲的三板斧。於是，瓦崗軍不勝而勝，宇文軍不敗而敗。宇文化及因為缺糧，在占據的東郡（今河南滑縣東舊滑縣）拷打官吏百姓索取糧食。先前投降宇文化及的東郡通守王軌等人不堪忍受，全部向李密投降。宇文化及聽說王軌叛變，十分驚慌，從汲郡（今河南淇縣東）帶軍隊準備攻取汲郡以北各郡縣。可是他手下陳智略、樊文超、張童兒等將卻早已離心離德，各自率領自己的部下投降了李密。宇文化及知道大事去矣，西行之路已經不通了，只得帶了兩萬本部兵馬朝東，向魏縣（今河北大名西南）而去。

李密費了九牛二虎之力，終於擺平了宇文化及。正做入主洛陽的美夢呢，誰知洛陽突然發生了兵變。兵變的主因還是在招安李密身上。當時洛陽城內因對李密的意見不同，分為懷柔派與武鬥派。懷柔派以元文都為代

第三章　帝國崩壞：群雄並起與舊秩序的崩解

表,起初目的非常明確,赦免李密純粹是出於利用,等李密打完了宇文化及,必然實力大損,再用官爵離間李密的下屬,軟刀子割肉,將李密最終擺平。可當形勢慢慢變化之後,懷柔派似乎真的開始與李密打得火熱。每次李密的勝利都會引起懷柔派的歡呼,好像他們早已遺忘了李密的叛賊身分,轉而為其最終入主洛陽造勢。

難道懷柔派真的以為李密接受了幾個空頭官銜,說了一些表忠心的話,就會從此忠於朝廷？其實懷柔派那些文官也不蠢,李密入洛陽以後會做什麼事情,傻子都知道。他們之所以這樣做,原因很簡單。《三國演義》裡魯肅對孫權說的一席話將這類人的心態刻劃得入木三分。魯肅說:「向察眾人之議,專欲誤將軍,不足以圖大事。今肅迎操,累官不失州郡也。將軍迎操,欲安所歸？願早定大計,莫用眾人之議也。」如今洛陽的懷柔派也是如此,他們迎李密入洛陽,便是新王朝的從龍之臣,自己的利益完全不會受到損失。至於皇帝的死活,關他們什麼事？以王世充為首的武鬥派則完全不同。王世充與李密惡戰數十場,雙方手上都沾滿了對方士卒的血,有深仇大恨。要是懷柔派得逞,一旦李密掌握了洛陽,王世充的下場不問可知。所以,王世充為了自己,也必須極力反對讓李密入主洛陽。王世充一邊大罵懷柔派把本該給有功之人的國家官爵給了李密這反賊頭子,一邊又恐嚇部下說他們殺了李密很多人,日後李密入城他們的下場都會很慘。這種煽動兵變的意圖讓懷柔派十分驚恐,於是元文都等人準備埋伏甲士,趁王世充上朝之時殺掉他。這個計畫卻被懦弱膽小的逃跑將軍段達洩漏給了王世充。王世充是心狠手辣的強人,知道消息之後馬上發起兵變,先下手為強,將洛陽內的政敵全部清除,總攬了軍政大權。這場爭鬥中,應該最有關係的,卻被雙方都無視的,就是新繼位的皇泰主。元文都被王世充殺死之前,對皇泰主說:「臣今天早上死,晚上就輪到陛下您了！」其實無論是懷柔派還是武鬥派得勢,這位皇泰主都是傀儡,區別僅僅是到底

李密之死：瓦崗勢力的終場悲歌

聽命於李密還是王世充而已。

王世充兵變成功，李密的美夢破滅，洛陽又回到了宇文化及到來之前的狀態。李密繼續圍攻洛陽，王世充繼續苦守。李密耗得起，王世充耗不起，洛陽城內已經是極度缺糧，一斛米居然能賣到八九萬錢。王世充也知道死守下去死定了，因此拚命地修治器械，重賞將士。當時瓦崗軍缺乏冬衣，王世充還用洛陽府庫裡的財物去賄賂李密身邊的邴元真等親信，讓李密同意用衣物換糧食的計畫，很是坑了李密一把，為自己爭取了不少時間。現在李密與宇文化及拚了個兩敗俱傷，王世充一看李密被打得很慘，覺得自己有了機會，於是果斷決定對李密發起總攻。此次攻擊與宇文化及一樣，也是風險極大。當然，王世充對戰鬥的準備要比宇文化及周全多了。他事先怕士兵們不齊心，先做了一場巫術表演。他讓左軍衛士張永通謊稱三次夢到周公，然後轉告王世充，說周公會幫他打敗瓦崗賊軍。為此王世充還興建了周公廟，又串通巫師，宣稱周公準備命王世充迅速討伐李密，肯定會讓他馬到成功。如果士兵們不聽話，會通通染上瘟疫而死。王世充的士兵很多都是從淮南帶過來的，那裡巫風甚盛，特別相信這種妖言，一時間紛紛請求出戰。最後王世充拼湊出了兩萬精銳，還弄到了兩千匹戰馬，全軍打著張永通的旗號出城與李密決戰。

李密方面，與宇文化及一仗下來，精銳士卒與馬匹都死傷慘重。士兵人數雖然眾多，但多是烏合之眾。面對王世充的兵鋒，眾將紛紛發表自己的看法。大將裴仁基說：「王世充率領全部軍隊來此決戰，洛陽必然空虛。我們可以分出兵力把守王世充軍隊要經過的要道，使他不能再向東前進。另挑選三萬精兵，沿黃河向西進逼東都。王世充回軍，我方按兵不動；王世充再次出軍，我方再逼東都。這樣，我方還有富餘的力量，對方疲於奔命，肯定能打敗他！」李密的腦子非常清楚，他全面剖析了裴仁基的策略，回答說：「你說得很好。但現在東都的軍隊有三個不可抵擋的優勢：

第三章　帝國崩壞：群雄並起與舊秩序的崩解

武器精良，這是第一；作戰意圖堅決，不惜深入我方境內，這是第二；因為糧食吃完了，所以戰意非常高昂，這是第三。我們只要利用城池堅守，保持力量等待，對方想交戰打不成，求退兵又沒有退路，過不了十天，王世充的頭就可以提到我們手中。」如果按照李密的這個策略打，王世充還真的沒什麼活路。但他的這個策略遭到了手下眾將的紛紛反對。他們都瞧不起屢戰屢敗的王世充，紛紛要求出戰。最近投降的驍果將領們也渴望在正面戰鬥中建立功勳。可悲的是，李密耳根子軟的毛病又犯了。他沒有堅持自己的正確想法，居然附和了眾將的意見，決定與王世充決一死戰。名臣魏徵對此強烈反對，認為瓦崗軍應該深溝高壘進行堅守，野戰實在不是好辦法。可惜良言無人聽從，反被譏諷為老生常談，氣得魏徵拂袖而去。

王世充在通濟渠南面紮下大營，先派數百騎兵對駐紮在偃師城北的單雄信外馬軍發起了一次試探性攻擊。此次攻擊馬上就探出了瓦崗軍虛弱的本質。區區數百騎的敵人，單雄信居然有點扛不住，李密只能派程咬金與裴行儼率內馬軍前去助戰。裴行儼很是勇猛，一馬當先。可這次號稱「萬人敵」的他也中了一箭，只一箭就被射倒在地。程咬金奮力殺散周圍的敵人，將裴行儼救起後同騎一匹馬返回。二人被王世充的騎兵銜尾追殺，程咬金的馬馱了兩個人，自然速度慢。眼看追兵殺到，程咬金不愧是被後世描述為「混世魔王」的猛將，凶悍無匹。他拚著讓敵人一馬槊刺穿身體，生生將敵人的馬槊折斷，反身殺光追兵，才與裴行儼一塊逃生。

一戰下來，李密手下驍將孫長樂等十餘人竟然皆被重創。這一戰瓦崗軍的弱點暴露無遺。缺乏良好的防護，是瓦崗軍正面作戰能力弱的關鍵因素。對比當時李淵軍隊的防護能力：李淵有個姪子叫李道玄，十五歲上陣，勇猛無比。在打竇建德時因為衝陣勇猛而遭到敵箭的猛射，盔甲上的箭枝竟然如刺蝟毛一般密集。即便這樣，李道玄依然生龍活虎，毫髮無損，可見其身上的防護之好。反觀瓦崗軍上下，李密中過兩次流箭，兩次

李密之死：瓦崗勢力的終場悲歌

都被射得夠嗆。這次裴行儼又是如此，區區一支流箭就能擊倒瓦崗軍的高級將領，這樣的防護水準，又如何與精心準備過器械的王世充打正面戰呢？

試探出瓦崗軍的實力後，王世充立刻發起總攻。這次他吸取了以前的教訓，也開始學習李密打埋伏敲悶棍的陰招。他事先在北邙山的山谷中埋伏了兩百騎兵，又精心準備了一個與李密長得非常像的冒牌貨，準備關鍵時刻拿出來冒用。李密依然自大，渾然不防敵人耍手段，居然連大營外圍的壁壘都不設了。第二天天亮後，王世充趁李密還未列好陣，搶先發起攻擊。兩軍激鬥之時，王世充突然把之前準備的冒牌貨拿出來，鼓譟道：「李密已經被抓住了！」他的部下可能事先已有練習，配合得非常好，紛紛高喊萬歲相應和。二百伏兵也同時出動，從高處衝殺下來，放火焚燒李密的大營。這兩招一使出，李密立刻被打了個措手不及，瓦崗軍一潰千里。王世充用完美的計畫，漂亮地完成了看似不可能完成的任務，成功實現了大逆轉。

瓦崗軍慘敗之後，先前累積的矛盾終於總爆發。瓦崗諸將以單雄信為首，不論新舊都不肯再出死力作戰，紛紛向王世充投降。李密本部尚有兩萬餘人，本想回李世勣駐守的黎陽以圖東山再起。可在瓦崗諸將紛紛叛變的形勢下，火併翟讓、殺傷李世勣的往事又重新浮上李密的心頭。再加上李世勣先前又是被李密排擠到黎陽去的，這時候李世勣是不是可靠就要打一個很大的問號。李密盤桓再三，還是沒去黎陽，反而西入關中向李淵投誠。他自認為與李淵五百年前是一家，又是他阻隔東都，切斷了宇文化及的歸路，使李淵不戰而占領了長安，是李淵定鼎關中的大功臣，因此去關中肯定會受到不錯的對待。這種自作聰明，讓他一腳踏入了鬼門關。李密覺得對李淵貢獻挺大，可李淵未必這麼看。李淵對這幫反王是有名的心狠手辣，有殺錯沒放過。李密投奔他，真是天堂有路你不走，地獄無門闖進來。

第三章　帝國崩壞：群雄並起與舊秩序的崩解

　　進入長安後，李密很快嘗到了李淵的手段。一開始李淵封他為光祿卿、上柱國、邢國公。要知道，李淵入關中後，為收買人心大肆封官，以李密曾經的地位，即使封個王都不為過。被封為國公，李密內心深處很是失望。此外李密得到了光祿卿的職位，這個職位相當於後世的御膳房大總管。朝廷舉辦酒宴的時候，李密要出來進獻酒食，這簡直是在故意羞辱李密。朝中大臣還經常有意無意地刁難他，李密所部進入關中之後供給常常斷絕，甚至連飯都吃不上。這些羞辱顯然來自李淵的默許。李密的自尊讓他沒辦法過夾著尾巴的生活，於是祕密聯繫王伯當叛唐，要去河南重新起兵。商議好之後，李密上表要去召集舊部，為唐廷對付王世充增加力量。李淵很痛快的答應了，還同意李密帶上王伯當、賈閏甫這些舊部。等李密到達桃林縣的時候，李淵又下詔讓李密回長安重新商議大事。史書解釋說，這是因為朝中眾口一詞都說李密會造反，兼之李密的隨員張寶德也在途中上書李淵說李密要造反，使得李淵心中大起疑慮。其實李密的心思都在李淵掌握之中，他不斷排擠李密，就是逼他造反，以便剿滅。李淵催李密回長安的時機選擇得恰到好處。如果李密在關中腹地，可能因不敢妄動而老實地回長安。如果出了關，那就是龍游大海，再也追不回來。桃林縣的位置恰恰好，既讓李密有膽量造反，又不會讓他真的逃脫。果不其然，李密真的殺了李淵的使者，攻陷了桃林縣，擄掠一番後向東急行。李密身邊最後兩個親信都反對李密的做法。賈閏甫很明確地對李密說，這麼做沒有機會。他以前殺掉翟讓，令天下人議論，不會再有什麼人投奔他了。還不如回長安，日後再慢慢想辦法出關。這番說辭揭了李密的瘡疤，讓李密怒不可遏，當即要殺賈閏甫，幸虧王伯當攔了下來。賈閏甫最終與李密分道揚鑣。王伯當雖然也反對這種做法，但他知道李密在長安的日子過得多恥辱，明知是不歸路，還是下決心陪李密一起赴死。

　　李密反叛之後，唐廷方面的反應堪稱神速。鎮守熊州的是右翊衛將軍

史萬寶,他手下的行軍總管盛彥師對史萬寶說:「你給我幾千人,我必然能提他們的頭回來。」史萬寶問:「你有什麼辦法?」盛彥師裝得神神祕祕地說:「兵者詭道,不能對你說。」後來李密放了煙幕彈,說自己要去洛州,仍沒能瞞過盛彥師。盛彥師一個埋伏,李密與王伯當二人皆未能逃出生天。如果不知就裡,可能會以為盛彥師是個名將。後來反王之一的徐圓朗叛變,這位「名將」就露了餡,一戰便被其俘虜。與其說盛彥師能算準李密的逃跑方向,是因為他料敵如神,還不如說李密的下屬中早就有內奸通風報信。面對更高一籌的李淵,一代反王李密只好就此退出歷史的舞臺。

厚道人竇建德:亂世中的平民英雄

隋末亂世中,百姓起義最多、鬧得最凶的,大致上在今天山東河北一帶。楊廣征高麗,山東與河北是重點徵兵徵糧的地方。此地百姓負擔最為沉重,再加上天災人禍,最後激起的反抗也就最為強烈。哪裡有反抗,哪裡有鎮壓。鬧得越凶,自然受到的鎮壓越厲害,越殘酷。在這個最為殘酷的環境中脫穎而出的強人,便是隋末的第三大反王 —— 竇建德。

竇建德是貝州漳南(今河北故城東北)人,家裡世代務農,小有積蓄。此人仗義疏財,重諾言,講俠義。有一次,鄉里一人喪親,家貧無錢安葬。竇建德正在田中耕種,聽聞之後嘆息一番,便將自家的耕牛給了鄉人,讓其發喪。那個時代,耕牛是農人家中最為貴重之物,竇建德為了鄉人居然能如此急公好義,自然贏得了同鄉們的敬重。他這種性格啟發了後世小說家和說書先生的大量靈感。不論是《水滸》還是《說唐》,裡面的主角不論是晁蓋、宋江還是秦叔寶,幾乎都有竇建德的影子。講義氣只是江

第三章　帝國崩壞：群雄並起與舊秩序的崩解

湖好漢的一面，要想聚集起一幫手下，還得自身有實力才行。當時有幾個不長眼的盜賊光顧了竇家，結果竇建德埋伏在門邊，待盜賊進屋後，先後打死三人。其餘的盜賊嚇得不敢再進，只好請求竇建德將三人的屍首交還。竇建德讓他們拋繩子進來拖。盜賊們將繩投進屋裡，竇建德將繩繫在自己身上，冒充屍體讓盜賊拽出去，趁他們不備，躍起持刀再殺數人。從此，他的名聲威震四方。他既急公好義，手段又強悍，不久被任命為里長。不料沒過多久，他就因犯法而逃亡。竇建德犯了什麼法，史書並無明載。根據當時的社會情況，很可能跟隋文帝末年的社會狀況有關。隋文帝末年崇尚嚴刑峻法，嚴酷到了偷竊一文錢以上的人都要被處死。竇建德這段時間的逃亡，很可能是這種嚴刑峻法的結果。

這段逃亡生活對竇建德日後的生活影響很大。他應該在逃亡途中結識了很多綠林朋友，可能做了更多犯法勾當，以至於竇建德在綠林道上名氣很是響亮。逃亡的日子並未持續太長時間，楊廣登基大赦天下，竇建德也得以回歸家鄉。此時竇建德的名聲傳遍四方，他的父親死了，居然有一千多人趕來送葬。送葬按照習俗總有點禮金，一千人的禮金可不是一個小數目，卻都被竇建德所推辭。以人品而論，竇建德實在可以稱得上急公好義，視金錢如糞土。

大業七年（西元611年），楊廣第一次討伐高麗，向天下徵兵。精兵強將齊聚遼東，郡縣內便顯得空虛，必須補充新的力量。竇建德因勇名在外，被選為二百人長，成了一個小軍頭。還沒等竇建德吃幾天安穩的官家飯，就有個叫孫安祖的朋友因刺殺了縣令來投奔竇建德。此人為何要殺縣令，史書裡有兩種說法。一說此人因為驍勇而被徵兵，他以家裡遭水災、妻兒都餓死了為理由推拒，卻被縣令毆打，從而導致後來的刺殺行為；一說是因為這人手腳不乾淨偷羊，還被縣令毆打，結果導致刺殺縣令洩憤。現在多取信第一種說法，仔細分析一下卻感覺不然。如按第一種說法，家

裡遭災，妻兒餓死，無牽無掛，不是正好可以當兵吃糧？混得好掙出個將軍校尉之類，豈不強過在家受凍挨餓？如果說這人怕死倒也罷了，能去刺殺縣令的人，怎麼看也不像是膽小的鼠輩。此時楊廣當政不久，國力正盛，統治力量極為強大，追索之人很快就查到竇建德身上。竇建德無法再繼續藏匿孫安祖，便對他說了一大篇楊廣征高麗必敗的預言，勸孫安祖去附近的高雞泊（今河北故城西南）落草。

竇建德身為國家公務員，不但包庇窩藏罪犯，甚至利用自己的影響力聚集了幾百個流民和逃兵替孫安祖打基礎，這種行為是典型的兵匪勾結。在一個正常的社會，這種人往往是老百姓最為痛恨的。但在當時，竇建德被百姓們視為英雄。當一個社會到了道德觀黑白顛倒，是非不分的時候，離崩潰也就不遠了。在竇建德的幫助下，孫安祖的強盜團夥慢慢壯大了起來。他自稱將軍，取了一個頭銜叫「摸羊公」，不知是否是用來紀念他當年偷羊的壯舉。

竇建德的江湖地位越來越高。當時群盜紛紛起事，他們往來漳南一帶，所過之處燒殺搶掠，唯獨不來騷擾竇建德家。本來竇建德就名聲在外，是官府懷疑的對象，這下子簡直是此地無銀三百兩。竇建德帶兵在外，縣衙居然把竇家給抄了，家裡無論少長一律處死。官府這樣激烈的反應其實非常可疑。縣裡的官員明明知道竇建德在郡裡當軍官，卻未抓捕竇建德本人，而是先抓了竇建德的家屬。固然竇建德通匪嫌疑很大，但是一無證據二無口供，僅憑懷疑就把竇建德一家都殺了，讓人不得不感覺此中有很大的蹊蹺。所謂通匪，可能僅僅是一個藉口。更有可能是，竇建德與縣裡某些權力人物有私仇，才導致了這種結果。竇建德接到消息之後開始逃亡，手下的二百人居然全部跟隨他叛逃而去。有過一次逃亡經驗的竇建德頭腦非常清楚，他沒有投奔孫安祖，而是去了勢力更大的高士達那邊入夥。竇建德的做法今天看來很有遠見。孫安祖的勢力剛剛成型，如果竇建

第三章　帝國崩壞：群雄並起與舊秩序的崩解

德前去投奔，不論在其上還是在其下，都免不了發生衝突，鬧不好會像瓦崗寨那樣，以火拚決定誰當老大。為避免這樣的情況出現，竇建德很聰明地選擇了高士達。

以竇建德的威望，東海公高士達對他的投奔非常看重，當時就封了他「司兵」（軍隊指揮）這樣的實權職位。之後孫安祖與同為「盜賊」的張金稱火併了一場，不敵被殺，其部數千人盡數逃奔竇建德。從此，竇建德勢力漸盛，壯大到萬人。高士達的人馬在竇建德指揮之下戰鬥力也提升得很快。山東河北地區「盜賊」蜂起，隋地方政府在與這些「盜賊」作戰之時總吃敗仗。其中實力比較強的，有鄒平的知世郎王薄、平原豆子崗的劉霸道、河曲的張金稱等等。這些人的勢力少則幾萬，多則十數萬，對隋帝國在山東河北的統治帶來了極大破壞。由於兩次征高麗，涿郡都是出兵的大本營，因此涿郡的兵馬最為精銳。於是，以涿郡兵馬為主力，隋軍在大業十二年開始了一場大規模的清剿行動。

此次軍事行動分別由兩人指揮。一個是太僕卿楊義臣，他率領遼東還軍數萬進攻張金稱。一個是涿郡通守郭絢，他率領萬餘兵馬征討高士達。在沒有遇到真正精銳的政府軍之前，高士達的日子過得挺不錯。郭絢一來，他馬上感到了壓力。他自覺才略比竇建德差，面對氣勢洶洶的郭絢，他讓竇建德做了「軍司馬」，將所有部隊都交給竇建德指揮。竇建德不負厚望。針對郭絢，他想了一招苦肉計。他先請高士達負責看守輜重，自率精兵七千迎擊。然後竇建德四處散播謠言，說自己與高士達有嫌隙，因此叛逃。高士達這邊則大張旗鼓宣傳竇建德叛變的消息。為取信他人，還將一個虜獲的婦人冒充竇建德的老婆給殺了。消息傳到郭絢耳中之後，竇建德向他送上降書，還表示要做先鋒擊破高士達立功贖罪。這個時代可沒有《三國演義》，否則郭絢就會發現，這一幕跟周瑜與黃蓋之間的苦肉計何其相似。

竇建德的計策十分完美，郭絢輕易地中了圈套。竇建德在長河（今山東德州東）設下埋伏，將毫無防備的郭絢軍打得潰不成軍，斬殺數千人，繳獲戰馬數千匹。郭絢狼狽逃竄，不料竇建德得勢不饒人，窮追不捨，最終在平原（治安德，今山東陵縣）斬殺郭絢，將首級獻於高士達。

此戰後，竇建德威震山東，大出風頭。好景不長，楊義臣盯上了這裡。楊義臣是鮮卑人，本姓尉遲，父親尉遲崇與隋文帝楊堅交情莫逆。楊義臣從小被養在宮中，後被隋文帝親口認做堂孫，賜姓楊，也算是國姓爺。此人善於謀略，用兵詭詐狠辣。他對付張金稱時，手中都是遼東作戰返回的強兵，卻並不主動出擊，而是深溝高壘，擺出一副防守的架勢。張金稱每天率兵挑戰，楊義臣總是穿戴整齊，率領士兵與他約好時間，卻每次都放他鴿子，讓張金稱白等。這種橋段足足持續了一個月，把張金稱磨得脾氣全無，對楊義臣也失去了戒備之心。某天，楊義臣突然挑選精銳騎兵兩千人，乘夜從館陶渡河，趁張金稱率兵離開營地後，率軍殺入，放火焚燒張金稱的大營。張金稱一看大營被襲，急匆匆率兵回救，被早有準備的楊義臣打了個埋伏。張金稱大敗，僅與數百心腹逃到清河郡，後被清河郡丞楊善會俘獲。隋朝官吏在鬧市中立了一根木柱，將張金稱的頭懸吊起來，展開他的手足，讓與他有仇的人割食其肉。張金稱也是條硬漢，受此酷刑之時居然放聲高歌，直到氣絕。

張金稱垮了，殘部全投奔竇建德。從他們的口中，竇建德了解到楊義臣是個什麼人物，不禁倒吸一口冷氣。此人顯然不是現在他能夠對付的。竇建德進諫高士達，希望暫避鋒芒，全軍躲入高雞泊與楊義臣打游擊，等官軍疲憊之後再伺機打擊。高士達卻頭腦發熱起來，自以為能打敗郭絢，就同樣能收拾楊義臣，拒絕聽取竇建德的意見，反而留竇建德守營，自己率精兵要跟楊義臣正面作戰。表面看上去，此事僅僅是高士達的策略錯誤。用厚黑學來分析，恐怕是竇建德開始功高震主了。不論是吸引人才還

第三章　帝國崩壞：群雄並起與舊秩序的崩解

是作戰，竇建德的表現都遠遠比高士達顯眼，如此繼續下去，主從之勢必然顛倒。楊義臣的出現給了高士達一個證明自己的機會，如果將連竇建德都畏懼的楊義臣擊敗，軍中的重心又將回到高士達這邊，從而避免內訌的風險。高士達憋著一股勁，一定要擊敗楊義臣，初次交鋒便猛衝猛打，讓楊義臣吃了點小虧。他心下大喜，大擺筵席慶祝勝利。竇建德聽說高士達這麼做，對手下說：「東海公還沒完全打敗敵人就如此自大，禍事不遠了。如果官兵乘勝追殺，我們這裡獨木難支。」他留下老弱守營，自己率領精銳把守險要。

　　果如竇建德所料，高士達樂極生悲。先前高士達的勝利不過是仗著兵多，亂拳打死老師傅而已。楊義臣很快摸清了高士達的虛實。五天後再次決戰，官軍在楊義臣的指揮下勢如破竹，陣斬高士達，之後乘勝追擊，尾隨敗兵擊破竇建德留守的大營。竇建德一看大勢已去，急忙率領百騎逃走。楊義臣見高士達已死，覺得竇建德不過是個小蝦米，也就沒有窮追。竇建德因此逃出生天。

　　楊義臣破敵之後向皇帝楊廣彙報戰果，哪知被奸臣虞世基誣陷可能擁兵自重。結果糊塗的楊廣將楊義臣召回朝廷，將其所部全部解散，幫助竇建德除掉了一個死敵。虞世基是著名書法家虞世南的哥哥，卻是隋末的一個大奸臣。他知道楊廣好大喜功，最不喜歡聽到有人造反，就專門瞞報各地造反的消息，最後連江都兵變的消息也給瞞下。此人後被兵變成功的宇文化及誅殺，也算報應不爽。

　　竇建德畢竟是梟雄，雖敗逃，並未亂了陣腳。他逃到饒陽縣，乘饒陽縣沒有防備，攻陷饒陽，將軍隊恢復到三千人。他又返回平原，召集高士達的餘部，又安葬高部戰死者，大張旗鼓地為高士達發喪。竇建德在高士達軍中本來就是二號人物，此時敗而復振，不論從什麼角度看，他都是高部當然的繼承人。高士達的死最終成就了竇建德，讓他順理成章地自立山

頭，稱將軍。此時周邊起義軍勢力紛紛被官軍擊破，他們的殘部亦紛紛投奔竇建德，使得竇建德的勢力越來越大。四處攻略、摧城拔寨自不用多說，竇建德在起義軍發展的時候，展現出了一個領導者優秀的素養。起初，絕大部分起義軍見到朝廷的官員及士人，往往不分青紅皂白一律殺掉。這導致雙方的矛盾愈演愈烈，對起義軍危害非常大。竇建德刻意安撫這些官吏，不隨便殺人。所以朝廷郡縣的許多官員都主動歸附，很多城池都不攻自破。竇建德軍很快發展到十餘萬人。

大業十三年（西元617年）正月，竇建德在河間郡樂壽（今河北獻縣）築壇，自立為長樂王，年號丁丑，開始設定百官，分治郡縣。之後攻占信都（今河北冀縣）、清河諸郡，俘斬隋將楊善會於清河。七月，楊廣為解東都之圍，命左御衛大將軍、涿郡留守薛世雄領三萬幽、薊精兵南下，會同王世充等馳援洛陽，順路殲滅沿途盜匪。竇建德的地盤恰恰就在薛世雄的必經之路上，首當其衝。此時竇建德軍在樂壽周圍各縣分散收麥，竇建德本人在武強（今河北武強西南）徵糧，身邊兵馬不多。薛世雄所率又是遼東邊兵，戰鬥力非常強，硬拚肯定不是辦法。於是他將大部隊撤出諸縣城，揚言回豆子崗（今山東省無棣縣）打游擊，以麻痺敵人。薛世雄以為竇建德真的怕了，放鬆了警惕和戒備。竇建德並未隨大部隊南撤，而是率領千餘精銳埋伏在距薛世雄營寨一百四十里的地方，籌劃一場以少勝多的夜襲。

竇建德率敢死隊二百八十人先行，其餘部隊尾隨，星夜奔襲薛軍。竇建德出發前跟部下定了一個非常有意思的約定——如果到達之時天沒亮，那就拚命廝殺一場；如果天亮了，那就集體投降。一夜急行軍後，距離薛世雄大本營七里井（今河北河間南）還有不到二里地時，天竟然要亮了。竇建德非常懊喪，只得準備投降。誰知此時忽然起了大霧，咫尺之間不見人影。竇部以為這是上天庇佑，士氣大振，立刻展開突襲，殺將

過去。正好薛世雄自恃強大，十分輕敵，紮營居然不設防備，被竇建德在迷霧中一陣好殺。薛部朦朧中不知敵人數量，軍無鬥志，三萬大軍當場潰敗。薛世雄無法可想，只得與左右數十騎親兵落荒而逃。薛世雄逃回涿郡後，又羞又怒，不久就發病去世。

河間七里井之戰，對隋末的歷史走向有重大影響。這一戰成就了兩個隋末強人。第一位受益者，當然是竇建德。竇建德因此戰而聲望倍增，其所部一躍成為河北最強大的起義軍。第二位受益者，是正在向洛陽進軍的王世充。薛世雄死後，楊廣任命王世充接替薛世雄，擔任洛陽方面的軍事總指揮。這是王世充第一次充當方面軍司令，手下集合了隋帝國各地的精兵，為王世充日後稱霸河南奠定了實力。

擊敗薛世雄之後，竇建德依然很是低調，時不時地還上表請李密稱帝，捧得李密很是開心。不過李密一旦動真格的讓他去瓦崗，他便當起了縮頭烏龜，死活就是不去，反而在河北開始了轟轟烈烈的兼併戰爭。

他首先瞄準的對象，是當年的「兄弟」——魏刀兒部。當時的起義軍常常會替自己取一個聽起來非常威風的綽號。河北便有這麼一家起義軍，首領是上谷（郡治今河北易縣）人王須拔，自稱「漫天王」，國號燕。該起義軍中的二號人物就是魏刀兒，自稱「歷山飛」，其部眾號稱達數十萬人。這群人原本是流寇，由於長久在邊境活動，跟突厥有千絲萬縷的連繫。之後王須拔率軍侵入幽州境內，可這次踢到了鐵板。隋煬帝楊廣幾次進攻高麗都是以幽州的涿郡為大本營，幽州邊兵的戰鬥力遠勝於一般的內陸官軍。幽州軍內良將又多，例如後來的幽州總管羅藝（也就是評書裡羅成的父親）、薛世雄、薛萬徹、薛萬鈞父子等等。一仗打下來，王須拔中流箭身亡，其勢力備受打擊。魏刀兒接過他的衣缽，卻被虎賁郎將王辯率步騎兵三千擊敗。魏刀兒收拾殘部南下河北，以深澤（今河北深澤）為根據地，自稱魏帝，轉戰於博陵（郡治鮮虞，今河北定州市）、信都（郡治長

樂，今河北冀縣）等地，又將勢力發展到十餘萬人。同在河北，魏刀兒對於竇建德來說，就是臥榻之側，豈容他人鼾睡，一定要除之而後快。從以往的經歷來說，竇建德一直表現良好，對上司是忠，對朋友是義，對降者也很寬大。但梟雄畢竟是梟雄，這次竇建德終於顯示出性格的另一面。他先假裝與魏刀兒結盟，卻又派兵突襲，打得魏刀兒措手不及。魏刀兒的另一盟友宋金剛率兵救援，也被竇建德殺敗。最終，魏刀兒被竇建德所殺，部眾全部被吞併。宋金剛則率四千部眾西逃，拒絕了竇建德的招攬之後投奔劉武周。魏刀兒的部將甄翟兒繼承了「歷山飛」的名號，也西逃入山西境內。這兩條漏網之魚後來造成了李淵極大的麻煩，李淵算是間接被竇建德狠狠地坑了一回。

掃平各路地方勢力後，竇建德在河北山東一帶幾無敵手。竇軍乘勝包圍河間郡城（今河北河間），河間郡守王琮依然忠於朝廷，死守不降。河間郡城為一郡首府，城池堅固，加上守城方意志堅定，糧草充足，雙方從大業十三年（西元 617 年）七月一直打到大業十四年（西元 618 年，這一年也是唐武德元年）七月，竇建德依然奈何不了河間郡。此時宇文化及在江都叛亂，皇帝楊廣被害的確切消息傳到河間。這個消息徹底擊破了王琮的心理防線，終於派出使者向竇建德請降。竇建德非常有誠意，他先退兵，王琮等隨後率官吏素服面縛至營門。竇建德親自為其鬆綁，並將隋已經滅亡的事實告訴了王琮。王琮伏地痛哭，竇建德也受其感染，流淚不已。一個降臣和一個反賊居然這樣緬懷起前朝來，這情景極為諷刺。

王琮投降之後，事情並沒有完。圍攻河間一年，竇軍傷亡非常大，將領們與王琮仇恨極大，居然紛紛要求烹了王琮。竇建德頭腦清醒，對手下說道：「以前在高雞泊當強盜，不得不殺人。現在志在天下，王琮這種忠臣，招攬都來不及，怎麼可以殺？」於是傳令全軍，有敢動王琮的，夷滅三族。竇建德善待王琮，收到了千金買馬骨的效果，在政治上有極大的影

第三章　帝國崩壞：群雄並起與舊秩序的崩解

響。當時河北、山東仍有不少地方官員忠於隋朝廷，與起義軍為敵。楊廣被弒使他們突然失去了效忠的對象，不得不投降。但多年征戰，他們與起義軍的仇恨極深，投降後是否可以保全生命財產實在難說。竇建德以實際行動表示，既往不咎。於是各地郡縣爭相向竇建德投誠。

打下河間，竇建德正式定都樂壽，將所居之處命名為金城宮，備置百官，準備正式稱王。這個王與之前的長樂王大不同。長樂王這種不倫不類的稱號，一看就是草寇。現在要爭霸天下，一定要按照正規的路數走。當然，要稱王，總要有點祥瑞才像話。傳說在冬至那天，竇建德正在金城宮設會，忽有五隻大鳥降於樂壽，還有幾萬隻鳥相附，經日乃去。此種異象立刻被附會為吉兆。同時又有人向竇建德進獻寶玉，經「考證」認為那玉是夏禹當年的寶物。由於最強大的瓦崗義軍已經垮臺，李密也降於唐皇李淵，竇建德感覺時機成熟，便聽從孔德紹之言，建國號為夏，算是繼承了夏禹的大統，改元五鳳，自稱夏王。

正式建國稱王後，竇建德並未停下四處擴大地盤的腳步。他連克易州（治今河北易縣）、定州（治今河北定州市）與冀州（治今河北冀縣），甚至開始與李淵搶起地盤。進攻冀州時，冀州刺史曲稜已歸附李淵，因此不肯向竇建德投降。曲稜是個糊塗蛋，他有個女婿叫崔履行，出身將門卻喜歡裝神弄鬼，吹噓有奇術可以使攻城人自敗。他讓守城將士都靜坐不動，看他施法。施法過程極為可笑，學足了《三國演義》裡面借東風時候的諸葛亮，又是設壇又是祭祀，隨後穿著喪服、拄著竹杖在北城樓放聲大哭，還讓城內的婦女在樓頂用裙子向四面搧風。可惜這個世界上以淚殺人並不可能，竇建德不會理會這套玩意兒，照樣攻他的城。曲稜對女婿的妖法開始懷疑，準備戰鬥，卻被崔履行堅決制止。結果被竇建德抓住的時候，這位奇葩女婿還在那邊哭。

竇建德的快速擴張步伐最終在幽州（治薊縣，今北京城西南）停下了

腳步。幽州總管羅藝已歸附李淵，其主要部將薛萬鈞、薛萬徹與竇建德又有「父仇」，對竇建德極為敵視。幽州對竇建德相當重要，它有楊廣征高麗時期囤積的大量糧草和裝備，拿下幽州對竇建德軍是有力的補充。此外，竇建德的地盤絕大部分在河北和山東，東北方與幽州接壤，西方則與李淵的老巢山西相對。從地理位置來說，幽州不破，竇建德會陷入兩線作戰的不利策略態勢。因此他對攻打幽州非常重視，親率十萬大軍向幽州發起了進攻。羅藝也是隋末一員悍將，當時就要率兵與竇建德決一死戰。部將薛萬鈞進言說：「敵眾我寡，正面硬碰硬地打肯定會失敗。不如讓老弱殘兵背靠城池，面對河流結陣。敵人必然要渡河來攻擊，我請求率領百騎精銳騎兵埋伏在城池側，等敵人半渡時發起攻擊，一定能獲得勝利！」羅藝覺得這個想法不錯，就按照這個戰術來布置兵馬。竇建德軍果然被此戰術擊敗，連幽州城的邊都沒攻到。其實羅藝這樣做也是逼不得已。本來幽州的兵力並不少，可是郭絢、楊義臣、薛世雄等人的兵馬均是從幽州調走的。這些精銳的損失，導致幽州元氣大傷，面對竇建德的大軍只能苦苦防守。竇建德又分兵攻打當地地主豪強築成的霍堡和雍奴（今河北武清西北）等縣，羅藝派兵救援又將其擊敗。雙方對峙百餘日，竇建德終未得手，遂撤回樂壽。當然，一次失敗不能讓竇建德死心，第二年他再次率兵二十萬攻打幽州。這次竇建德準備比較充分，一舉打到幽州城下，攻城的士兵甚至已經爬到了城樓邊。就在幽州城岌岌可危之際，薛萬鈞、薛萬徹兩兄弟率死士百人突然從地道出擊，從後方突襲竇軍軍陣，使竇建德軍驚慌失措而潰敗，再次打破了竇建德占領幽州的企圖。

　　竇建德打破李淵包圍網的企圖失敗之後，一個新的獵物又到了他的面前，那就是剛剛被李密費了九牛二虎之力擊敗的宇文化及。對於天下人來說，除掉隋煬帝楊廣其實是一件大好事，尤其對各路反王造成了逐鹿天下的有利形勢。竇建德的內史侍郎孔德紹說：「今海內無主，英雄競逐。」也

第三章　帝國崩壞：群雄並起與舊秩序的崩解

就是隋煬帝死去以後，這個天下從大義上來說沒有真正的主人，有能力就可以分一杯羹。這位做了「大好事」的宇文化及卻成了天下人欲殺之而後快的對象。各路反王似乎都忘了楊廣的昏庸無道，開始大肆追思。李淵放聲大哭，說：「我身為臣子，君王失道不能匡扶，豈敢忘記悲傷啊！」竇建德更為肉麻，他說：「我是隋朝的子民，隋煬帝是我的君王，如今宇文化及弒逆，就是我的仇敵，我不能不討伐他！」這兩位一個逆臣、一個巨盜，卻比誰都演得更像忠臣孝子，實在把政治人物的厚黑之道發揮得淋漓盡致。如今宇文化及所在的魏縣夾在李淵與竇建德兩大勢力當中，對他們來說，宇文化及簡直是送上門的禮物。誰能先一步除掉他，就會贏得巨大的政治聲望。因此這兩家紛紛動員力量討伐。

宇文化及到達魏縣之後已是窮途末路，內部又開始內訌。當年江都之變的核心人物之一張愷，預謀殺掉宇文化及。這位張愷以前在江都不過是一個醫正，雖然全程參與了政變行動，畢竟是半路出家。他的圖謀還是被宇文化及發覺，結果被殺。張愷是宇文化及的心腹之一，此次政變的失敗又牽連了很多人，以至於最後宇文化及身邊已經沒了能夠信任的部下。想要攻略地方又四處碰壁，結果只能像楊廣那樣麻痺自己，天天醇酒美人，花天酒地。醉了以後，宇文化及跟宇文智及兩兄弟又互相指責，一個罵：「都是你惹的禍！」另一個就罵：「你之前怎麼不說這話？」吵成一團，清醒了又繼續喝酒。這時候聰明人都知道，宇文化及已經沒救了，部屬紛紛逃亡。宇文化及也知道遲早要完蛋，於是決定過把癮就死。他將手中的傀儡皇帝秦王楊浩殺了，自己稱帝，國號許，改元天壽，署置百官。

首先向宇文化及發起攻擊的，是李淵一方的淮安王李神通。宇文化及的地盤完全沒有縱深可言，因此李神通於武德二年（西元 619 年）直接攻陷了宇文化及的老巢魏縣，斬殺兩千餘人。宇文化及東逃至山東聊城，拒城死守。李神通窮追不捨，將其圍困。宇文化及眼見覆滅在即，花血本不

惜代價收買山東各路盜賊為其守城。這一招效果非常不錯，居然把當年反隋第一人知世郎王薄都給吸引了過來。李神通首戰得勝，畢竟軍事上是個庸才。宇文化及糧盡願意投降，李神通的副手、黃門侍郎崔幹力勸李神通受降。李神通居然貪圖宇文化及從江都帶出來的金銀財寶，堅持不給宇文化及任何活路，竟然將崔幹囚禁。結果宇文士及竟然又從濟北弄到了糧食，大量新招募的盜賊助其守城，使聊城變得非常難打。後來李神通又連續犯下低級錯誤。唐軍連續攻打聊城，貝州刺史趙君德率先登上城牆。眼看聊城要破，李神通因為私人矛盾不願其立功，居然不派後續援兵，趙君德只能怒罵而退。無法之下，李神通派兵前往魏州取攻城器具，又被當地人所打敗。此時竇建德已率大兵前來，李神通兵疲力竭，只能退走，將宇文化及這塊肥肉讓給了竇建德。

竇建德的軍勢不是李神通能比的，他一出手就是十萬大軍。宇文化及看到李神通退走，志得意滿之下沒有將竇建德這等「賊寇」放在眼裡，居然敢出城作戰，結果被竇建德打得一敗塗地，只得又一次退守聊城。竇建德與李神通不同，事前準備工作十分充分，撞車、投石車等攻城工具十分齊備，將宇文化及打得抬不起頭來。此前為宇文化及賣力的王薄也陣前叛變。王薄與竇建德本是同一地區的老熟人，加上竇建德軍勢如此雄壯，根本不是他可以抗拒的，因此不如賣了宇文化及，好過一起死。在內應的帶領下，竇建德僅兩天就攻下了聊城，宇文化及與其部眾均被俘虜。

竇建德入城時做足了戲碼。他先以臣子禮節參拜蕭皇后，又素服為隋煬帝發喪，將當日江都之變的主要參與者通通當眾處決。這套戲碼中也有個趣味小花絮，《北史》傳說，竇建德的老婆曹氏是個母老虎，攻破聊城之後，她怕竇建德被隋煬帝的妃嬪美人給迷住，強令她們通通出了家。某些評書裡還有一段曹氏喝醋、羞辱蕭氏的情節。不過按年齡算，此時的蕭后已是五十多的「高齡」，竇建德對其染指的可能性實在不大。

第三章　帝國崩壞：群雄並起與舊秩序的崩解

　　滅掉宇文化及之後，竇建德獲得了極高的聲望。遠嫁突厥的隋義城公主派使者來迎接蕭后和隋煬帝的孫子楊政道，竇建德藉此機會與突厥也拉上了關係。雖說由於竇建德覆滅得太快，這種關係未能發揮出作用，但竇建德的部將劉黑闥依然靠這層關係造成了李淵方極大的麻煩。此後，竇建德又派使者去洛陽與王世充修好，名義上奉皇泰主為主，被封為夏王。竇建德的政治地位獲得了最為正式的承認，再不是自封的反賊了。

　　竇建德沒有浪費他所獲得的政治優勢，沒隔多久就向李淵控制的河北、河南、山東區域發起全面攻勢。竇建德攻擊的時間點抓得很好，此時李淵的老巢山西大部被劉武周所攻陷，連太原都給丟了，以至於李神通與李世勣的河北軍團成了徹底的孤軍。在與竇建德的決戰中，河北唐軍全軍覆沒，李世勣、李神通等唐軍重要將領均被俘虜。李淵的河北領土全境淪陷，降唐的徐圓朗也叛唐投靠竇建德。竇建德自此稱霸河北，將都城從樂壽遷到洺州。這位隋末的三號反王，終於達到了他的全盛時期。

第四章

草原帝國：
北方勢力與突厥的強勢介入

第四章　草原帝國：北方勢力與突厥的強勢介入

▎「狗」帝國：東突厥的野心

　　大自然給了中國人賴以生存的黃河和長江，同樣也在黃河的北方畫下了一道看不見的線，後世研究者稱之為「十五英寸等雨線」。在這條線以南的民族創造出了光輝燦爛的農耕文明，而在這條線以北則出產最為強力的游牧民族。圍繞這條無形之線，農人和牧民們幾千年來不斷進行著最為血腥殘酷的爭鬥。北方的游牧民族不斷建立起一個個強大的草原帝國，對南方進行掠奪和征服。南方的農耕文明則利用長城和一次次地遠征，來打擊甚至摧毀北方的強大對手。侵略與反侵略、征服與反征服中，雙方最終合而為一。

　　在中原帝國處於動亂之中時，柔然人建立的草原帝國蒸蒸日上，草原各族均成為其治下的奴隸。可在古代社會，文明程度和軍事能力間常常不能畫等號，柔然人建立的草原帝國也不例外。與軍事實力相比，柔然人的文明程度驚人地落後。關於柔然人的落後，有一個典故：西域有一個悅般國，是匈奴北單于部落的後代，被東漢車騎將軍竇憲擊敗後向西遷徙立國。柔然在草原上實力強大，對西域事務有很強的發言權，悅般國國王在臣下的進諫之下，預備和柔然結盟。悅般國王率領結盟使團進入柔然國內數百里，發現柔然人不洗衣服、不束頭髮、不洗手，清潔器物的方法是婦人們用舌頭來舔。這讓身為匈奴人後裔的悅般國王都目瞪口呆，難以忍受。悅般國王氣得大罵臣下：「你們這幫混帳居然把我騙進這種狗國來！」說完轉身就率人回國。占據中原的北魏對柔然同樣評價極低，北魏世祖拓跋燾嘲笑柔然人愚蠢地跟蟲子一樣，因此把柔然這個稱號改成「蠕蠕」。

　　野蠻地區又往往蘊含著強悍的軍事力量，柔然是典型的例子。柔然人西征之時，西域強國高車被柔然豆倫可汗一舉擊破。柔然人將高車王繫在馬上，活活拖死，然後把他的頭顱漆好做成酒具。四周不服從的國家均被

柔然人滅亡。在這個世界上，叢林法則雖不是唯一的法則，卻是最為赤裸裸、血淋淋又最能表現國家之間關係的法則。這種法則的意義在於，誰的拳頭硬，誰就說話大聲，就有發言權。中原國家都嘲笑柔然人的愚蠢，但他們的實力讓分裂的東魏和西魏都不得不曲意奉承。東魏一代雄主高歡遣使為世子高澄向柔然求婚，柔然王對使者說：「高歡的兒子不夠資格，他自己來娶還差不多。」高歡左右為難，還是賢惠的髮妻婁妃力勸高歡迎娶柔然公主，柔然公主到達之後，婁妃將自己的正室讓出來給柔然公主。高歡感激得向婁妃下跪，婁妃卻說：「公主會發現我們的關係，希望你和我斷絕來往，不要再來看我。」即便這樣，柔然人仍然不把高歡放在眼裡。柔然公主嫁入東魏之後不肯說華語，不但如此，高歡還得時時寵幸公主。有一次高歡病了，不能見公主，柔然可汗派來照顧公主的弟弟禿突佳立刻表示不滿。高歡無奈，只能抱病登車去公主那裡。東魏如此，西魏也差不多。為了娶到柔然可汗的公主，西魏文帝將自己的皇后廢掉，強令她出家為尼，將皇后的位置空給柔然公主。

承受這樣的屈辱，能有國家甘之如飴嗎？顯然不能。但中原兩大勢力之間爭鬥不休，絕不能再增加一個強大的敵人。西魏開始在草原上尋找合適的勢力進行扶植，希望他們能對柔然進行打擊，讓草原也陷入諸族分裂爭鬥的局面。這樣可以讓北方邊境無後顧之憂，專心對付中原爭霸的對手。如此形勢下，西魏終於找到了一支合適的草原勢力。這支被選中的部落，叫做「突厥」。

「鍛奴」帝國：西突厥的崛起

突厥在柔然治下以「鍛工」的身分生活，也就是專門幫柔然打鐵的奴隸部落。在突厥首領阿史那土門的帶領下，突厥部族日益強大。為壯大自

第四章　草原帝國：北方勢力與突厥的強勢介入

己的實力，他在西元542年派人到塞上進行貿易，表示希望與中原王朝通好、往來。這樣一個主動示好的草原部落，立刻受到中原王朝的重視。西元545年，西魏權臣宇文泰派酒泉胡商安諾盤陀出使突厥，此次出使顯然是西魏為聯合突厥打擊柔然而進行的一次政治活動。突厥沒想到會被西魏如此看重，舉國歡騰，一致認為：「大國使者到來，預示著我們突厥要興旺發達了。」第二年，突厥也派遣了使團帶著特產到西魏獻禮致意，兩邊的關係越來越近。

雖說雙方關係良好，是否與柔然對抗，突厥依然舉棋不定。柔然畢竟是草原霸主，突厥不過是個剛剛興起的小部落。決定一旦做錯，下場可是身死國滅。這一年，草原上的鐵勒諸部因忍受不了柔然的統治，起兵反抗。突厥堅定地站在柔然一邊，土門率兵擊敗鐵勒聯軍，迫使五萬餘戶鐵勒人投降。吸收了這些鐵勒部眾，突厥人的實力脫胎換骨般地增強。由於為柔然立下如此大功，自身實力也有了很大長進，阿史那土門大膽地向柔然可汗請求結親，希望藉此尋求一個平等的地位。這樣的行為對柔然人來說太出格了。柔然可汗阿那瓌大怒，立刻派使者去斥責土門，大罵道：「你們不過是打鐵的奴隸，居然敢提出這種非分的要求。」受到這種侮辱，阿史那土門也挺乾脆，當時就將柔然使者殺掉，與柔然徹底決裂，轉而向西魏尋求結親。情勢如此發展，西魏自然求之不得，馬上同意了突厥人的要求，於西元551年將長樂公主許配給了土門，兩國從此締結策略同盟關係。西魏透過外交達到了挑起草原戰火的目的，但他們不知道，草原上由此將崛起一個空前強大的帝國。羽翼豐滿後的突厥，對中原帝國造成的麻煩，將比柔然有過之而無不及。

突厥人得到西魏的財力物力支持，部落實力空前強大。草原上強者為王，領頭狼只能有一隻，突厥人向他們曾經的主人柔然露出了尖銳的狼牙。魏廢帝元年（西元552年）正月，突厥伊利可汗阿史那土門率大軍與

柔然可汗阿那瓌大戰於懷荒北。柔然可汗阿那瓌萬萬沒料到，以前那些卑賤的奴隸現在會如此強大。在拚盡全力的戰鬥中，柔然最終不支落敗。戰敗後，阿那瓌帶著悔恨與絕望自殺殉國。西魏見有便宜可占，立刻發兵出塞，痛打落水狗。西魏涼州刺史史寧向敗逃至西北邊境的柔然部族主動進攻，每戰必勝，打得柔然人抱頭鼠竄，前後斬首數萬，並拿獲阿那瓌的子孫二人和許多柔然部落酋長。作為爭霸的另外一方，已取代東魏的北齊也毫不示弱。起初北齊還短時間支持了一下柔然餘部，後來發現柔然人實在是扶不起的阿斗，不但打不過突厥人，反而頻頻入侵北齊的國境。於是，西元554年四月，齊主親征柔然，殺得柔然伏屍二十餘里，俘虜柔然三萬餘口。在中原諸國和北方突厥的共同圍剿之下，最後一支柔然部落在西魏境內被突厥屠戮。柔然從此衰絕，族名從此消失，他們的血脈最終融入了已經遭受三百年戰亂的中原大地。

　　賭上國運的戰爭，突厥人取得了最終的勝利。勝利來之不易，當時柔然帝國正當興旺發達，實力很強，作為新興勢力的突厥人並無絕對優勢。懷荒大戰中，柔然人固然慘敗，惡戰之下突厥人的損失同樣極大。懷荒之戰勝利的同年，伊利可汗阿史那土門闔然長逝，可謂慘勝。不過，既然是豪賭國運，勝利之後帶來的利益必然巨大，突厥的大規模擴張已經不可避免。

　　土耳其前總統厄扎爾曾說：「土耳其的利益區是從亞得利亞海直到中國長城。」大多數人看到這種說法都會嗤之以鼻。這個說法究竟有沒有依據呢？土耳其人自己當然沒有，但他們的老祖宗突厥的確有過這種輝煌的歷史。經過第二代突厥之主阿逸可汗科羅短短一年的統治，第三代突厥之主木杆可汗俟斤終於將大突厥汗國推向了極盛。長城以北，突厥人再無敵手。突厥以新一代統治者的身分君臨草原，開始了他們波瀾壯闊的征服史。

第四章　草原帝國：北方勢力與突厥的強勢介入

「狼」來了：草原對中原的壓迫

　　確立了草原霸權之後，突厥人的勢力如浪潮般向四面擴張。首先遭殃的是屬於東胡的契丹人。通常的印象中，提起中國北方少數民族的士兵，人們腦海中會浮現出一幅騎射的輕騎兵形象。其實這種認知有著不小的失誤。的確，後世契丹人以騎兵雄強於中國北方，甚至占有華北平原，控騎數十萬。此時的契丹人，征戰的主力卻非騎兵，而是早在戰國時代就被淘汰出主力戰爭兵器的戰車。落後的契丹人面對強橫的草原霸主進行了一場毫無希望的戰爭，戰爭的結果是契丹人被盡數驅逐出家園。

　　喪失了居住地的契丹人不得不作苦難的遷徙。他們攜帶部落中十餘萬口男女老幼和幾十萬頭牲畜，傾族南下，意欲尋找一塊可以生活下去的土地。如此大規模的民族遷徙，往往會造成一系列民族連鎖遷徙。中國歷史上類似的遷徙發生過多次。匈奴強橫時期將大月氏驅趕到中亞，結果大月氏鳩占鵲巢，將中亞的塞人趕走，建立了貴霜大帝國；而被迫遷居的塞人又撲向帕提亞帝國，差點將之摧毀。漢帝國將匈奴人趕往西方所引起的大規模民族連鎖遷移甚至將西羅馬帝國完全摧毀，從此匈奴在歐洲留下了「上帝之鞭」的傳說。契丹人起初的遷徙目標是南方中原大國之一的北齊。北齊當時的君主是文宣帝高洋，他繼承了父親高歡的軍事能力，御駕親征與契丹決戰。契丹人本是新敗之師，又拖家帶口，結果被文宣帝一戰擊破主力，契丹部族十餘萬人盡成俘虜。剩餘的萬餘戶契丹殘部走投無路，只能逃往遼東投奔高麗國。為了管理東方的領地，木杆可汗任命阿史那庫頭為突厥東面可汗，疆域直抵鴨綠江。

　　將契丹打得全族逃亡之後，突厥隨之降伏了居住在葉尼塞河流域的結骨族。這個結骨族是什麼來歷呢？他們的前身是漢代的堅昆，後來又演化成黠戛斯，也是中國柯爾克孜族和中亞吉爾吉斯人的老祖宗。在唐代最終

擊敗回紇，迫使回紇遷居的也是這個民族。突厥大破其國，然後驅使他們為突厥賣命，結骨被擊破後，突厥北方的各大少數民族極為震恐，紛紛向突厥請降輸誠。突厥北疆由此固定。

從漢代起，西域就是東西方商業與文明交會的要道，也是經濟文化極為發達的地區。歷史上在中國北方大草原上確立了霸權的民族，幾乎都會將手伸向西域。強大的能夠號令西域、領袖群倫，差一點的也能對西域施加政治影響。富饒的西域可說是這些民族的命根子，他們從西域能得到大量的鐵器、絲綢、金銀以及工匠，甚至還能壟斷東西方貿易。突厥人自然也不會放過這塊肥肉。穩固了東方和北方之後，他們轉身著力經營西域，首當其衝的便是西域名國高昌。

高昌國是一個漢化極深的國家，從立國起國人便大多是漢晉中原戍卒的後裔。其國分為八城，每城均有漢人。此後幾代君主不是漢人也是漢化極深之人，國家之內通行漢文，典章文物均守晉朝舊制，風俗習慣一如中原。這個國家地處絲綢之路的咽喉，地理位置極為重要，很快便被突厥盯上。高昌國起初還反抗過一陣子，號稱是「鷹揚閫外，虎步敵境」。當突厥人大舉進兵之後，高昌馬上抵擋不住，戰爭連連失敗，變成了「兵鋒暫交，應機退散」。無法之下，高昌只能屈辱地求和，完全成了突厥人的附庸。

打開了西域的咽喉要道後，突厥人繼續西進，兵鋒直指于闐、龜茲、焉耆一線。這三國都是西域的重要國家，突厥要進一步控制西域，必須取得這些國家的控制權。這幾個國家不像高昌那樣孤立無援，他們身後都有大國撐腰。雄踞流沙東西的吐谷渾國便是其中之一。突厥為控制西域，與吐谷渾起衝突在所難免。但吐谷渾實力強勁，並不好對付。突厥人想到了一個辦法——和西魏聯兵，一同進攻吐谷渾。對於這個提議，西魏求之不得。因為吐谷渾國主誇呂對處於分裂狀態的中原帝國採用遠交近攻策略，全力通好北齊，與西魏為敵，是西魏的大患。西魏對其一直欲除之而後快。

第四章 草原帝國：北方勢力與突厥的強勢介入

兩家人一拍即合，突厥木杆可汗隨即率兵借道涼州，魏軍大將史寧率兵跟隨，兩軍目標直指黃河源頭吐谷渾的老巢。聯軍起先想要奇襲，藉吐谷渾在西北防備突厥的時候，從東南方向打他一個措手不及。可事機不密，發兵沒多久吐谷渾便得知了消息。吐谷渾揮軍南下，吐谷渾國主親自守北道的賀真，吐谷渾的征南王防守南面的舊都樹敦（今甘肅西寧西，曼頭山北）。史寧與突厥木杆可汗商議，建議兵分兩路，分別攻打這兩個重要的據點。木杆可汗覺得這個策略非常好，於是突厥軍沿北道進軍賀真，魏軍則攻打南方的樹敦城。吐谷渾妥周王率軍與史寧野戰，被史寧擊殺，魏軍乘勝進逼樹敦城。樹墩城畢竟是吐谷渾國的前首都，城防堅固，硬攻難以奏效。史寧在攻城的時候率兵偽敗，吐谷渾征南王果然中計，率兵從城內殺出。此時魏軍回軍奮戰，吐谷渾敗退，魏軍趁吐谷渾敗退來不及關上城門的時候，一舉殺入城內，生擒吐谷渾征南王。歸途中，吐谷渾賀羅拔王在險要地段上依山為柵，意圖死守。史寧率兵猛攻，不多時攻破其柵。「俘斬萬計，獲雜畜數萬頭。」突厥可汗木桿亦攻破賀真城，生擒誇呂的妻子，與史寧會師於青海。

草原民族一向尊敬強者。史寧一路攻無不克、戰無不勝，木杆可汗對其極為欣賞，將自己的好馬讓給史寧騎乘，自己步行在大帳前相送。又贈給史寧奴婢一百人、馬五百匹、羊一萬頭，甚至把史寧稱為「中國神智人」，可見史寧的戰績給突厥人多大震撼。當時中國正處於民族大融合的後期，史寧和魏軍的悍勇，正顯示了中原新興的強悍實力。這也讓強大的突厥人望而生畏，有效嚇阻了突厥人對正處於分裂的中原帝國的企圖。如果當時史寧和魏軍表現一塌糊塗，恐怕後世金滅北宋的故事會在西元六世紀先期上演。

解決了吐谷渾之後，突厥依然不能獨霸西域。在突厥人面前還有一個更為強大的中亞大國，這個國家叫做嚈噠（Ephthalies，Hephthalites）。嚈

「狼」來了：草原對中原的壓迫

噠人是漢代大月氏人的後裔，西方史學家稱之為白匈奴。嚈噠國的政治中心在富饒的兩河流域，也就是今天的阿富汗。嚈噠疆域東自遼海以西，西至西海萬里，南自沙漠以北，北至北海五六千里。此國兼併周圍諸國，勢力日益強大，甚至將波斯薩珊王朝擊敗，讓波斯王稱臣納貢，貢獻賦稅。中國史書稱其「征旁國波斯、盤盤、罽賓、焉耆、龜茲、疏勒、姑墨、于闐、句盤等國，開地千餘里。」波斯史學家米爾孔（Mirkhond）則說嚈噠人征服了吐火羅、迦布羅、石汗那。《宋雲行紀》說嚈噠能役使康居、于闐、沙勒、安息等三十餘國。嚈噠國的赫赫氣勢可見一斑，曾經稱霸草原的柔然與之相比，亦黯然失色。

　　與打吐谷渾不同，嚈噠和突厥早有仇隙。這要從和嚈噠同族同源的高車人說起。高車本為西域強國，後被柔然攻滅，其餘部奔投嚈噠國尋求庇護。柔然攻滅高車的時候，突厥作為其打手衝鋒在前，因此與高車結下深仇。之後嚈噠收留並扶植高車人，自然也與突厥人成為了敵人。嚈噠勢大，面對這樣一個對手，突厥人心裡也有點畏懼，單打獨鬥一點把握也沒有。於是，就在攻滅柔然不久，突厥木杆可汗於西元554年將女兒嫁給波斯王努錫爾旺（Noshirwan），與之建立了外交關係。波斯與嚈噠仇深似海，波斯王古代鼎盛時期號稱「萬王之王」，雖曾被馬其頓亞歷山大大帝東征所摧毀，但西元三世紀波斯再度復興，建立了歷史上有名的薩珊波斯王朝，它以有效的行政管理和強大的武裝實力一直持續到西元七世紀初。就是這樣一個著名的王朝，國王卑路斯（Prouz）戰死在與嚈噠的戰爭中，王朝被迫稱臣納貢。這對一個歷史上輝煌燦爛的王朝可謂奇恥大辱。後代波斯王努錫爾旺（庫薩和一世 Khosrou Anouschivwan，意為「不朽的靈魂」）決心報仇。他了解到突厥人此時已經取代了柔然在草原上的統治地位，於是遣使請求結親，兩國一拍即合。當時的波斯王儲賀爾米斯達四世（Hormizd IV）便是突厥木杆可汗的女兒所生，可見兩國對嚈噠國的企圖多麼強烈。

第四章　草原帝國：北方勢力與突厥的強勢介入

經過多方準備，西元 562 年（北周保定二年，北齊河清元年，陳元嘉三年），突厥人終於將兵鋒對準了嚈噠。早已迫不及待的波斯人立刻起兵響應。此戰木杆可汗為主帥，葉護室點密（Istami）為副帥，統領突厥十大首領，集兵十萬西征。波斯人沿烏滸水（今阿姆河）向北進軍。嚈噠雖強，卻也抵不上兩大強國的夾攻。歷史上兩線作戰的國家，結果往往悲慘，嚈噠國也不例外。三國決戰中，嚈噠人潰不成軍，主力被消滅。見大勢已定，木杆委任室點密指揮剩下的戰爭，自己回到漠北的突厥王庭。嚈噠也不負大國之名，之後又足足抵抗了五年。最終葉護室點密親手擊殺嚈噠國王，取得完全的勝利。戰後兩國徹底瓜分了嚈噠，以烏滸水為界，波斯取得了巴里黑、喀布林、石汗那、吐火羅，突厥取得了石國、拔汗那、康、安、史等國。此戰後中亞諸國望風而降，突厥大帝國的版圖臻於極盛，葉護室點密也因戰功績卓著，被突厥木杆可汗封為突厥西方可汗，掌管西域。從此在東至北海，西越鹹海，西南至波斯，南至中國長城，北越貝加爾湖的廣大土地上，到處豎起了象徵著突厥人的狼頭大纛。

四大帝國：東亞權力格局重組

突厥趕上了絕好的機遇迅速壯大。所謂喝水不忘挖井人，對於一手將其扶植起來的西魏，突厥人不能不有所表示。如何報恩呢？首先，他們改變了自己的王后制度。突厥王后被稱為可賀敦，又稱為可敦。她在突厥國中地位崇高，不僅主管內務，地位在可汗諸妻妾之上，而且在政治上有很大發言權，權力非常大。突厥國內有兩大高貴種姓，阿史那氏為王族，阿史德氏為后族。突厥可汗無論娶多少女人，身為正妻的可賀敦必定出自阿史德氏。突厥由於西魏的扶植強大了起來，中原帝國的出嫁公主便尤被突厥人所重視。因此，可賀敦易為華人，此後北周、隋等均有公主陸續出

嫁,華人可賀敦的制度因此被固定下來。

其次是幫助北周(當時的西魏,皇帝其實只是一個傀儡,政權全都掌握在權臣宇文泰的手上,西元557年,宇文泰之子宇文覺便廢掉了西魏,建立了北周)進攻死敵北齊。西元563年至564年正月,突厥與北周聯兵,突厥木杆可汗挾親征嚈噠國勝利的餘威,率麾下東方控地頭可汗阿史那庫頭、西方步離可汗共十萬騎,分三路南下,與北周連兵,企圖畢其功於一役,一舉攻滅北齊。此時嚈噠並未全部平定,大量突厥軍隊滯留在西方作戰。即便如此,突厥依舊出動了與滅嚈噠同等數量的軍隊,可以說極富誠意。相對突厥的十萬人,作為盟友的北周,卻僅僅出動四萬人向北齊進攻。不過,不要看北周軍的人少,戰鬥力絲毫不差。中國南北朝時代是重甲騎兵高度發達的時代,當時的重騎兵人馬均以重甲披掛,名為「甲騎具裝」。裝備這樣一支騎兵花費巨大,但戰鬥力也遠勝普通騎兵。

北周派出的四萬人以重甲騎兵占多數,國家也只能負擔如此多的重甲騎兵。當時朝野都議論要多派點人,起碼也要十萬人才行。但北周名將楊忠揚言,只需一萬重甲騎兵即可。這位楊忠是隋朝開國皇帝隋文帝楊堅的父親,戰功赫赫。北周隨即任命楊忠率步騎一萬,與突厥人由北面進攻北齊。大將軍達奚武率步騎三萬由南道出發,約定會師於晉陽。楊忠在隨後的戰鬥中展示了非凡的指揮能力,他不但迅速攻克北齊二十多座城池,還一舉突破易守難攻的陘嶺山口。突厥大軍則分三路突破了北齊的長城防線,與楊忠勝利會師。

北齊武成帝見周突聯軍如此強大,如果不是臣下死死攔住,差點嚇得棄城而逃,最後總算強撐著坐鎮晉陽。周突聯軍順利殺至晉陽城下,卻逢天災。突降大雪幾十天,旬日間南北一千多里平地積雪幾尺深。周突聯軍因為大雪行軍,凍累交加。年關之際下大雪,可謂瑞雪兆豐年,對老百姓是大好事,對周突聯軍卻是一場大災難。如此大雪,騎兵幾乎完全派不上

第四章　草原帝國：北方勢力與突厥的強勢介入

用場,步戰成了作戰的主要方式。禍不單行,北周軍達奚武率領的三萬主力未及時趕來會師。齊兵以逸待勞,趁周突聯軍疲敝之際發起凶猛反攻。此時作為盟友的突厥人臨陣退縮,引兵上西山,不肯戰鬥。只有楊忠率周兵下馬死戰。他本人親率七百敢死隊衝入齊軍軍陣,最終士卒死傷近半,不得不撤退。

當然,這場戰鬥即使突厥人加入進來也於事無補。草原民族在騎射上大都是一等一的強兵,一旦下了馬,戰鬥力就會大打折扣。因此突厥人才不願下馬與齊兵硬碰硬。事實證明,他們的決定完全正確。在齊兵嚴整的軍陣前,周兵死傷慘重。突厥人也並未討到便宜,撤退途中天寒地凍,突厥馬沒有草料可以充飢,越來越瘦弱,到長城便死亡殆盡,突厥人只能截短長矛做成手杖拄著回家。突厥木杆可汗一生東征西討,所向無敵,居然在這裡栽了個大大的跟頭。

經歷了這樣史無前例的一場敗仗,突厥人終於從天下無敵的感覺中清醒了過來。西元564年,突厥再次發兵助北周進攻北齊,依然無果。此後突厥再不肯為北周賣命,轉而打起了雄霸域外,內覷中原,坐山觀虎鬥,從中漁利的主意。

波斯與突厥的關係因嚈噠而一度極好。好景不長,兩國剛剛瓜分完嚈噠,立即就拔汗那的歸屬問題大起爭執。結果突厥人憤怒之下,悍然撕毀條約,強渡烏滸水,將原屬波斯的那份也搶了過來,霸占了幾乎整個嚈噠舊境。波斯與突厥兩國的關係急轉直下。除領土問題之外,更嚴重的是絲綢之路的貿易問題。突厥控制西域之後,粟特商人成為突厥的臣民,他們的經商所得也就變成了突厥人重要的經濟來源。粟特商人主要從事轉運中國絲綢至西方的貿易,卻為波斯所阻撓。波斯不但壟斷了東西方的絲綢貿易,還在學會產絲技術之後開始厲行絲禁。這不但斷了粟特人的財路,更讓突厥蒙受了巨大的經濟損失。突厥派遣使者馬涅亞克(Maniach)攜帶大

量精美絲綢送給波斯王努錫爾旺，希望開放絲禁。努錫爾旺向使者展示了波斯產的絲綢，然後將使者攜帶的中國絲綢全部燒毀。之後突厥人再次派遣使者來波斯交涉，卻被波斯在宴席中投毒，使者幾乎全被毒死。由是，兩國反目成仇。

昔日的盟友變成了仇敵，突厥人再次玩起老一套，聯合一方打擊另一方。這招式簡直被突厥人玩得爐火純青。突厥人找上的不是別國，正是東羅馬帝國。東羅馬帝國別稱拜占庭，疆域在今天的小亞細亞與希臘半島。他們繼承了古羅馬的政治文化傳統，國富兵強，中國古代稱之為大秦。東羅馬與波斯是世仇，於是跟突厥一拍即合。東羅馬皇帝查士丁尼二世允許突厥商人（即粟特商人）不必經過波斯中介即可入境販賣絲綢，並應突厥人的請求，廢除了與波斯簽訂的和約。由此東羅馬與波斯之間爆發了歷史上著名的二十年戰爭（西元571至590年）。東羅馬與突厥關係密切，雙方使者不斷，波斯也為此不斷派兵伏擊雙方使者，甚至投毒，但都未成功。波斯陷入兩線作戰的泥潭，被突厥與東羅馬兩線攻打。持續遭到雙線打擊的波斯帝國雖然仗著國力雄厚未被打垮，卻也耗乾了最後一分氣力，最終被阿拉伯半島上當時還不起眼的阿拉伯人所滅。

中國的陰謀：中原勢力的生存策略

突厥人建立的超級草原帝國給予了周邊各國巨大的壓力，長城以內的中原各國對此感受尤甚。北周與北齊正爭霸中原，誰都惹不起突厥人，於是木杆可汗的女兒便成為此二國爭相搶奪的香餑餑。突厥起家獲得了北周大量幫助，所以很早就答應將公主許配給周武帝為妻。北周出動了包括陳國公宇文純、許國公宇文貴、神武公竇毅、南安公楊薦等高官貴戚在內的一百二十人迎親團去迎親，卻被突厥人藉故拖延數年，死活不肯完婚。北

第四章　草原帝國：北方勢力與突厥的強勢介入

齊動用大批金錢財物去突厥說親，還賄賂了突厥東面可汗阿史那庫頭為他們說項。北齊的不惜血本使得突厥人極為心動，悔婚幾乎已成定局。緊急關頭，老天爺幫了北周的大忙。木杆可汗決定悔婚，草原上狂風暴雷突起，不但擊壞了突厥人的帳篷，並且持續下了十幾天豪雨。突厥人以為自己的背信棄義觸怒老天，遭到了天譴，趕忙讓女兒出嫁到北周。得到阿史那皇后到來的消息，周武帝親自趕到甘州迎接，布置了盛大的排場，可見這次聯姻是中原國家的頭等大事。如此，突厥人越來越囂張。到佗缽可汗的時代，居然公然宣稱：「我在南方的兩個兒子那麼孝順，根本不用擔心沒錢花。」此時突厥對中原，已是類似太上皇般地存在。

在中原爭霸的周齊兩國，真的心甘情願當兒皇帝？當然不願意！他們每年向突厥人進貢大量財物，是為了不讓自己腹背受敵，希望能積蓄力量全力擊敗對手，統一中原。中原國家心裡想什麼，突厥人知道嗎？突厥人雖然在文明程度上不及中原，可他們並不傻。看看他們稱雄域外的過程就知道，突厥非但不傻，反而是一個極其聰明、甚至可說狡詐的民族。他們對統一後的中原帝國能爆發出的能量知道得非常清楚。因此，當北周表現出能夠統一中原的實力後，突厥的政策發生了一百八十度改變。從偏幫北周到兩不相幫，最後發展到偏幫北齊，製造北周統一中原的困難。但三百年的亂離已久，人民渴望天下太平的心情無法用任何言語描繪。北周最終排除了突厥的干擾，徹底擊敗北齊，統一中國北方。

一統中原的北周武帝宇文邕不幸英年早逝，權臣楊堅篡奪了北周政權，建立起隋帝國。隋帝國擁有並穩固了整個中國北方，國力強盛。昔日的對手已經滅亡，當然不能對騎在頭上作威作福的突厥人再那麼客氣。隋文帝楊堅中斷了對突厥的財物供應，這下立刻惹火了突厥人。突厥大軍全力南侵，隋帝國的長城防線被全面突破。隋帝國盡起精銳相抗，依然不是突厥人的對手。突厥人攻入中原後殺掠千里，所向無敵。隋將達奚長儒率

兩千隋軍與十萬突厥人死戰於周盤。隋軍將士晝夜拚鬥,血戰三日,士兵手中武器全部損耗殆盡。隋軍士卒赤手空拳,依然毫不放棄,沒有武器便用拳毆擊,軍士手皆見骨,突厥人死傷萬餘。血戰到底的隋軍將士最終幾乎死傷殆盡,主將達奚長儒身被五創,其中兩處傷口被刺穿,身負重傷。隋軍將士以自己的生命硬生生將突厥人逼退,隋帝國用血的代價將突厥與中原的關係重新拉回到平等。此次入侵讓隋帝國上下重新意識到突厥人的巨大威脅。面對這樣強力的對手,硬碰硬必然耗費巨大,於是隋帝國開始了一個被後世稱為「中國的陰謀」的計畫。

　　突厥人自木杆可汗開始建立的輝煌盛世可謂武功赫赫,輝煌裡卻有很大的隱憂。突厥的分封制度便是其中最大的弱點。此種制度規定各大小可汗都能有自己的固定封地,可是突厥的領土絕大部分非常貧瘠,不能為突厥人帶來多少經濟收入,唯有西域經濟發達,有充足的人力物力資源。因此,被分封在此處的突厥西面可汗實力比其他可汗大很多,甚至不比突厥可汗本人實力遜色。如此不平衡的實力對比,當然會讓人的野心膨脹。突厥佗缽可汗死後,國內五可汗爭位。雖然沙缽略可汗取得了最後的勝利,但暗中的裂痕漸漸擴大。面對西方強藩鎮主的局面,沙缽略可汗雖然也想出種種措施加以解決,可不但沒收到很好的效果,反而更加深了彼此的矛盾。突厥人暗中互相猜疑之際,隋文帝派出使節結交突厥各大方面可汗,進而離間他們之間的關係,一下子將突厥之間的矛盾擺到了臺面上,昔日的突厥大帝國終於分裂,形成了以突厥中面可汗和東面可汗為代表的東方集團,與以西面可汗和阿波可汗為代表的西方集團。這兩大軍事政治集團相互對立,突厥陷入分裂。

　　突厥分裂之後,內戰隨之而來。什麼樣的國家都抵不上內訌,隋帝國乘機東西逢源,給予威脅最大的突厥東方集團數次重大打擊。隋帝國又扶植突厥啟民可汗為東突厥可汗,東西突厥帝國的局面正式形成。突厥內戰

第四章　草原帝國：北方勢力與突厥的強勢介入

中，雙方都奈何不了彼此，於是東突厥的啟民可汗開始採取表面臣服隋帝國以求盡快恢復國力的政策。東突厥國力得以迅速恢復壯大。到隋煬帝楊廣時，東突厥實力已不亞於全盛之時。到隋末，甚至比突厥大帝國全盛時期有過之而無不及。史載：「其族強盛，東自契丹、室韋，西盡吐谷渾、高昌諸國，皆臣屬焉。控弦百餘萬，北狄之盛，未之有也。高視陰山，有輕中夏之志。」

隨著東突厥帝國的強盛，隋帝國卻好景不長。隋煬帝楊廣好大喜功，讓征伐高麗國變成了敲響帝國喪鐘的導火線。中原大地戰火重燃，國內盜賊蜂起，隋帝國擁有沒多久的對外優勢再度喪失殆盡。此時正當東突厥帝國盛世，興旺強盛的突厥人立刻給了以往騎在他們頭上作威作福的楊廣一個下馬威。西元615年，楊廣不顧國力衰弱，發大軍親巡塞外，企圖震懾突厥，卻被突厥始畢可汗率數十萬騎兵將其圍困於雁門，使楊廣只能抱著小兒子趙王楊杲痛哭。

當然，歷史無法假設。突厥沒能將隋煬帝楊廣抓住，但此戰完全暴露了隋帝國的虛弱。楊廣一個人搞垮了一個偉大的帝國，各種勢力再次割據一方。隋末的群雄勢力，據《新唐書》的記載總計有四十八人，加上《隋書》以及其他史書中的記載，遠遠大於此數，達到百餘人之多。這些豪傑稱霸一方，進而逐鹿中原，使中原帝國再次陷入戰亂之中。突厥的陰影也再度籠罩在中原大地之上。北方群雄無論自願還是被迫，均需結交突厥為靠山。著名豪傑如梁師都、劉武周、薛舉、竇建德、羅藝、高開道等人，不是突厥的附庸就是與突厥有所勾結。就連後來唐帝國的開國君王李淵，都不得不領受突厥人賜給的狼頭大纛，向突厥稱臣。

第五章

大唐開國：李氏興起與天下歸一

第五章　大唐開國：李氏興起與天下歸一

八柱國家：政治聯盟與權力重構

　　上天注定不會讓一個三百餘年後重新統一的帝國就此再度陷入分裂。重新統一天下的重擔被放在了唐國公李淵身上。談起李淵，不得不提及在歷史上赫赫有名的「八柱國家」。所謂「八柱國家」，是西魏權臣宇文泰所創立的一個軍事貴族系統。他以府兵制為基礎，以新興的關隴軍事貴族集團為主幹，創造了盛極一時的西魏八大柱國。八柱國家分別為：宇文泰（唐太宗李世民外曾祖父）、元欣、李虎（李淵之父）、李弼（李密曾祖父）、趙貴、于謹、獨孤信（楊堅岳父，李淵外祖父）、侯莫陳崇。他們延續了中國貴族時代的壽命，創造出西魏、北周、隋、唐四個王朝，開創了一個前所未有的偉大時代。史載：「今之稱門閥者，咸推八柱國家。當時榮盛，莫與為比。」

　　「八柱國家」中的李虎便是李淵的祖父。李虎為隴西成紀人，自稱其祖先為晉末的涼武昭王，後為北魏所滅。李虎本人為宇文泰手下大將，後被封為柱國大將軍、太尉、尚書左僕射、隴右行臺、少師、大都督、隴西郡公。李虎於周篡魏之前去世，其子李昞也隨後早逝，由時年七歲的李淵襲爵。李淵出身極好，又因為親戚關係，受到隋文帝獨孤皇后的寵愛，早期仕途一帆風順。楊廣登基後，情況開始不同。當時風傳「李氏應為天子」的讖語，楊廣將懷疑的目光投向了身邊這些關隴李姓貴族。他無緣無故滅了右驍衛大將軍、郕國公李渾一族，對李淵也極不放心。一次他徵召李淵從駐地來謁見，李淵因病未能親赴。李淵有個外甥女王氏是楊廣的嬪妃，楊廣問王氏：「妳舅舅怎麼來得這麼遲？」王氏回說有病，楊廣立刻說：「他會死嗎？」楊廣對李淵猜忌到了什麼地步，可想而知。

　　遭到猜忌的李淵不得不韜光養晦，從好交天下英豪的才俊，直接蛻變成酒色之徒，以求讓楊廣放心。長期韜光養晦的生活並未讓李淵喪失政治

嗅覺。天下出現亂離徵兆之時，他不甘寂寞，開始四處活動。恰恰楊廣也已昏瞶，居然將兵權交付給李淵，命其出兵討伐「群盜」。這是再愚蠢不過的決定。李淵的外表不但頹廢，還貪汙受賄酒色無度。選這麼個人委以重任，可見楊廣此時的腦子已昏瞶到什麼程度。

被委任為山西河東慰撫大使的李淵終於離開了凶險的朝堂，開始了討伐賊寇的生涯。都說窮人的兒子早當家，其實像李淵這樣的門閥世家子女當家之早也是常人難以想像。李淵的爺爺和父親均早死，他七歲就繼任了李氏家族的族長，早早肩負起家族的重任。身為關隴軍事貴族的一員，李淵從小受到嚴格的軍事訓練。這樣的訓練甚至可稱為殘忍，李淵也因此從小練就一身好武藝。正是憑藉這身好武藝，他娶到了一生中最重要的女人。

李淵的原配正妻是北周上柱國竇毅的女兒，她母親是北周武帝的姐姐襄陽長公主。傳說竇毅的女兒出生之時便長髮過頸，長到三歲便髮與身齊，活脫脫一個長髮小美人。因為和北周皇室的親戚關係，從小便被養在深宮之中。當時為迎娶突厥公主，北周與北齊進行了一場極為激烈的較量，最終北周武帝將突厥公主娶到了手。政治婚姻往往是悲慘的，北周武帝雖將突厥公主娶到了手，但對她十分猜忌，很是冷淡。此時年紀還小的竇氏對舅舅進言說：「現在中原四邊都不平靜，突厥非常強大，希望舅舅你以蒼生為念，按捺自己的心意，好好撫慰皇后。如果有了突厥的幫助，江南和關東這兩大敵人都不能對我們造成威脅了。」小小年紀便能說出如此深合政治之道的話，竇氏實在不是簡單的女人。

竇毅覺得自己這個女兒聰明俊秀，萬中無一，與妻子商量，要為女兒挑個好人家。只是那時候，貴族擇婿的範圍很窄。竇父看了又看，沒一個人能配得上自己的女兒，怎麼辦呢？他在門上畫了兩隻孔雀，說：「誰能射中雀眼，誰就是我家女兒的夫婿。」消息一出，眾人紛紛來試，可惜的

第五章　大唐開國：李氏興起與天下歸一

是，沒一個人能射中。所謂姻緣有天意，某天李淵經過竇家，年少慕色，自然也想試試。仗著練就的好射術，李淵兩箭均中雀眼，最終抱得美人歸，成就了一段「雀屏中選」的千古佳話。竇氏嫁給李淵後，一直是李淵的得力助手。李淵早年任扶風太守時，得到幾匹駿馬。竇氏讓他進獻給楊廣。可好武之人，又有哪個不愛好馬？李淵猶豫不決，果然遭到貶謫。之後，李淵想起竇氏的話，多次尋覓獵鷹駿馬進獻給楊廣，才保全了自己，再度升職。

　　李淵的軍事素養不但能幫他討到好老婆，還讓他在討伐賊寇時大放異彩。山西的第一仗，李淵僅僅帶了十餘騎，便敢與龍門賊帥母端兒數千人在城下鏖戰。只見他手持強弓，馳射七十餘發，箭無虛發，敵人大潰。要知道，中國古代真正用於作戰的騎弓重量極大，一般人能持續射三十箭就十分了不起。如果沒有超強的膂力和嚴格的訓練，射完七十箭，整個臂膀都會廢掉。李淵為了迷惑皇帝，故意縱情聲色，功夫卻一點都沒荒廢。憑著這身好武藝，他贏得了一次又一次勝利，終於獲得了太原道安撫大使的重要職位，後來又升任太原留守。從此，李淵有了一塊重要的根據地。

太原李淵：太原起兵的歷史時機

　　身處太原，不論李淵是否願意，突厥都是他必須正視的大問題。李淵到太原不久，隋煬帝楊廣就為震懾突厥而巡邊雁門，結果非但不能震懾突厥，反而被突厥所震懾。楊廣父子在雁門抱頭痛哭之際，李淵的次子、年僅十六歲的李世民卻在雁門勤王之役中初露頭角。為解救皇帝的危難，李淵不但派出了手中所有兵馬進行勤王，連自己的兒子——年少英武的李世民也加入勤王軍隊，前往雁門救援。接近雁門，勤王軍發現，突厥人數太多，勤王軍實力不足。見此情況，李世民向主將雲定興進言，讓隋軍多

帶旗幟金鼓,全軍分為十餘里,日夜大造聲勢,做出一副大軍來援的假象。突厥人以為隋軍大部隊抵達,害怕遭到內外夾攻,於是撤兵解圍。

隋煬帝楊廣被突厥打怕了,不敢再在邊塞多待,拍拍屁股跑去江都享受起了江南水鄉的湖光山色。臨走卻下了一道旨意,讓李淵帶領太原的兵馬,和馬邑(今山西朔縣)太守王仁恭一同防禦突厥。這幾乎是將李淵放在火上烤。李淵與王仁恭的兵馬合計只有五千多,而突厥有數十萬之眾。用這點兵力防禦突厥,簡直開玩笑。可嘆在隋帝國的家底還未被楊廣敗光時,他也曾以五十萬精甲士兵耀武於塞外,很是風光了一把。短短數年,長城一線邊塞軍事要地居然會兵力嚴重不足,實在是絕大諷刺。被逼急了的李淵想了個不上檯面的辦法——他率兩千精銳騎兵在草原上游蕩,無論起居生活還是射獵,都學足了突厥人。他又挑選了一些神射手,埋伏起來作為奇兵。突厥人看到一支與自己極為相像的軍隊出現,往往以為是自己人。李淵趁機猛打,突厥人措手不及之下,常被李淵擊敗。

既然是不上臺面,自然是可一可二不可三。頭幾次還能見點效,時間一長,突厥人識破了李淵這點小把戲。在絕對實力面前,計謀能發揮的作用實在不大。馬邑一線的長城防線頻頻被突厥突破。突厥兵馬入內地後燒殺搶掠自是不提,李淵也因此獲罪。又因為他的名字暗合「李氏為天子」的預言,眼看就要身遭不測。李淵太原起兵的原因以及過程,各種史書說法不一,但是大都認為李淵在此之前依然忠於朝廷,正是楊廣的猜忌與降罪。才使得他最終走上了立唐反隋的道路。

李淵反隋固然是自身野心使然,但此時也已沒有其他路好走。只能在滅亡或者反叛中選擇其一。皇帝交給他的任務是防禦突厥,鎮壓境內的「盜賊」。但李淵的兵馬總共不過五六千,不要說對付突厥,就連撲滅四處蜂起的「盜賊」都極為吃力。最典型的例子,是大業十二年消滅盜賊「歷山飛」一夥的戰鬥。當時竇建德將「歷山飛」魏刀兒的餘部逼得在河北混

第五章　大唐開國：李氏興起與天下歸一

不下去，只得流竄山西。其部將甄翟兒在山西又舉起了「歷山飛」的大旗招兵買馬。李淵率兵進剿，結果五六千人馬在雀鼠谷（今山西介休西）被兩萬敵軍用優勢兵力團團包圍，差點就死在裡面。好在兒子李世民率李家家奴拚死陷陣，裡應外合，擊破強敵。當時盜賊少則數萬，多則十數萬，就憑李淵這點兵力，不啻杯水車薪。更何況他還要防禦連朝廷主力兵馬都無法抵擋的突厥人，一個閃失就會下獄掉腦袋。這樣狀況下，李淵即便不想，也不得不走上造反這條路。

正統的史書中，李淵造反的過程簡直是一齣滑稽劇。最早起反心的並非李淵，而是二兒子李世民。史書中說他看到天下已呈亂象，產生了取隋而代之的想法。謀主劉文靜形容李世民「豁懷大度類似劉邦，英明神武如同曹操」。這個形容字面上看挺好，但大家都知道，劉邦起兵反秦最後當上開國皇帝，曹操更被幾乎所有史家認為是篡臣。這話明著誇李世民的資質非常好，暗地裡其實點明了李世民的心思。從時間上說，李世民十六歲參加的雁門之戰，可能是他產生反心的導火線。楊廣對是否繼續征高麗的出爾反爾，深深得罪了軍隊和權貴這兩大權力系統。李世民年紀雖小，卻也明白這意味著什麼。於是，他暗暗結交當地豪強和亡命之徒，為日後起事做準備。

當時太原有兩個重要的人，一個是劉文靜，太原的縣令。另外一個是裴寂，晉陽宮監，也就是皇帝在太原行宮的大總管。此二人平時關係很好，沒事就在一起閒談。裴寂看到天下大亂、烽火處處，很為自己的前途擔憂，不知未來路在何方。劉文靜卻像個賭徒一般，覺得這種時候才是發達的好機會。但劉文靜時運不濟，還未等有機會實現人生理想，就被查出與大反賊李密有姻親關係，關在獄中等死。李世民成了劉文靜唯一的救命稻草，一場歷史上非常有名的對話產生了……

劉文靜上來也不廢話，直接說這個天下該換人坐了，就看誰有這個能

力。李世民當然拍著胸脯說,捨我其誰,不過具體該怎麼辦還得請教先生。兩人哈哈獰笑之後一拍即合,將計畫給定了。這時李淵還不知情,怎麼辦呢?正史裡面還要將李淵塑造為一個忠臣,於是裴寂閃亮登場了。裴寂就是一個玩家,吃喝嫖賭樣樣行。他跟李淵的關係,估計是一起玩的哥兒們。因此,李世民想擺平李淵,就把主意打到了裴寂頭上。劉文靜很了解他這個朋友,就出了一個非常老套但又非常有效的主意。裴寂好賭,李世民找人專門輸錢給他,將裴寂釣上了癮,最後知道被坑的時候已騎虎難下,只得跟李世民一條道走到黑。別看裴寂與李淵關係好,一旦牽涉到這種抄家滅族的事,什麼交情都沒用。裴寂、劉文靜與李世民一起想了一個餿點子。一天,裴寂找李淵來晉陽宮喝酒,席上安排了兩個美女。這事李淵跟裴寂經常做,未覺有何不妥。正當李淵玩得開心之際,裴寂突然翻臉,對李淵哈哈獰笑:「你完蛋了,這兩個是皇上的女人!」隨後又將李世民暗地裡做的事情告訴了李淵。李淵將皇帝的女人都睡了,以隋煬帝楊廣的德性,絕饒不了他。李淵只得將李世民叫來,好好地誇獎了一番,之後又說了一句極為經典的話:「現在家破人亡也由你,變家為國也由你!」就此,李淵終於同意起兵造反。

　　兒子處心積慮引父親入坑,實在難為史官們將這齣戲編造得如此精采。正史中將李淵造反描寫為李世民一手推動。但如今更多的研究顯示,李淵才是太原起兵的真正主導人。李淵表露反意之前,李世民在太原明目張膽招攬豪傑,宣傳造反理念,李淵身為太原的掌權者,不可能完全不知情。最符合邏輯的是,李世民所做的一切都有李淵的授意。不但如此,李淵還授意大兒子李建成在河東招攬豪傑,為日後作準備。可見李淵對造反早有預謀。

　　世界上任何事情都很難一帆風順,造反這種大事更是如此。李淵還沒準備好,居然就入獄了。當時馬邑又遭突厥進犯,李淵派副手高君雅隨馬

第五章　大唐開國：李氏興起與天下歸一

邑太守王仁恭一同對抗突厥，結果這仗打敗了。史書中給出的解釋是高君雅自恃皇帝親信，不把李淵放在眼裡，不聽號令，以至於打了敗仗。其實，以突厥當時的實力，就算李淵親自上場也難保不敗。楊廣可不會考慮李淵有多少難處，看到奏報之後大怒，不但將李淵投入大牢，還要殺了王仁恭。李淵在獄中勸李世民趕快逃走，尋哥哥李建成再圖大事。李世民死活不答應，反勸李淵一起走。李淵當然不肯走，畢竟他不過是下獄，還沒到被處死的地步。在太原李淵已有根基，萬一事情不能挽回，還可強行發起兵變。如果畏罪潛逃，就意味著放棄在太原打下的所有基礎，這顯然不能接受。李淵的決斷並沒有錯，數日之後，事情果然有了變化。隋煬帝楊廣不知道基於什麼考慮，又派使者赦免了李淵。當時天下已經大亂，全國各地盜匪橫行，道路斷絕，楊廣所在的江都距離太原數千里之遙，前後兩次使者居然都可以安全到達，用神蹟來形容絕不為過。因此，皇帝的赦免並未讓李淵感恩戴德，相反卻讓他更堅信自己就是應預言而生的真命天子，決定起兵。

結好突厥：外交權謀與避敵存身

死裡逃生後，李淵加緊造反的準備。要造反有兩樣最關鍵，一樣是兵，一樣是糧。太原是邊塞重鎮，糧草不成問題，但兵員很成問題。朝廷給李淵的兵員額度只有數千人，靠這點兵馬造反不可能，必須招兵買馬。李淵身邊的兩個副留守都是皇帝心腹，責任就是監視李淵，這對李淵招兵買馬帶來了極大的困難。

李淵為難之際，馬邑為他解決了這個大難題。馬邑鷹揚府校尉劉武周殺死太守王仁恭率先舉起叛旗，隨後勾結突厥人擊破由雁門出擊的討伐

軍，公然稱起了皇帝。李淵正愁沒有藉口招兵買馬，劉武周的反叛來得正是時候。他立刻召集將佐說：「劉武周占據汾陽宮，我們不能制止，論罪該當滅族，怎麼辦？」這問題不是問別人，問的就是擔負監視責任的副手王威與高君雅。他們如無法提出解決方案，事態的發展便會進入李淵設定的軌道。此二人除了忠於朝廷之外，自身才具平庸，當然毫無辦法。李淵又逼問了一句：「朝廷用兵，行止進退都要向上級稟報，受上級控制。如今賊人在數百里之內，江都在三千里之外，加以道路險要，還有別的盜賊盤踞，靠著據城以守和拘泥不知變通之兵，以抵抗狡詐流竄的盜賊，必然無法保全。我們現在是進退維谷，怎麼辦才好？」王威等人自然聽得出李淵話內的意思，他們無法可想，只能說：「您是宗親又是賢士，同國家的命運休戚相關。要是等奏報，哪裡趕得上時機；如果能平滅盜賊，專權也是可以的。」就這樣，李淵順理成章提出了招募軍隊的計畫，命令李世民與劉文靜、長孫順德、劉弘基等人負責。由於此事早已暗中運作，百姓們踴躍報名，十天內就有近萬人應募。此外李淵還祕密派人去河東召兒子李建成、李元吉，去長安召女婿柴紹來太原共舉大事。

雖說李淵成功逼王威和高君雅同意募兵，可天下哪有不透風的牆，不久此二人便發現，負責募兵的長孫順德和劉弘基等人均為逃避征高麗之役的逃犯。讓逃犯來負責招募兵士，其中蹊蹺不問可知。王威與高君雅對一個叫武士彠的人說：「長孫順德和劉弘基都是在逃案犯，他二人怎麼能夠帶兵呢？不行，我們要將他們抓起來。」武士彠是後來一代女皇武則天的父親，當時是李淵幕府中掌管兵器儀仗的幕僚。武士彠本是商人，家中世代經商。他為人八面玲瓏，喜歡結交朋友。隋煬帝楊廣崇尚奢靡，大興土木，武士彠立刻從中發現了商機，專門從事販賣木料的買賣，一下子發達。商賈雖然有錢，但社會地位十分低下，武士彠有了錢後想擺脫這個出身，於是棄商從軍。從軍是科舉考試開始前，寒門子弟上升的重要途徑。

第五章　大唐開國：李氏興起與天下歸一

由於家中富有，透過一番運作，武士彠進入軍隊就擔任了鷹揚府隊正，成了一個低階軍官。當時李淵領兵討伐盜賊，多次入住他家，二人關係十分融洽，後來武士彠乾脆入了李淵的幕府。武士彠畢竟商人出身，生意人的特點是盡量不得罪任何人，因此他跟王威和高君雅的關係也很好。具體好到什麼程度呢？後來李淵親口說：「武士彠你跟王威當年是一夥的。」王威等人遇到如此大事，自然會跟武士彠商量。武士彠跟王威等人交情好歸好，大勢在誰一邊他心中十分清楚。武士彠勸他們不要輕易動李淵的人，後來還傾盡家財幫助李淵起兵，從而得封高官，可見武士彠對形勢的判斷多麼明智。

王威等人並沒有武士彠的智慧，在武士彠這碰壁之後居然不死心，暗中謀劃對付李淵。此時太原城已被李淵經營得如鐵桶一般，從上到下幾乎全都是李淵的親信，尋常辦法顯然無法奈何李淵。二人想了一招險棋──山西多旱，祈雨是每年初必不可少的儀式，他們邀請李淵在晉祠主持祈雨儀式，預謀在儀式上突然發難，將之誘捕。還是那句話：「君不密則失臣，臣不密則失身，機事不密則害成。」本來不錯的計畫，壞在洩密上了。有個人叫劉世龍，是晉陽的鄉長，透過裴寂的介紹與李淵結識。劉世龍感覺李淵絲毫沒有門閥貴胄的架子，很是感佩。所謂「士為知己者死」，李淵身為上位者卻對劉世龍這樣的小人物傾心相待，劉世龍當然記在心裡。此人與武士彠一般，也是個八面玲瓏的角色，與王威、高君雅的關係也很好。王威、高君雅等人預謀在晉祠兵變，身邊又沒幾個信得過的心腹，於是找上劉世龍密謀，哪知劉世龍這個李淵的鐵粉回頭就告了密。

李淵官場沉浮數十年，手腕之狠辣遠非常人可比。此時他手中有人有兵，占據絕對優勢。得到劉世龍密報，李淵毫不猶豫搶先發難。他先派李世民在晉陽宮外埋伏，又讓劉文靜指使別人誣告王威和高君雅暗中與突厥人勾結入寇，將他們一股腦抓起來。事有湊巧，兩天之後突厥數萬騎真的

結好突厥：外交權謀與避敵存身

向晉陽發起了猛烈攻勢。李淵無力抵抗，只得耍一招空城計。他將四周城門通通打開，做出一副不設防的姿態。突厥人派前哨從北門到東門一番偵察，什麼情況也沒有得到，生怕是陷阱，猶豫著不敢大舉入城，只敢在城外劫掠。王威和高君雅這下百口莫辯，再也無人認為他們冤枉。李淵順理成章地處死了這二人，將隱患消滅在萌芽當中。

處理了身邊隱患，馬邑的劉武周又成為李淵不得不正視的大問題。劉武周的稱帝是一個明確的政治訊號，在隋末除了眾所周知的「李氏為天子」之外，還有一個「劉氏主吉」的預言。此預言在大業初年被童謠傳唱，歌曰：「白楊樹下一池水，決之則是劉，不決則為李。」這使得劉武周的稱帝帶上了一層天命的色彩，大大降低了李淵起兵的大義名分，兩家自成敵人。劉武周和他的軍隊是朝廷正規軍出身，不是一般絲毫未受過軍事訓練的盜賊。更可怕的是，劉武周與突厥的關係匪淺，凡領軍出戰必有大批突厥兵馬助陣。起事之初被雁門平叛軍隊包圍在馬邑城內的時候，就是突厥人突然殺到為他解了圍。馬邑處於太原正北不遠處，騎馬不過一天的距離。面對如此強大的敵對勢力，等於一柄利劍懸在李淵的腦門頂上，讓他夜不安寐。

這種情形下，與突厥人搭上關係，變成李淵起兵之前的頭等大事。對李淵來說，交好突厥的好處有三。第一，能斬斷劉武周的臂助，讓李淵西進長安時後方不至於起火。正是因為李淵適時與突厥簽訂了和約，才使劉武周錯過了進攻太原的最佳時機。其後劉武周雖攻下太原，但李淵在長安根基已固，再無初起兵時的後顧之憂。第二，能夠獲得突厥人的幫助。突厥人戰鬥力之強悍不用多說，更重要的是突厥人有大量馬匹，可以顯著增強李淵軍隊的戰鬥力。劉文靜一次就從突厥帶回兩千匹馬，此外還與突厥進行了大量馬匹交易，這使得李淵能夠組建起一支強大的騎兵部隊進行西征。第三，能穩定人心。在北方邊境，人人談突厥而色變。李淵起兵做的

第五章　大唐開國：李氏興起與天下歸一

是殺頭買賣，成功也就罷了，一旦失敗，自己賠上性命不算，還會連累家族。還在李淵與突厥書信往來的時候，就因為李淵不肯答應突厥公開反隋，導致手下士兵開始騷動，紛紛說：「唐公如果不能順從突厥的條件，我們也不能跟從唐公起兵。」可見與突厥交好是人心所向。

雖說與突厥結盟是頭等大事，但如何結盟卻是有講究的。李淵身為一個合格的政治家，對突厥人自始自終都是一種利用的態度。自密謀起兵起，他就表明了自己的獨立。在給突厥始畢可汗的書信中，他說明自己起兵是為了迎回隋主，不是要自己當皇帝。突厥人很不滿意這個回答，一定要李淵自己稱帝。這個條件李淵考慮了很久，最後也沒完全答應。原因絕非對朝廷還有什麼忠義之心，只不過是朱元璋「緩稱王」策略的先期應用罷了。派劉文靜去塞外請求突厥援助時，李淵囑咐道：「這些突厥人不過是拿來壯聲勢用的，有一點就行，絕不能多。」等到出兵之時，李淵特別使用了紅白兩色旗幟。紅色是隋朝的代表，表示他依然是隋臣，此次起兵不過是匡扶朝綱而已。白色則用來向突厥表示臣服之意。雖然如此，李淵內心深處依然感到十分屈辱，甚至嘲笑自己是「掩耳盜鐘」。

李淵雖向突厥稱臣，但始終恪守以我為主的原則，對突厥僅是利用而非倚賴。這點是李淵比其他各路反王都高明的地方。歷史上很多野心家因為掌握不了這個分寸而淪為漢奸或者賣國賊，從而被天下人唾罵。李淵在實際利益上寸步不讓，表面功夫上卻做得極其到家。他與突厥可汗書信來往時，用的是表示臣下身分的「啟」，而不是平等身分的「書」。李淵甚至對突厥可汗派的普通使者都能納頭便拜，毫無面子上的顧慮，將自己臣下身分演到了家。

李淵是一個老奸巨猾的政治家，他想利用突厥人，可突厥人做的也不是什麼慈善事業，哪有那麼容易被利用？從突厥發家史可以清晰地看到，突厥人在國際關係上的合縱連橫已到一種出神入化的境界。突厥起家就與

結好突厥：外交權謀與避敵存身

中國有著割不斷的連繫，半個多世紀過去了，突厥人深刻地感受到一個統一的中原帝國能量有多麼巨大。天幸隋帝國自作孽，一個剛要雄起的大帝國毀在了隋煬帝楊廣手上。如此天賜良機，突厥人哪會輕易放過？天下大亂之後，大量中原人北逃塞外，躲避兵災，這些人的存在讓突厥人對中原的局勢掌握得極為精確。他們盡可能地扶植中原各大割據勢力，打擊還未滅亡的隋帝國，希望讓整個中原帝國陷入永久戰亂。中原各大割據勢力必須唯突厥馬首是瞻，突厥絕不允許任何一個勢力再度統一中國。因此，李淵與突厥和談時，突厥強逼李淵自立山頭。當唐帝國有統一天下的徵兆時，突厥又縱容劉武周攻下李淵起兵的根據地太原，牽制唐帝國統一的步伐，最後甚至扶植自己之前極力反對的楊隋後人，與初建的唐帝國抗衡。這種種表現看似矛盾，究其實質，其實都是為了阻止中原帝國的再次統一。

隋末群雄並起之時，李淵對突厥未必是最恭順的一個，但所獲的幫助卻最多。李淵起兵，童謠傳唱曰：「童子木上懸白幡，胡兵紛紛滿前後。」當時李淵軍半數為白旗，可見突厥兵數量之多。為何李淵能讓突厥人如此賣力相助呢？這與李淵在山西打突厥的經歷有很深的關係。當時李淵帶著兩千人在草原上冒充突厥人，次子李世民也在其中。這段日子裡，李淵可能不僅僅是與突厥作戰，還可能藉此與突厥人搭上了關係。李淵本人自重身分，不可能公然與突厥人打成一片，李世民便成為了二者間的橋梁。李世民從小受到嚴格的軍事訓練、弓馬嫻熟、武藝非凡，這在喜愛英雄的草原民族中非常吃得開。他與始畢可汗嫡子突利之間的情誼也許就是此時結下的。有了這層關係，李淵才能如此輕易地聯繫到突厥，甚至還能討價還價一番。

除東突厥之外，李淵還將西突厥的部眾也籠絡至麾下。其中最有名的當屬史大奈。評書中這位「大肚子天王」與秦瓊秦二哥打擂臺的橋段讓人

159

印象深刻。真實歷史中的史大奈絕非評書中描述的小角色。他本名阿史那大奈，是西突厥的貴族特勤。西突厥處羅可汗在內鬥中失國，不得已歸化中原，阿史那大奈便是跟隨者之一。他在族中的地位僅次於處羅可汗和其弟，是第三號人物。阿史那大奈在跟隨楊廣東征之後被封為金紫光祿大夫，率其部落居於樓煩郡，隱為一方之重。李淵恰巧早年當過樓煩太守，對樓煩郡非常熟悉，雙方因此結識。李淵起兵之後，史大奈即率部落從龍，隸秦王李世民帳下轉戰四方，為唐帝國的建立立下汗馬功勞，因此被賜姓為史。與東突厥的援兵不同，史大奈所部可說是李淵麾下的嫡系部隊，備受信任。從起初擊破隋將桑顯和之役算起，他參加了大唐開國後幾乎所有的重大軍事行動，功勳卓著，最終官拜右武衛大將軍、檢校豐州都督，封竇國公。他的一生可算是極為榮耀的一生。

英雄兒女：李建成、李世民與家族命運

李淵處心積慮準備出兵之時，隋煬帝楊廣正在江都醉生夢死。終楊廣一生，他對於長安的厭惡要遠遠大於好感，這種不可思議的感情其實源自其父親隋文帝楊堅。楊堅當年篡了北周的位，自己當上皇帝，這個皇帝的位子坐得卻不是那麼穩。楊堅的父親楊忠在西魏「八柱國」軍事系統中不過是個大將軍，並未當上柱國。楊堅在朝中也並未建立讓人信服的功業，能篡位成功，實在得益於北周皇帝年幼。無論是資格還是政績，楊堅均不能讓關隴軍事貴族集團的同僚們服氣。面對如此情況，楊堅只有以刻薄寡恩，大殺昔日同僚來穩固自己的統治。可這些軍事貴族盤根錯節，互相之間多有聯姻，隋帝國的統治依然需要他們的幫助，不可能完全清除乾淨。楊堅引入科舉制度，正是為抵消關隴軍事貴族的影響，但都不過是杯水車薪，完全不管用。父親對貴族們的猜忌也深深影響了兒子。楊廣內心深處

對處在關隴心臟地帶的首都長安有著很大的不安全感，因此在巡邊失敗之後，他並不是回到長安重整旗鼓，而是去了江都孤注一擲。楊廣覺得長安不好，李淵正相反。李淵是西魏八柱國李虎的後人，頂級門閥李家的家長，在關隴軍事貴族集團中號召力數一數二。他起兵的唯一目標就是攻取長安，以關中為基業，奪取天下。

大業十三年（西元 617 年），李淵終於吹響了出兵的號角。他並未急匆匆地向長安進軍，而是先對太原境內的西河郡（治所今山西省汾陽市）亮起了刀兵。從太原去長安的最佳路線，是沿汾河向南推進至晉南，再渡黃河向西，西河郡正好擋在了李淵進軍關中的路上。西河郡郡丞高德儒非常不識時務，居然對李淵抗命不尊，簡直就是往槍口上撞。

進攻西河郡難度不大，李淵派李建成和李世民哥倆練手，又派太原令溫大有從旁輔助，以防萬一。此次軍事行動是李淵軍入關中的預演，上下都非常重視。李建成、李世民這哥倆到了軍中沒有一點公子哥的德性。當時軍隊中大部分都是新募之兵，士兵們都沒經過系統訓練。二人與士兵們同甘共苦，遇到敵人則身先士卒。軍隊平日所吃所用亦是向百姓公平買賣而來，從不強行徵拿。軍隊中有些士兵手腳不乾淨，李建成、李世民賠償老百姓的損失，卻並不苛責偷竊的士兵。百姓與士兵都對李家非常敬服。有了軍隊和人民的支持，一個小小西河郡自然輕易拿下。李家大軍兵臨城下不過數日，西河郡攻克，郡丞高德儒被處斬以儆效尤。殺他需要一個藉口，此時李淵不是皇帝，不可能說你高德儒不服從我的命令，所以要殺，於是對他安了一個奸臣的罪名。

高德儒以前曾是楊廣的侍衛。有一次，他看到兩隻孔雀飛到朝堂之前，便向楊廣謊報發現鸞鳥（鸞鳥被當時人看做吉兆）。當楊廣興沖沖跑去觀賞時，孔雀早已飛走，也搞不清真偽。儘管如此，興高采烈的楊廣還是重賞了高德儒，並於孔雀落腳處修建了一座儀鸞殿來紀念。因此李世民指責

第五章　大唐開國：李氏興起與天下歸一

他「指鳥為鸞」，用這個罪名殺了他。此次征討，李家只處死了一個高德儒，所有從犯一律赦免。這種方式既顯現了雷霆手段，又不乏天恩雨露，讓當地軍民無不敬服。此次軍事行動從出發到凱旋，不過用了區區九天。李淵喜出望外，高興地說：「這樣的軍隊，可以橫行天下了！」

用軟硬兼施的手段將太原周邊的反對派徹底收拾後，李淵留四兒子李元吉坐鎮太原，發兵三萬正式於大業十三年七月初誓師向關中出發。

李淵出兵之後還不是很放心，又率全軍到西河進行了個官職歡樂大派送，大發了一圈糖。只要來的，人人有官做，一天派發了上千個官職。結果導致初唐官員之濫，到了「柱國滿街走，國公多如狗」的地步。李淵在八字還沒一撇的時候這麼做，絕對不是瞎胡鬧，這著實體現了一個老牌政治家的智慧。這麼做除了可以籠絡人心外，還等於將他們通通綁上了李家的戰車。如果他失敗了，接受冊封的人哪個都好不了。要想讓這些官職落實，就必須拚死力幫助李淵得到天下，人為營造出得道者多助的景況。

做完這些事，李淵率軍穿越雀鼠谷，進入賈胡堡屯紮，誰知遇到了大麻煩。一場突如其來的連綿大雨讓李淵無法前進。此時前有虎牙郎將宋老生率軍兩萬在霍邑（今山西霍州）擋住去路，又有左武侯大將軍屈突通將驍果數萬屯河東郡城（今山西永濟西南蒲州鎮）與李淵對峙。軍中糧食不繼，還有謠言說突厥破壞先前的協定，即將與劉武周聯軍攻打空虛的太原，軍心不穩。以裴寂為首的將領們紛紛請求李淵暫時撤兵返回太原，穩守老家，靜待時機。

李淵的能力不能說不優秀，但其天天都在皇帝的猜忌下生活，養成了事事謹小慎微的保守性格。撤兵的意見很對他的胃口，李淵決定就此退兵。李世民並不這樣看，他認為困難都是一時的，當前要做的是緊咬牙關衝過去，而不是遇到一點點困難就想著退縮。一旦退兵，恐怕以大義召集起來的軍隊就會散夥，回到太原也不過是賊寇的身分罷了。這番話李淵沒聽進

去，還是堅持要退兵。李世民沒辦法，去找李建成，希望兩人一起勸說李淵收回成命。李建成雖然同意李世民的意見，但認為此時已經開始撤軍，事情已無法挽回，還是服從命令吧。李世民沒有放棄，他一個人跑到李淵帳前，企圖再度勸說李淵。李淵早對李世民的喋喋不休心煩，乾脆用天色已晚，他已經安寢為由，命令把守大帳的軍士不讓李世民進去。李世民見父親不願見面，把心一橫，居然一點不顧形象，在帳外嚎啕大哭，使得人人側目。李淵一看再不出面要鬧大笑話，雖然憤怒不已，也只得放李世民進去問話。

李世民進帳後，還未等李淵發火，劈頭就說：「要是撤兵，人心就散了，敵人如果在後面追殺，大家離完蛋為時不遠！我怎麼能不哭？」造反不是兒戲，必須爭分奪秒，如果再猶豫不決，可能下場真的會像兒子說的那樣。李淵這才醒悟過來，後悔不已。此時軍隊已開始後撤，李淵問李世民怎麼辦？李世民說右軍此時剛剛整備好，還沒有出發，左軍也剛走了不久，追回來還來得及，於是立刻與李建成分頭去追。半夜裡李世民黑燈瞎火迷失了道路，跑到了山谷中。馬匹走不了山路，李世民只好棄馬步行追趕，終於追上了左軍，和他們一起步行返回。

受困賈胡堡，是李淵軍自起兵以來遭遇的最大困難。後方根基不牢，前有勁敵當道，偏偏還深陷泥澤、糧草不濟，似乎所有不利因素都一股腦集中湧現出來。此時可以明顯看出李淵父子三人不同的性格。李淵的性格保守卻非常識時務，李建成聰明卻有些軟弱，有點和光同塵的味道。唯有李世民，堅韌不拔，不屈不撓，好強而不服輸。所謂性格決定命運，父子三人最終的命運結局，從這件事可以管窺一二。

八月初一，天氣終於放晴。第二天，李淵命令軍隊晾曬潮溼的鎧甲、器械、行裝等。第三天早晨，李淵便率軍從山腳下的小路向東南直抵霍邑。對李淵軍來說，攻堅戰毫無疑問是最大的弱項，李淵十分擔心霍邑守將宋

第五章　大唐開國：李氏興起與天下歸一

老生死守不出。擔心並非沒有道理，當李淵在賈胡堡進退維谷之際，宋老生兵力與李淵相若，卻並未發兵攻打，只是擺出一副防守的架勢，顯然是有些心虛。李世民與李建成對此倒並不擔心，尤其是李世民，他說：「我們只要輕騎去挑動一下，宋老生必然會出城。如果他真的能忍，我們就汙衊他跟我們有關聯。他要是不想被左右的監視人員打小報告，就不敢不出戰。」他們率領幾十騎到城下，舉鞭揮旗像要包圍城池的樣子，極力羞辱宋老生。宋老生果然被激怒，率領三萬人從東南兩門分道出戰。李世民哥倆一看宋老生中計，立刻飛騎回到本陣，宋老生則窮追不捨。

面對宋老生，李淵將部隊分為兩軍，李淵與李建成為一軍，在東面列陣。李世民與女婿柴紹為一軍，在南面列陣，等待宋老生。宋老生挾怒而來，見到李淵的旗號，向東軍全力突擊。別看宋老生有勇無謀，這一戰卻打得李淵差點沒頂住，連李建成都被從馬上打落，東路軍被打得節節後退。李世民見勢不妙，急忙領軍從南面殺入，將宋老生軍一分為二。即便如此，局勢依然驚險無比。李世民當時身先士卒，親手殺死幾十人，兩把刀都砍缺了口，飛濺的鮮血沾滿衣袖。如此奮戰之下，李淵才穩住了戰線，沒有被宋老生給打垮。戰場形勢開始朝著李淵一方傾斜，李淵又派人大喊：「已經抓住宋老生了！」宋老生軍終於潰敗。宋老生本人見勢不妙，拔腿就溜。這回變成李淵在後緊追不捨。城內守軍驚惶失措，居然不等宋老生入城就將城門關閉。宋老生無奈跳入壕溝企圖逃命，被劉弘基斬殺。天色已晚，李淵不等天亮便下令攻城。軍中並無攻城器械，士兵們只能靠肉體攀登城牆。此時霍邑群龍無首，守軍兵無戰心，被李淵一鼓拿下。攻下霍邑後，李淵又開始有獎大派送，對良家子和奴隸這兩種身分不同的士兵一視同仁，只論軍功不論貴賤。關中士兵想要回家的都封了五品散官，大大籠絡了人心。

霍邑之戰後，李淵進軍的腳步彷彿一下子順利了起來。八月八日，臨

汾郡（治今山西臨汾）不戰而下；八月十三日，輕取絳郡（治今山西新絳）；八月十五日，抵達龍門（今山西河津）。出使突厥的劉文靜帶著突厥大將康鞘利與五百騎兵、軍馬兩千匹也同時到達。突厥援軍數量雖少，但對李淵是一件大喜事。這表明突厥不會與劉武周聯合起來威脅太原老巢，這讓李淵軍上下都吃了一顆定心丸，使將士再無後顧之憂。更重要的是，先前的戰鬥突厥人均未參加，因此也就不需要支付報酬，這為李淵節省了一大筆錢。因此李淵非但沒有怪罪劉文靜來得晚，反而對其大加讚賞。

接下來李淵要對付的，是囤軍河東的屈突通。屈突通的祖先為庫莫奚種人，依附鮮卑慕容氏，後來從昌黎（今遼寧朝陽）遷居長安，到了屈突通這一代已經完全漢化。他與弟弟屈突蓋以公正嚴明，秉公執法而出名。有民謠流傳：「寧食三斗艾，不見屈突蓋；寧服三斗蔥，不逢屈突通。」隋末這個環境下，單單剛正嚴明是很難在朝堂上生存下去的。楊廣喜歡的是溜鬚拍馬的大臣，剛直的大臣在他這邊可不吃香。奇怪的是，屈突通例外，一直受到楊廣的重用。可見這個人並不僅是原則性強那麼簡單。

屈突通打仗的特點是穩，基本上屬於那種用堂堂之陣，在正面交戰中壓倒對方的將領。當年剿滅楊玄感的戰役中他發揮了很大的作用。求穩不代表他不會出奇兵。老實人偶爾使壞，比壞蛋每次都使壞破壞力更大。屈突通在大業十年（西元614年）率軍擊破劉迦論的十餘萬起義軍時便用了驕兵之計，之後乘夜突襲，一戰而勝。對李淵來說，此人是個非常難纏的對手。

屈突通身為左驍衛大將軍，手下數萬大軍均為驍果組成。驍果戰鬥力相當強，如果說府兵是預備役民兵的話，驍果就是真正的野戰軍。連宇文化及這樣的蠢材，率驍果拚死一搏也能打得李密灰頭土臉。屈突通的能力非宇文化及可比，李淵對此非常忌憚。

針對李淵率軍順汾水南下，屈突通將重兵置於河東郡城防禦。河東郡

第五章　大唐開國：李氏興起與天下歸一

城地處黃河東岸，西面是蒲津橋，過河向西一點是馮翊郡城（今陝西大荔一帶），過河向南一點是關中第一大糧倉永豐倉（今潼關縣港口鎮西村附近），南面又是另外一個渡口風陵渡。守住此處，便能遮護大部分策略要地。相對的，李淵要進關中，必須渡過黃河。當時渡河之處有三，除東岸龍門和西岸韓城（今陝西韓城）間的龍門山和梁山之外，蒲津橋與風陵渡都被屈突通控制。梁山和龍門段又有兩座大城——韓城和合陽（今陝西合陽）——監視著李淵軍的動向。按屈突通的計畫，李淵入關中唯一的辦法就是與自己死拚。只有攻下河東，才能打開通向長安的大門。屈突通千算萬算，獨獨沒有算到人心。李家是關中頂級門閥，在隋煬帝楊廣失道的今天，李淵高調殺回關中自然會受到大部分人的歡迎。韓城、合陽、馮翊一線的河西防線幾乎形同虛設，幾乎每個官員都在首鼠兩端，就連屈突通這位日後上了凌煙閣的名臣內心恐怕也在掙扎。

　　有人和的優勢，李淵直接棄屈突通於不顧，主力坐鎮汾陰（今山西萬榮西南），然後分兵從龍門梁山一線渡河，直搗永豐倉，兩面夾擊屈突通，讓其地理優勢蕩然無存。八月十八日，李淵軍至汾陰（今山西省萬榮縣境內），李突兩軍相距僅五十里。八月二十一日，李淵軍沿黃河而上至壺口山（山西吉縣西南七十里），沿岸漁民紛紛將船貢獻出來，李淵很快便有了足夠的渡船。八月二十四日，李淵招降了關中最大的起義軍領袖孫華，又以孫華為嚮導，左右統軍王長諧、劉弘基及左領軍長史陳演壽、金紫光祿大夫史大奈率步騎六千自梁山渡過黃河，在西岸駐紮，與李淵本部相呼應。此時韓城守軍又被說降，屈突通的策略布局已徹底被打破。

　　屈突通如要挽回局勢，只有一個辦法，就是集中兵力與李淵本部決戰。李淵從晉陽出發時兵馬並不多，此時又分兵，正是決戰的大好時機。只要將李淵本部打垮，河對岸的敵軍自然崩潰。奇怪的是，屈突通並未這樣做，僅派虎牙郎將桑顯和領精兵數千連夜通過蒲津橋突襲河西的王長諧

軍。屈突通為何這樣做已經沒有人知道，可能真如李淵所說，屈突通內部已並非鐵板一塊，下面的軍士並不全聽從屈突通的調遣。不過即便這樣，桑顯和的夜襲也險些得手，如非孫華與史大奈領本部騎兵自後解圍，李淵在河西的軍隊恐怕就要被趕到黃河裡餵魚了。桑顯和大敗之後怕唐軍兩路夾擊河東，居然將蒲津橋給毀了，將整個河西地區拱手讓人。在這種形勢下，河西諸郡縣官吏和關中地方武裝簡直就是一邊倒地向李淵投誠，李淵軍的規模開始急速膨脹。而屈突通所在的河東郡城卻從策略要地淪為一座孤城，被李淵親帥大軍圍攻。不過屈突通守城還是很有一手，加上河東郡城城牆高大，易守難攻，李淵急切之間也拿他沒辦法。

　　這一片大好的形勢下，李淵軍對下一步的策略又發生了分歧。這次還是以裴寂為代表的保守派與以李世民為代表的進取派之間意見分歧。說來有趣，裴寂在李淵定關中時的角色，彷彿就是為襯托李世民的偉大和正確而存在。裴寂認為屈突通手握精兵，盤踞堅城，如果捨此入關，一旦長安久攻不克，退路將被堵截。那時，腹背受敵，實為冒險之舉。他主張先克河東，然後入關。長安主要靠河東援助，屈突通失敗，長安必破無疑。李世民的見解則正相反。他認為兵貴神速，應乘士氣旺盛之機，率領歸順的將士西入關中，長安守軍必然震駭恐懼，長安城唾手可得。如果久攻河東，會使長安守軍得到喘息之機。不但坐費時日，而且萬一有什麼變故，宏圖大業會化為泡影。況且關中地區接踵起事的將士，目前並無歸屬，應盡快招撫懷柔。屈突通不過是個「自守虜」而已，不足為慮。李世民這番話實在可稱得上高瞻遠矚。隴右的西秦霸王薛舉與李淵目標一樣，也是直指長安。以之後的事態發展看，要是真按照裴寂的意見先打河東，那關中屬誰還真不好說。此次李淵倒是沒有再受裴寂的蠱惑，爽快地支持了李世民。他僅留下少量部隊繼續監視屈突通，大部隊迅速渡過黃河，向關中進軍。

第五章　大唐開國：李氏興起與天下歸一

李淵一到關中，關中立時沸反盈天。天天有人投誠，連永豐倉都被華陰縣令李孝常當禮物獻給了李淵，其餘京兆府諸縣，派人請降的不計其數。九月十八日，李淵派長子李建成和劉文靜率王長諧等部數萬人屯駐永豐倉，防衛潼關和河東的守軍；又派次子李世民率劉弘基、殷開山諸部數萬人沿渭北向長安挺進。屈突通知曉李淵居然已經到了關中，一下子急了。如果長安丟了，他就是再忠心，楊廣也饒不了他，形勢逼得他不得不主動出擊。蒲津橋已毀，無奈之下，屈突通只得從風陵渡繞遠路，由潼關一線入關中。劉文靜也沒閒著，潼關雖是天下雄關，卻防外不防內。劉文靜率軍從關內進擊潼關，潼關南城守將劉綱被王長諧擊殺。屈突通只能退保潼關北城，雙方相持了月餘。眼看時間不等人，屈突通也發了狠，命桑顯和夜襲劉文靜。劉文靜大營的三道柵牆被攻破兩道，唯有劉文靜本人所在的最後一道柵牆依然苦苦死守。雙方都殺紅了眼，反覆爭奪數次。激鬥中劉文靜被箭射中，眼看不支。此時桑顯和卻出了昏招，居然讓士卒休整吃飯，讓劉文靜有了重新調兵布置防線的機會。李淵的數百遊騎從後突襲桑顯和，劉文靜也傾巢而出，兩面夾擊。桑顯和大敗，僅以身免。此戰獲勝後，屈突通再也無法對李淵造成什麼威脅了。

李淵歷經千難萬險終於抵達關中。還未等他動手，長安附近早有一支數量多達七萬的李家軍在耀武揚威。出人意料，這支軍隊的領袖，居然是李淵的女兒平陽昭公主。隋末群雄中，李淵的個人能力、所據位置都不算最好，最終能打下江山，子女的功勞實在不能抹煞。論培養子女，李淵在歷代皇帝中當算頭一號。二兒子李世民就不用提了，大兒子李建成也不是等閒之輩。雖然史書上並不昭顯他的功績，但從領軍打仗看，其能力與李世民相差也僅是一線。即便是最差的李元吉，也能力敵十人。玄武門之變中，經常領軍突入敵陣的李世民單挑不是李元吉的對手，差點反被李元吉殺掉。如果不是超級猛將尉遲恭出場救駕，李世民這條命就斷送在其手上

了。不單單這幾個兒子,李淵的女兒亦是了得。評書中大名鼎鼎的郡馬柴紹,夫人就是李淵女兒平陽昭公主。他們當時均在長安居住,李淵在太原舉兵的消息傳到了長安,柴紹與夫人商議道:「如今岳父舉義兵,我要去投奔,可是我倆一起走目標太大,留妳一個人又恐身遭不測,如何是好?」堅毅的平陽昭公主當即回答道:「夫君你先走,不用掛念於我,我一個婦道人家躲藏容易,官府對我們女人也不會太過注意,我自然有法子脫困。」夫婦倆各奔東西,留下來的平陽昭公主轉而去了長安附近的鄠縣。公主在那裡有一處莊園,安定下來之後立刻散盡家財,招募上山為盜的亡命之徒,組成了一支軍隊,起兵與李淵呼應。當時有西域胡商在司竹園嘯聚一方,自稱總管,公主派遣家僕馬三寶去曉以利害,後又接連說得李仲文、向善志、丘師利這些占山為王的勢力來投,聲勢大振。長安留守頻頻發兵討伐公主,均被其擊敗。公主乘勝追擊至盩厔、武功、始平,四周郡縣均被攻下。平陽昭公主在軍中申明法令,所過之處秋毫無犯,各方勢力紛紛效命,很快公主麾下的軍隊達七萬之眾。後來公主與父親李淵合軍一處共攻長安,與丈夫柴紹各置幕府,分庭抗禮,她麾下所部被稱為「娘子軍」。

　　從平陽昭公主身上,可見隋唐女子的英姿勇武絲毫不下於男子。平陽昭公主就此成為一代代不愛紅妝愛武裝的巾幗女英雄效法的榜樣,一直流傳至今。因為有大軍功,李淵每逢節日賞賜家人,平陽昭公主所得的賞賜均與眾不同。她逝世之後,李淵給的葬禮儀仗是加前後部羽葆鼓吹、大輅、麾幢、班劍四十人、虎賁甲卒。主管禮樂郊廟社稷事宜的太常奏道:「按照禮法,婦女不能享有鼓吹。」李淵卻說:「鼓吹即是軍樂,大唐開國之際公主在司竹園起兵與我呼應,親執金鼓於戰陣之上,有克定國家的功勳。公主功在社稷,為何不配享有鼓吹的禮儀?」他特別加上這個儀仗來表彰平陽昭公主的赫赫功勳,還按照諡法「明德有功曰昭」,諡公主為昭。

第五章　大唐開國：李氏興起與天下歸一

　　李世民向長安挺進，沿途不斷有地方官吏與鄉兵投誠。等九月二十七日到達涇陽（今屬陝西）時，軍隊數量已膨脹至九萬餘人，基本上可以用「望風景從」來形容李家在關中的受歡迎程度。九月二十八日，李淵親率大軍從馮翊西行。十月四日，到達帝都長安東春明門外西北。李家軍全部集合在長安城外，總兵力已達二十多萬，無人相信長安還能守住。

　　留守長安的代王楊侑任命刑部尚書衛文升為守城統帥，左翊衛將軍陰世師、京兆郡丞骨儀輔助，決心抵抗到底。主帥衛文升也是朝廷的一員大將，征高麗時表現出色，但此時已經垂垂老矣。他知道大廈將傾，沒有能力挽狂瀾於既倒，因此憂懼成疾，不能管事。不過代王楊侑用人的眼光還算不錯，即便衛文升不能任事，兩個副手陰世師和骨儀依然盡心盡力，面對李淵的二十萬大軍不但寧死不降，還把李淵家的祖墳給刨了。

　　指望城內守軍投降是不可能了。十月十四日，城外二十萬大軍一齊攻城，很快打破外城。陰世師與骨儀並不放棄，在內城依然拚死抵抗。李家軍傷亡慘重，為李淵入關中作出很大貢獻的孫華也在攻城戰中陣亡。雞蛋再硬最終還是拚不過石頭，十一月九日，李淵移大將軍府於皇城東面的景風城外，親自指揮攻城。當晚李家軍發起總攻，一直戰鬥到第二天黎明，軍頭雷永吉首先率部登上皇城城樓，殺退了守軍。其餘諸軍相繼登城，守軍全線崩潰，全部繳械投降。至此李淵終於將帝國的首都掌握在手中，天命在這一刻彷彿現出了一絲端倪。

　　拿下帝都長安之後，剩下的事情如推倒西洋骨牌一般簡單。屈突通勢窮力孤，手下兵將全部反叛，自己也只得投降。劉文靜又帶兵繼續東進，搶奪地盤，迅速攻取弘農郡（治今河南靈寶），收復新安（今屬河南）以西的大部郡縣。此後不久，李淵又派雲陽（今陝西涇陽西北）縣令詹俊和武功縣正李仲袞率兵南巡巴、蜀。到次年年初，東自商洛（今陝西丹鳳），南到巴、蜀地區的地方官吏、起義軍首領以及氐、羌等少數族首領均爭相

派人來到長安，請求歸降。李淵幾乎不費一兵一卒便輕易獲得了巴、蜀這樣在隋末幾乎沒有經過任何戰亂的富饒之地。這些地方為李淵提供了急需的財源，這又是隋末各路英雄都不能企及的巨大優勢。

戰霸王：擊潰王世充與霸主更替

　　李淵奪取長安不久，另外一個有能力有機會奪取關中的隋末豪強薛舉，前鋒也打到了與長安近在咫尺的扶風。薛舉原為河東汾陽（今山東萬榮西）人，後隨父遷居金城（今甘肅蘭州附近），是當地大土豪，號稱「家產鉅萬」。此人與武士彠有些類似，財雄勢大後，開始向軍隊鑽營，當上了金城府校尉。英雄所見略同，薛舉與李淵不約而同地在大業十三年（西元617年）舉兵反隋。他很快擁兵十三萬，幾乎完全控制隴西之地。不過土豪畢竟是土豪，剛剛有點勢力就公然稱帝，還附庸風雅取了一個「西秦霸王」的名號。中國歷史上自從有了項羽這個倒楣蛋，一般稱自己為「霸王」的，下場都不會太好。薛舉自稱霸王，顯然身邊沒什麼得力的文官幕僚，這是一個典型的武家政權。

　　從策略上來說，薛舉大膽而激進。他起家便以兩千精銳進攻駐守在枹罕（今甘肅臨夏一帶）的一萬隋廷駐軍。幸好守將皇甫綰是個蠢蛋，被其輕鬆得手。此後占據岷山一帶的羌族首領鍾利俗也率軍二萬投奔。接著，薛舉攻克鄯（今青海省樂都縣）、廓（今青海省貴德縣）二州，很快占據幾乎全部隴西之地，兵力達十三萬人。

　　薛舉向四周大肆擴張，卻在河西踢到了鐵板。河西這片地區，也有一個大土豪叫李軌，一樣財雄勢大，一樣鑽營進了軍隊。薛舉造反之後，李軌也打著保境安民的旗號舉起了反旗。李軌盤踞的地區位於河西走廊，以

第五章　大唐開國：李氏興起與天下歸一

涼州（今甘肅武威）為大本營，正與薛舉西邊接壤。薛舉位於隴右，要擴張勢力只有兩個選擇：要麼向西打，進攻河西走廊；要麼向東打，攻占關中，奪取帝都長安。對此，薛舉首先向西進行了嘗試。他派部將常仲興渡過黃河，進攻昌松（今甘肅武威古浪鎮），被李軌部將李贇打了個全軍覆沒，戰死兩千，餘眾全被俘虜。勝利後的李軌立刻向薛舉發起反擊，原處於薛舉控制之下的西平郡（今青海樂都一帶）、枹罕郡（今甘肅臨夏一帶）通通被李軌所占，就連薛舉起家的老巢金城都處於李軌兵鋒威脅之下。薛舉無奈之下不得不遷都。大業十三年七月，薛舉遷都秦州（今甘肅天水），避開了李軌的威脅。面對李軌，薛舉發現自己毫無優勢可言。論兵員，河西與隴右之人均彪悍壯猛；論外援，薛舉有羌族，李軌有突厥。薛舉發現李軌不好惹之後，東進就變成了唯一的選擇。於是薛舉率軍馬不停蹄地開始向東攻略，很快打到扶風郡一帶，距長安僅三百一十里，快馬一天便到。

薛舉到達扶風郡，發現在汧源（今陝西隴縣）有個龐大的地方武裝勢力，主要領導者叫唐弼，部眾達十萬餘人。在河西被李軌教訓了一頓，薛舉不敢再小瞧任何人。他並未上來就打，而改用高官厚祿引誘唐弼。這唐弼也是個奇葩，他在大業十年（西元614年）二月就率眾在扶風郡造反，在隋帝國的心臟地帶逍遙了三年居然安然無恙。這人可能深受「李氏將興」預言的影響，不知從哪裡找來一個叫李弘芝的人，將其立為傀儡天子，自己號稱唐王，率先搶了李淵的「唐王」飯碗。薛舉大軍抵達之後，不知是畏懼薛舉的軍威還是被高官厚祿所引誘，唐弼渾然將「李氏將興」的預言拋於腦後，很沒節操地殺了李弘芝，全軍投降。唐弼沒料到，薛舉軍的主帥薛仁杲比他更沒節操，見他投降沒了防備，突然偷襲唐弼軍。唐弼只得率數百人逃跑，最後被扶風郡太守竇璡所殺。兼併了唐弼部眾之後，薛舉軍一下子膨脹到三十萬人，兵鋒直指長安。對這樣的心腹大患，李淵

方面馬上做出反應。李世民率大軍從長安出發,屯駐在高墌(今陝西長武縣北),對薛舉做出防禦態勢。

薛仁杲對待唐弼的做法讓人不齒,後來投降的人就越來越少。唐弼殘軍集體向守衛扶風的安定道行軍總管劉世讓投誠,劉世讓因而拼湊起了一支兩萬人的軍隊與薛仁杲對抗。但薛舉軍的戰鬥力相當強勁,並非劉世讓這種烏合之眾能比,一戰之下全軍覆沒,劉世讓與弟弟都被薛仁杲所俘虜。劉世讓假裝投降,卻在薛仁杲讓其命令守城唐軍投降之時大喊:「賊軍也就這點能耐了,你們要好好防守!」說來也奇怪,薛舉父子在史書中一直被描述成殘忍好殺之人。據說薛舉每次擊破敵陣,俘虜的敵方士卒一個不留,通通殺掉。而且殺人還變花樣,割舌頭,割鼻子,或者用石杵搗死。薛仁杲更為變態,據說曾將不肯投降的著名文學家庾信之子庾立做成燒烤分給部下吃,還將秦州富戶通通抓起來倒吊,用醋往鼻子裡灌,用尖木錐插肛門,勒索金銀財寶。劉世讓這樣耍薛仁杲,照理應該會遭受酷刑才對,可是薛仁杲卻並未處死他,反而還很敬重他。薛仁杲偶然的仁慈並沒收到良好的效果,劉世讓一點都不領情,反而又派弟弟將薛仁杲軍中虛實通通提供給了李世民。到這份上,薛仁杲不敗才是怪事。兩軍對陣,薛仁杲著實被打了個落花流水。李世民乘勝追擊,打到距薛舉都城天水僅有一二百里地的隴坻(今陝西隴縣以西的隴山東麓)。

李世民與薛仁杲交戰的同時,李淵遣心腹竇軌等人出散關(今寶雞市南郊秦嶺北麓),潛入薛舉的根據地隴右進行策反,從策略上對薛舉構築起一道包圍網。局勢發展果如李淵所料,平涼等郡在竇軌的感召下相繼歸降。薛舉後有李軌虎視眈眈,周圍都處在李淵所營造的包圍之中,薛仁杲又大敗,老巢秦州也岌岌可危,形勢極為不妙。這時薛舉開始露出外強中乾的本質,居然打起了投降的主意。他問手下,自古有沒有投降的天子?他的部下分成兩派,一派以黃門侍郎褚亮為代表,主張仿效漢代的南粵趙

第五章　大唐開國：李氏興起與天下歸一

佗，還有西晉時期的西蜀劉禪，向李淵投降。另外一派以衛尉卿郝瑗為代表，主張學習漢高祖和昭烈帝劉備，屢戰屢敗最後成功的精神，不能輕易投降。這個發表反對意見的郝瑗十分有趣。他本是金城的縣令，因大業末年隴西盜賊蜂起，招募了數千兵員由薛舉率領前去鎮壓，結果反而被薛舉趁機挾持著造了反。郝瑗從此搖身一變，成為薛舉最重要的智囊，簡直是《讓子彈飛》的隋末版本。因為他的一番話，薛舉這位幾乎山窮水盡的梟雄居然鹹魚翻身了。郝瑗勸薛舉聯合梁師都，重金賄賂突厥，集中全部兵力東進。對薛舉來說，這個計畫是打破策略劣勢的唯一出路。薛舉全盤接納，積極運作與梁師都和突厥的結盟事宜。計畫雖好，真正實行起來卻只成功了一半。薛舉與突厥結盟攻唐的圖謀遭到徹底失敗，失敗的原因一句話概括——「賣國也不是什麼人都能賣的」。想拉攏突厥的不單單是薛舉一家，北方靠近邊境的反王沒有一家跟突厥沒關係，李淵與突厥關係更是極深。與薛舉相比，李淵家族畢竟是世代經營關中、有數的門閥之一，如今掌控關中兼有巴蜀，兒子李世民還與突厥始畢可汗的嫡子突利結拜為兄弟，無論身分、地位、財力還是關係都比薛舉要強得多。薛舉失敗理所當然。

　　薛舉收攏殘兵敗將喘息，李世民未再接再厲進攻秦州。此時他有更重要的事情要做。李淵集合了十萬人馬，命李世民與太子李建成發兵洛陽，試圖奪取這座天下雄城。行動卻宣告失敗，僅僅靠設伏擊敗了追擊的段達軍，奪取了洛陽附近兩個郡而已。此次行動讓李淵知道，奪取洛陽並非一朝一夕之功。

　　江都之變後，皇帝楊廣被殺，身處洛陽的皇泰主正式稱帝，各路反王紛紛表示承認，一時間隱隱有天下共主的趨勢。李淵所立的代王楊侑無人問津，沒有任何號召力。李淵乾脆在西元618年五月進行了「禪讓」儀式，自己赤膊上陣當了皇帝。因為他是唐國公，後又升級為唐王，因此建

國號為唐,年號武德,後世光輝燦爛的唐帝國於焉誕生。

李淵這邊暫時放鬆了警惕,薛舉卻沒閒著。他在這段時間整軍經武,迅速和梁師都建立了聯盟關係。武德元年(西元618年)六月,薛舉派遣大將宗羅睺攻取了才向李淵投誠的涼州郡。七月,梁師都配合薛舉發兵攻打靈武,幾乎同時向新成立的唐政權發起攻擊。李淵派出一支以李世民為西討元帥,下轄劉文靜、殷開山等八總管的大軍,意圖一舉蕩平薛舉。

薛舉攻陷涼州之後繼續東進。這次他沒有走扶風一帶,而是從平涼郡向東推,目標直指扶風北面的唐軍重鎮高墌城。這顯然是為與北方梁師都呼應而制定出的策略計畫。前鋒大將宗羅睺推進到高墌城一線,與唐軍豐州總管張長遜發生激烈交戰。薛舉率大軍來援,張長遜戰敗,高墌城被奪。打下高墌城之後,薛舉由於給養不足,只能縱軍擄掠,因糧於敵,從涇州(今甘肅涇川縣北五里)一直搶到邠州(今陝西彬縣)、岐州(今陝西鳳翔)一帶。士兵們都分散在各地搶劫。李世民的主力大軍正好趕到,輕鬆奪回了高墌城。

之前薛舉被擊敗過一次,這次攻城又如此輕鬆,唐軍上下不由對其極為輕視,於是發生了歷史上一段有名的公案。雖然找不到任何證據,但很多人用有罪推定認為,此戰是李世民一輩子打過的第一場敗仗。具體的戰鬥過程大體是這樣:唐軍上下都被勝利衝昏了頭腦,李世民依然清醒。他看到了薛舉缺糧的窘境,於是打下高墌城後依仗深溝高壘堅守不戰。這種戰法完全不像年輕氣盛的楞頭青,反而像隻狡猾無比的老狐狸,企圖利用資源的優勢將薛舉拖垮。

李世民的策略非常正確,這樣下去薛舉必敗無疑。可李世民運氣不好,突然染上瘧疾,一病不起,只能將兵權交付劉文靜、殷開山等人。李世民一再叮囑他們不要出戰,等他病好之後自然會率軍破敵。沒想到如此千叮嚀萬囑咐,還是讓這幫人壞了事。唐軍上下瀰漫著一股驕兵之氣,劉

第五章　大唐開國：李氏興起與天下歸一

文靜又是個膽子特別大的，被殷開山兩句話一激沉不住氣，居然無視李世民的命令，悍然領兵於高墌城西南的淺水原列陣，要與薛舉決戰。李世民畢竟還是上級，因此劉文靜留了個人，在他們出發之後再請李世民檢閱勝利的場面。李世民得到消息大驚，急忙修書一封責問劉文靜，命其立刻回軍，但為時已晚。唐軍由於驕傲大意未派多少斥候，被薛舉事先埋伏的精銳鐵騎自後突襲。唐軍八總管中的李安遠、慕容羅睺等人戰死，劉弘基被俘，唐軍精銳死傷大半。李世民見勢不可為，只能收攏敗兵撤向長安，薛舉軍又一次攻陷了高墌城。

　　淺水原之戰中，爭論的焦點在李世民到底有否生病上。按照陰謀論的看法，李世民是王子，之後是皇帝，打敗仗找幾個替罪羊還不方便？況且薛舉一來他就生病，薛舉死了他病就好了，世界上哪有如此湊巧的事情呢？其實具體計算時間，李世民病得時間還真不短。他從武德元年七月初開始生病，一直到八月中下旬才病癒，前後一個月左右的時間，對於一個才十九歲的青年已算是相當嚴重的疾病。如果一個月的時間李世民都好不了，後世對李世民的評價可能只有四個字——「英年早逝」。李世民病癒之後，李淵依舊給了最大的信任，還是派他領軍繼續對抗薛仁杲，完全不曾有對其能力的不信任。這與之後李元吉丟掉太原，李淵立刻換將形成了鮮明的對比。如果真的是李世民打了敗仗，李淵完全可以讓李建成頂替上去。就在四月分，李建成還身為主帥進攻過東都洛陽，完全有資格也有能力領軍與薛舉對壘。再不濟，還有李淵本人可以披掛上陣。讓一個因能力不足而打敗仗的兒子繼續統兵作戰，實在不是李淵的風格。因此，以筆者的觀點來看，正史的記載問題並不大，基本可信。

　　淺水原之戰，唐軍之所以戰敗，原因並不那麼單純。很多人對李世民剛與薛舉對陣就採取守勢不能理解。因為在此之前，李世民作戰都是一馬當先，勇猛無比，與薛舉對陣為何如此慎重呢？其實李世民正是清楚看出

雙方軍隊構成上的差別，才作出堅守不戰的決策。李世民是中國歷史上最頂尖的騎兵戰大師之一，沒人比他更清楚騎兵的威力。唐軍極度缺馬，有記載唐朝建國要建立一座馬場，找遍整個國家也僅收到三千匹馬，窘境已和漢初劉邦湊不起四匹白馬拉車，大臣們只能坐牛車的境況相似。薛舉方面不一樣，薛舉起家不久便將隋帝國在隴右設的大牧場給搶了。有一次隋煬帝楊廣派屈突通去隴右查看牧場，結果查出當地官員光是瞞報的馬匹就多達兩萬匹，可見當地牧場的規模。薛舉有了如此多的馬匹，自然能組建起大規模的騎兵。之前薛仁杲之所以被輕易打敗，很大的因素便是因為沒有整合好唐弼的烏合之眾。所以，以李世民之強也不得不暫避風頭，採取以守代攻的戰術，慢慢消耗薛舉。唐軍上下只有李世民意識到這樣不利的實力對比，結果在騎兵衝突之下第一時間戰陣就被擊潰。據記載，僅有八總管之一的劉弘基一軍還能保持陣形，最後也因箭矢射完而潰敗，可謂是教科書般的騎兵勝步兵戰例。所以，唐軍戰敗除了心理和戰術上的原因之外，更有實力上的差距。

此戰後唐軍元氣大傷，長安空虛。薛舉沒意識到這點，依然繼續向北進攻，以便與梁師都聯合。他派兒子薛仁杲進攻寧州（治定安，今甘肅寧縣），被刺史胡演擊退。郝瑗再次發揮了一個軍師應有的作用，他詳細分析形勢之後向薛舉進言，要求一鼓作氣直搗長安。如果薛舉真的實行了這個計畫，鹿死誰手還未可知。可風水輪流轉，之前李世民生病臥床，現在就輪到了薛舉。李世民是年輕人，身體壯，撐一撐也就挺過去了。薛舉就麻煩了，病勢一天天地沉重。在生病這件事上，薛舉再顯土豪本色，看病不找醫生，反而找了個巫師來幫他治病。這個巫師倒也有趣，居然將薛舉的病因歸結於被其虐殺的唐兵冤魂作祟。結果一代梟雄就這樣死於「唐軍」之手，也算是某種意義上的輪迴吧。

薛舉的死為其政權帶來巨大打擊。繼承人薛仁杲，本人勇武有餘但不

第五章　大唐開國：李氏興起與天下歸一

能服眾，與薛舉手下諸多大將都有矛盾。他即位之後，很多將領開始打起自己的算盤。薛舉之死亦使得郝瑗悲傷過度，竟然隨薛舉而去，這對薛舉軍是一個更為巨大的打擊。薛仁杲一下子失去了策略方面的指導，完全看不清前路如何走。軍心不穩之下，只得撤軍至折墌城（今甘肅涇川東北）屯兵。

所謂屋漏偏逢連夜雨，對薛家軍，李淵方面也開始全力反擊。首先在外交上，李淵派遣使者暗赴涼州，安撫李軌。為取得李軌的支持，李淵甚至在信中稱呼李軌為「從弟」。李軌自然十分歡喜，立刻派弟弟至長安入貢。李淵順水推舟封李軌的弟弟李懋為大將軍，李軌為涼王。李淵自此取得了李軌的全力配合，讓薛仁杲軍的後方岌岌可危，後勤更加不暢。

接著，在軍事上，病癒的李世民於武德元年（西元 618 年）再次披掛上陣，與薛仁杲正面對決。李世民再次率軍搶占高墌城，然後深溝高壘開始防守，與上次的戰術幾乎如出一轍。這次李世民貫徹防守非常堅決，他為了不重蹈覆轍，直接下達「敢言戰者斬」這樣的死令。薛仁杲的騎兵雖然野戰實力很強，但攻城能力弱，完全不可能造成李世民的什麼麻煩。兩軍在高墌相持，足足六十多天。

與此同時，李淵為減輕李世民正面的壓力，又遣秦州（治今甘肅秦安西北）總管竇軌率部東進，向薛仁杲的老巢進行突襲，但被擊敗。薛仁杲看攻下高墌城一時沒了指望，便率大軍猛攻涇州。唐軍損失巨大，但還是守住了涇州。唐隴州刺史常達又在宜祿川（位於今陝西長武西北）襲擊薛仁杲軍，斬首一千多級。薛仁杲屢次與常達交戰都不能勝，最後使了一招斬首行動，找了一幫「特種部隊」詐降，綁架常達，這才取得了勝利。雖然唐軍的非主力部隊在與薛仁杲軍的交戰過程中損失慘重，卻有力地為李世民主力部隊分擔了壓力，牽制了薛仁杲的大量軍隊。兩軍相持至十一月七日，薛仁杲終於糧餉用盡，後勤斷絕。薛仁杲根基不穩的弱點來了個總

戰霸王：擊潰王世充與霸主更替

爆發，部將紛紛投降。李世民知道時機成熟，於是令行軍總管梁實率部分唐軍在淺水原擺出一副要與薛軍野戰的模樣，誘使薛仁杲大將宗羅睺猛攻數日。梁實將部隊擺了個烏龜陣，死戰不退，斷水數日依然穩守陣地。李世民又派右武侯大將軍龐玉於淺水原西面擺陣，誘使宗羅睺放棄梁實轉而猛攻龐玉。薛仁杲的騎軍實在驍勇，就算已經打了幾天，依然將龐玉的部隊打得抬不起頭來。李世民以其人之道還治其人之身，突然率主力出城從淺水原北面向宗羅睺軍陣後發起猛攻。李世民本人騎著昭陵六駿之一的「白蹄烏」率先陷陣。宗羅睺軍勢崩潰，大敗而逃，士卒死傷數千。按照實際的傷亡，薛軍損失的數字並不高，宗羅睺手下是十萬人的大軍團，才死傷了數千，可見步兵對騎兵的戰鬥有多麼難打。贏了追不上，輸了逃不掉，這就是以步克騎最尷尬的地方。如果不是李世民的天才指揮，想打贏這場仗實在困難。

會戰勝利後，李世民當即要率唐軍僅有的兩千騎兵進行追擊。竇軌極力反對，請求暫時看看情況怎麼樣再說。竇軌的考慮並不能說錯，雖然唐軍暫時勝利了，但從戰果看收穫不豐。薛仁杲實力依然極強，光憑兩千騎兵追擊風險太大。但李世民執意要追，追到折墌城下之後，薛仁杲在城下列陣，還想與李世民野戰。部將渾幹等人卻臨陣投降，對薛仁杲軍心理上造成了沉重的打擊。薛仁杲只得拒城死守。可薛仁杲又怎能與李世民比？李世民身後有源源不斷的後勤補給，糧草充足，而薛仁杲早已糧盡。當晚士兵們就紛紛向唐軍投降，薛仁杲無計可施，亦只得投降，後被斬於長安。薛家父子的霸王傳說此刻終於落幕。

李世民徹底打垮薛秦勢力之際，唐帝國又收穫了一員大將，那就是自李密入關中降唐之後，依然占據河南黎陽的李世勣。李密入關後，身邊跟了很多貼身的臣子，其中一個就是後世名臣魏徵。待了幾個月，魏徵發現自己無所事事，絲毫不被重用。對這種功名心非常強的人來說，這種蹉跎

第五章　大唐開國：李氏興起與天下歸一

時光的日子簡直就是一種折磨，因此他主動請纓去關東招攬李密舊部。李淵占據關中，正是用人之際，所以賞了魏徵一個祕書丞的官，讓他去河南碰運氣。魏徵敢主動請纓，自然心中有所成算。他出關之後直接找到李世勣，希望他能看清形勢，主動降唐。李世勣雖據有黎陽，繼承了李密的部分產業，但發展的道路已被堵死。如不早作選擇，最終不是被王世充就是被竇建德消滅。此二人均非李世勣希望效忠的對象，所以向李淵投誠成了唯一的選擇。李世勣不是一般人，投降也與常人不同。他將手中所掌握的人口、土地、兵馬等數字造成冊，先獻給李密，讓李密再去獻給李淵。按照李世勣的話來說，這叫「不能拿原本是主上的東西為自己邀功請賞」。這種行為被李淵大加讚賞，李世勣也被李淵讚嘆為是「純臣」。李淵將李世勣賜姓「李」，封他為黎州總管、英國公，委派他經略虎牢關以東，准許凡他打下的地盤，都由他任命官員。

　　表面上看，李世勣自然是大大的忠臣。但李世勣繞了這麼大一個圈子，真的僅僅為了表明他對李密的忠心？從李世勣的整個人生歷程看，值得懷疑。以厚黑學的眼光看待此事，便會發現其中的奧妙。當時黎陽牢牢控制在李世勣的手上，誰來接管都得靠他來穩定地方，李淵也不可能真的把獻城的功勞算到李密頭上。李世勣做出這樣的姿態，正符合了上位者都不喜歡「內奸」的心態。如果李世勣不玩這麼一手就投降，相信絕不會得到李淵如此厚待。演戲也要演全套。武德元年十二月，李密居然反了，因此被殺。由於之前李世勣做出的忠臣姿態，李淵派人拿了李密的頭到黎陽去給他看，告知李密的死因。這既是一個試探，也是一個警告。你不是忠臣嗎？現在就看你這個李密的忠臣怎麼做！李世勣頓時陷入兩難境地。如果此時與李密撇清關係，勢將遭到天下人的恥笑。如果為李密報仇而起兵造反，肯定馬上滅亡。李世勣也挺聰明，當著使者的面嚎啕大哭，還向李密的首級行君臣之禮，又上書李淵索要李密的屍體。李淵被他感動，將李

密的屍體也送到黎陽。李世勣全軍縞素為李密發喪，將李密葬在黎陽山南，用行動表示他既沒有忘記前任主公的恩情，對現任主公也依然忠誠。李淵對李世勣的表現也表示接受，沒有為難李世勣。從此李世勣忠義之名聞於天下。

薛秦勢力滅亡之後，還有一個小小的插曲。被李淵封為涼王的李軌鬧出了一場無厘頭式的喜劇。由於已經登基稱帝，他居然決定不接受涼王的爵位，想了一個不倫不類的「從弟大涼皇帝」來回覆李淵。使者回到長安後，薛仁杲已被平定，本來給李軌「涼王」稱號是為了讓他對付薛仁杲，現在沒了利用價值，李淵正愁沒有理由對付他，這下正好。李軌於是被李淵反手滅掉。自此唐王朝徹底擁有了河西和隴右，為統一天下打下了堅實的基礎。

鬥金剛：瓦崗遺脈的最後爭鋒

李淵費了九牛二虎之力才平定河西與隴右。新生的唐帝國在西面已無敵手，於是躊躇滿志地準備再次兵發洛陽，進而平定天下。還沒等李淵有所行動，在馬邑安分了近兩年的劉武周突然向李淵的老巢山西發起凶猛進攻。對突厥人來說，中原的各路反王都是他們的棋子。李淵率軍進攻隋帝國的心臟長安，突厥將劉武周壓制得不敢妄動。如今見李淵定鼎長安，極有可能一統天下，突厥立刻開始支持劉武周向李淵實施暗算。

武德二年（西元619年）三月二十二日，劉武周正式兵發太原。四月初劉武周抵達黃蛇嶺（今山西榆次北），向太原東面的軍事要地榆次發起進攻。太原最高統帥是李淵的四兒子李元吉。李元吉沒什麼政治才能，平日最愛做的是打獵，號稱「寧三日不食，不能一日不獵」。還喜歡惡作

第五章　大唐開國：李氏興起與天下歸一

劇，拿弓箭當街射人，以把人嚇得狼狽躲避為樂。面對劉武周，他想出了一個「天才」的點子，居然讓車騎將軍張達僅僅率一百名步兵出戰。也不知道張達平時是怎麼得罪這位爺的，簡直是讓他送死。張達不去還不行，否則立時就要死。一戰之下，唐軍自然全軍覆沒。張達憤而投降，主動為劉武周當嚮導攻陷了榆次。

四月十八日，劉武周率兵包圍太原。李元吉倒是敢戰，率兵出城反擊，獲得了一定的戰果，使劉武周圍城之兵後退。李淵也反應過來，下詔令太常卿、行軍總管李仲文率兵解圍。劉武周為阻擊唐軍援兵，對太原圍而不攻，分兵攻陷石州（今山西離石），殺刺史王儉。五月二十日又攻陷了平遙。六月，宋金剛因為被竇建德擊敗，投奔劉武周。劉武周獲此大將後大喜過望，不但封之為「宋王」，還將一半家產賜給他。宋金剛也是梟雄性格，為了盡快博得劉武周的信任，將老婆休了，重新娶了劉武周的妹妹，與劉武周變成了一家人。有此人相助，劉武周攻勢更加凶猛。左武衛大將軍姜寶誼、行軍總管李仲文率援軍與劉武周軍在雀鼠谷大戰，被其部將黃子英偽敗設伏擊敗，二人全數被俘。劉武周攻勢不減，繼續攻陷了山西的各個重要城市，太原漸漸陷入被合圍的境地。

眼見山西局勢漸漸陷入糜爛，身為重臣的裴寂突然跳出來主動請纓，要帶兵抵抗劉武周。此人從李淵起兵之始就明顯不是打仗的料，為何這次要主動帶兵呢？這事主要與同為太原元謀功臣的劉文靜有關。裴寂這人才智平庸，起兵之後總出餿主意。劉文靜自認東征西討，勞苦功高，比裴寂這個庸才強得多。就因為裴寂與李淵關係好，不但裴寂官職比自己高，平日的賞賜也豐厚得多。劉文靜非常不滿，總找他的碴，兩人結怨甚深。俗話說，人活一張臉，樹活一張皮。裴寂也想證明自己並非劉文靜口中的那個廢柴，於是在六月主動要求去打劉武周。誰知還未等他出發，死敵劉文靜就因為怨望陷入謀反大案中。最後裴寂推了一把，陷其於死地。劉文靜

死了，裴寂無需再向誰證明什麼。但之前大話說了出去，也只能硬著頭皮出陣。最終裴寂還是不負廢柴之名，在山西介休被宋金剛打得幾乎全軍覆沒，太原方面徹底失去了後方增援的指望。

九月十六日，劉武周開始對太原進行總攻。李元吉見此情況，大義凜然地對部將劉德威說：「你率領老弱守城，我率領精銳出戰。」當時把劉德威感動得不行。結果李元吉當晚的確是出城了，但不是出城作戰，而是帶著一家老少金蟬脫殼，溜之大吉，不知李元吉事後是否在心中默唸，其實我是一個演員來著。李元吉一跑，太原立時淪陷。劉武周將主力部隊交付宋金剛，讓其繼續西進，接連攻陷晉州（治今山西臨汾）、龍門（今河津東南）。十月，宋金剛占澮州（治翼城，今屬山西）。夏縣（今夏縣西北禹王城）人呂崇茂與占據蒲州（治河東，今永濟西南蒲州鎮）的隋舊將王行本也起兵響應劉武周，整個河東地區幾乎全部失陷。禍不單行，山西失陷之後，河北唐軍也被竇建德擊滅，南方的蕭銑又將湖北一帶的唐軍打得抬不起頭來。對於新生的唐帝國來說，已經到了「山西危急！河東危急！關中危急！」的緊要關頭。李淵甚至萌生了放棄河東，死守潼關的念頭。真這麼做了，關中的確暫時可以保全，但劉武周勢必坐大，新興的唐帝國在各路割據勢力面前號召力必然大減。此外，劉武周的地盤與王世充、竇建德接壤之後，免不了互相勾結，又會增大統一的難度。此時又是李世民主動請纓出征，並誇下海口，只需三萬精兵就能掃平劉武周。

這一路走來，李世民的戰爭天賦盡顯無疑，他的話對李淵分量極重。李淵仔細考慮後認為，確如李世民所說，太原是根基所在，絕不能失。他將關中大部分機動兵力都調給了李世民，任命他為總帥，再次出征。

武德二年（西元619年）十一月十四日，李世民率軍從龍門（今山西河津西北）趁黃河結冰期順利渡河，於絳州西南的柏壁（今山西新絳西南）屯兵，與宋金剛部相持。劉武周軍橫掃河東之後大肆搶劫，對當地百姓造

第五章　大唐開國：李氏興起與天下歸一

成了深重的苦難。當地的大戶們同時遭了殃，損失巨大。地方上勢力強大的地主豪強們紛紛結寨自保，以對抗劉武周。唐軍到達柏壁後，後勤供給開始出現問題。不過李淵當年從太原進軍關中的時候大得民心，唐軍一路紀律嚴明、秋毫無犯。李世民發出征召通告，簡直一呼百應。不但大批青壯主動投軍，地方上的大戶也紛紛主動貢獻軍糧。唐軍很快免除了後顧之憂。

俗話說手中有糧，心中不慌，李世民手上有了糧食之後，又開始玩深溝高壘、堅壁不出的招數。李世民並非單純死守，他派了很多小分隊去騷擾宋金剛的後勤線。比如讓總管劉弘基率兵兩千，由隰州（治隰川，今山西隰縣）奔浩州（治隰城，今山西汾陽），截斷宋金剛糧道，騷擾他的後方，慢慢跟宋金剛磨。

李世民在前方作戰，後方李淵也沒閒著。他一邊整頓關中的兵馬錢糧，一邊繼續派遣部隊策應李世民。十二月二十五日，李淵派永安王李孝基、工部尚書獨孤懷恩、陝州總管於筠、內史侍郎唐儉等率軍向夏縣的呂崇茂發起攻擊。這位呂崇茂又是裴寂惹出來的禍。裴寂之前為了對抗劉武周，在夏縣堅壁清野，焚燒百姓的糧食。這下子惹惱了當地的百姓，結果呂崇茂揭竿起義，自稱魏王響應劉武周，還打敗了裴寂派去的討伐軍。

面對唐軍大兵壓境，呂崇茂立刻向宋金剛求救，宋金剛派手下大將尉遲敬德和尋相率兵援救。這位尉遲老兄可謂是隋唐年間人氣值最高的幾位超級猛將之一。他不但勇猛無比，手下還有絕活，特別善於躲避敵人的馬槊，還能反搶回來再捅回去。他將唐軍打得全軍崩潰，首腦人物一股腦全做了俘虜。尉遲敬德畢竟只是個猛將，遠不如李世民那般善於謀劃。正當他洋洋得意率部隊返回澮州（治翼城，今屬山西）時，李世民早令兵部尚書殷開山等在其必經之路美良川（今山西聞喜南）設下埋伏，將尉遲敬德狠揍了一頓。之後尉遲敬德與尋相率兵援助蒲州守將王行本，又被李世民率三千兵馬夜襲。李世民在安邑（今山西運城東北安邑）打得尉遲敬德幾

鬥金剛：瓦崗遺脈的最後爭鋒

乎全軍覆沒，僅他與尋相兩人逃脫。此時李淵也親率兵馬到蒲津關，李世民率輕騎參見，父子再次確定作戰的大方向。

對尉遲敬德的勝利讓唐軍氣勢高漲，紛紛要求與宋金剛決戰。李世民沒被勝利衝昏頭腦。獲得李淵首肯之後，他更堅定了主動防守的原則，等待宋金剛軍糧耗盡。相持期間，唐軍小分隊四處瘋狂出擊，大有斬獲。武德三年（西元620年）正月，唐將秦武通擊降蒲坂的王行本；二三月間，唐將王行敏、李仲文分別在潞州（治上黨，今山西長治）、浩州擊退劉武周軍的進攻，並且擊破石州（今山西離石），逼降守將劉季真；驃騎大將軍張德政襲斬護運糧餉的黃子英，占領張難堡（今山西平遙西南），切斷了汾水東側的宋金剛軍糧道。劉武周軍的糧食危機終於爆發。四月十四日，宋金剛在柏壁與李世民相持半年之後，終於支撐不住，向北逃竄。

宋金剛來得時候好來，走的時候沒那麼容易走。初唐名將當中最會打落水狗的有兩個，一個是李靖，另外一個就是李世民，都屬於咬住了絕不鬆口，不打死絕不罷休的人物。唐軍在李世民的帶領下急追，於四月二十一日在呂州（治霍邑，今山西霍縣）將為宋金剛殿後的尋相打垮。唐軍繼續追擊，一晝夜行二百餘里，交戰數十次，一直追到高壁嶺（今山西靈石東南韓信嶺）一帶。唐軍將士都撐不住了，於是又有一員大將劉弘基身為襯托李世民眼光過人的配角跳了出來。他對李世民苦諫，要求等待後援和後勤補給。身為主角的李世民大義凜然地拒絕了這個意見。他詳細地分析了敵我形勢，指出宜將剩勇追窮寇的道理，堅持北追。主帥這樣，手下將士還能怎麼辦？只能跟著跑。唐軍的後勤補給也完全斷絕，李世民與將士同甘共苦，兩天不進食，三天不解甲。宋金剛跑得不可謂不快，但遇到李世民，他也只能自認倒楣。唐軍經過三天的急行軍，終於在雀鼠谷將宋金剛主力追上。宋金剛沒想到李世民的追擊速度居然那麼快，被打了個措手不及。唐軍追上之後與宋軍一日八戰，接連擊破宋金剛設定的防線，斬殺數

第五章　大唐開國：李氏興起與天下歸一

萬人，獲得了空前的勝利。入夜後唐軍抓到一隻羊，本來要給李世民這位王爺填肚子，但李世民深知軍心重要，下令與全軍將士分而食之。主帥如此，麾下將士怎可能不對其效死？天明之後李世民繼續追擊，一直到介休（今屬山西）城下。宋金剛好不容易緩過勁來，率殘兵兩萬多人在城西依靠城牆布下南北長達七里的大陣，想要拚死一搏。李世民令李世勣、程咬金、秦叔寶為北軍，翟長孫、秦武通為南軍，與之相應對。李世勣部當先挑戰，宋金剛軍全軍殺出，將李世勣部打得步步後退。李世民率精騎從宋金剛軍陣後殺入，將其擊潰，斬殺三千多人。宋金剛輕騎逃往太原，留尉遲敬德、尋相等部將收集殘部，作為留守。這兩人不傻，繼續頑抗必然死路一條，乾脆同時歸降李世民。

對待部下，劉武周很會籠絡人心。他為了讓宋金剛效忠，直接撒了一半的家財，還附送自己的妹妹。他對待別的部下也都不錯，因此很多降唐的劉軍部將紛紛逃亡。身為劉武周大將之一，尉遲敬德自然很受懷疑。但李世民對其非常信任，手下人沒辦法。屈突通和殷開山居然玩了個先斬後奏，先把尉遲敬德關起來，然後向李世民進言說：「尉遲敬德肯定有異心，現在又因為被猜疑而關了起來，內心必然非常不滿，必須立刻殺掉他，免得日後造反。」他們企圖逼李世民殺掉尉遲敬德。李世民不為所動，反而對諸將說：「如果敬德心懷異志，他早就跑了，怎麼會留到現在呢？」但唐軍的做法在尉遲敬德內心造成了嫌隙，要是不趕快採取措施，尉遲敬德要麼真會造反，要麼真會被殺。李世民沒有對尉遲敬德空口說什麼大道理，而是將他叫到帳中，賜給他金銀珠寶，說：「大丈夫以意氣為重，不要因為小小的猜疑而介意。我不會因為讒言而陷害忠良，希望你能理解。如果你真的要走，這些都是盤纏，也算是紀念我們這段日子共事的情誼吧！」這席話一說，尉遲敬德心裡便是有天大的委屈也都平復了，從此對李世民忠心耿耿。李世民擊破宋金剛最大的收穫，就是得到尉遲敬德。日後不論

是洛陽大戰，還是玄武門之變，又或是突厥襲來，尉遲敬德都立下汗馬功勞，幾度救了李世民的性命。

宋金剛大敗而回，劉武周驚恐不已。他的主力全都給了宋金剛，這下子全打光了。太原是李淵的老巢，想要徵兵繼續頑抗無從談起。二人只得相繼逃往突厥。最終這兩個失去了利用價值的豪雄都被突厥所殺，退出了歷史舞臺。

平定劉武周能獲得勝利，傳統史家多認為是李世民一人之功。其實在戰爭的過程中，李淵所發揮的作用一樣重大。當李世民在柏壁與宋金剛主力相持時，唐軍對宋金剛側面的打擊均是李淵籌劃和安排的。父子此戰配合得天衣無縫，才最終贏得了勝利。

攻洛陽：攻心為上，拔城為勢

劉武周突然南下，讓李淵損失了一年多的黃金時間，也讓身處東都的王世充有了一年寶貴的喘息時間。可在這一年中，他除了將傀儡隋皇泰主給除掉，自己建立「鄭」國做了皇帝之外，幾乎沒做什麼值得稱道的事情。這不是王世充不想做，而是他深陷政治危機當中，沒辦法做。

危機的產生與王世充稱帝有很大關係。皇泰主雖然不過一個擺設，卻是依舊對隋忠誠的人眼中的共主，甚至被大多數反王所承認，號召力非常強。如果王世充聰明點，學習曹操挾天子以令諸侯才是最優選擇。但王世充被眼前的蠅頭小利所矇蔽，結果政治危機隨之而來。首先眾多舊隋大臣心懷不滿，開始謀劃對付王世充。禮部尚書裴仁基、左輔大將軍裴行儼父子與尚書左丞宇文儒童、尚食直長宇文溫兄弟及散騎常侍崔德本等數十人策劃政變，企圖將王世充推翻。雖然由於洩密導致事敗被殺，但此次事件

第五章　大唐開國：李氏興起與天下歸一

的爆發，使得王世充政權內部開始劇烈動盪。

在這個家庭出身極為重要的時代，王世充的出身問題最尷尬。雖然靠王氏家族上位，但他畢竟只是個雜胡，少年時代恐怕沒少被嘲諷，因此養成了氣量狹小又愛猜忌的性格。他雖然非常重視軍隊，但行事作風總給人一種刻意籠絡、刻意利用的感覺。如果沒有了利用價值或是擋了他的路，立刻會翻臉不認人。最典型的是對待羅士信。王世充擊敗李密後羅士信被俘，他知道羅士信驍勇，與他同吃同睡，極盡籠絡之能事。等得到邴元真等降將之後，他隨即開始疏遠羅士信。甚至王世充姪兒王道詢知道羅士信有一匹好馬，索要不果之後，王世充居然硬從羅士信手中將馬搶走賜給姪兒。羅士信勇猛過人，十四歲便能披兩重重甲，攜帶兩個裝滿箭支的弓箭袋上馬作戰。如此猛將遭到這樣的對待，怎能讓人不心寒？當時朝廷有個祭酒叫徐文遠，他對王世充有過這樣一番評價：「我對李密擺架子那是因為他是君子，有肚量容人。而王世充是個徹頭徹尾的小人，連老熟人都說殺就殺，我怎麼敢對他不拜呢？」遇到這樣的上級，有誰會真心為他賣命？秦叔寶、程知節、李君羨、羅士信、吳黑闥、牛進達、席辯、楊虔安、李君義及豆盧達等驍將先後降唐，可謂是「世充跌倒，世民吃飽」。這批人中如秦叔寶、程知節等人都參加了對劉武周的戰役，為唐軍最終戰勝劉武周、宋金剛立下了汗馬功勞。

王世充甘做大善人，向唐朝輸送了大量的菁英人才。當然，王世充本人絕不願成為這種角色，因此只能靠嚴刑峻法進行統治。他規定，洛陽城內如果有一人逃亡，全家都會被處死；如果一家逃亡，四鄰全部處死。為防範部下軍將的逃亡，王世充居然將洛陽內宮城改成了監獄，出征的將帥家屬全都要在這裡受到無微不至的「照顧」。不過古代傳統認為「妻子如衣服」，所以該逃還是照樣逃，結果此監獄內的犯人激增至上萬人。後來因為洛陽斷糧，每天餓死的就有數十人。

攻洛陽：攻心為上，拔城為勢

人才大量流失形成的反應是連鎖的。當劉武周突然南下，將山西唐軍打得雞飛狗跳之際，王世充也想從中占點便宜。他派人攻陷了義州，逼近風陵渡，這個時機抓得不可謂不準。但王世充的軍隊實在太過廢柴，李淵用了簡單一招就讓他的圖謀徹底破產。剛投誠而來的羅士信被李淵當成祕密武器，給了他一個陝州道行軍總管的頭銜，讓他回王世充的腹地打游擊。羅士信對王世充的怨恨之深，已經到了匪夷所思的境地，作戰如有神助。他先是夜裡潛入洛陽外城清化里街坊，一把火將那裡燒個乾淨。羅士信又打下了青城堡（今河南洛陽西北），最後還把慈澗（今河南洛陽市西）給圍了。王世充派太子王玄應去救援，被羅士信一槍捅下馬。不過王家有穿兩層鎧甲的傳統，王玄應算是撿回一條小命。羅士信在洛陽這麼使勁地鬧騰，王世充一點辦法都沒有。不是他不想管，而是實在手下沒有什麼人才，想管都管不了。

俗話說柿子撿軟的捏，王世充這麼軟的柿子實在是不多見，不打他打誰？掃平劉武周後僅僅休整了三個月，李淵於武德三年（西元 620 年）七月一日釋出了對王世充的討伐令，命李世民為統帥，率七總管二十五員大將、十餘萬人順潼關東進，殺奔洛陽。唐軍主力氣勢洶洶地殺來，羅士信這位游擊隊長在慈澗也打得不亦樂乎。王世充之前忙於鎮壓異己，沒空理會羅士信，結果羅士信居然耍起了無賴，橫豎不走，沒事就在慈澗周圍打游擊。最後王世充性起，親自率三萬軍隊前來圍剿，不想卻與李世民狹路相逢。兩軍對峙時李世民有個很不好的習慣，他喜歡自己帶幾個人出門偵察。這樣固然能看清楚敵人的虛實，但同時也將自己置於險境。他之前對宋金剛就玩過一次，差點被抓住。這次又來，誰知遇上了單雄信所部，又被圍住。李世民照例神勇無比，仗著弓箭技術大殺四方，居然還俘虜了王世充的左建威將軍燕琪。

此戰李世勣又遇上了老友單雄信。據說單雄信在揮槍刺中李世民的當

第五章　大唐開國：李氏興起與天下歸一

口被李世勣所喝止。其實這段記載不可信，換了誰也不會放過這天大的功勞，更別提單雄信這個天性涼薄的傢伙了。即便有這樣的事情發生，也應該是李世民一馬當先用弓箭殺出一條血路，去得遠了。李世勣斷後與單雄信相遇，單雄信眼看追不到李世民，乾脆賣老兄弟一個面子，撤兵回營罷了。李世民回到營地之時滿臉塵土，非常狼狽，連衛兵都沒認出來，差點又要廝殺一番，最後李世民脫掉頭盔才罷戰。對這次遭遇戰，王世充也挺吃驚。本想用大部隊壓死羅士信，哪裡知道唐軍主力不聲不響地殺到了眼前，王世充趕緊撤軍回洛陽據守。

面對李世民的大軍，王世充的策略是讓幾個兒子分兵把守重要據點：魏王王弘烈守襄陽（今湖北襄樊）；荊王王行本守虎牢關（今河南滎陽西北）；宋王王泰守懷州（治今河南沁陽）；他本人與其餘幾個兒子率主力把守洛陽城的各大部分。王世充沒什麼特別的招，說白了就是弄個烏龜陣。經過長時間的戰火，洛陽每個據點都被經營得易守難攻，硬打的話沒個一年半載很難成功。這麼長的時間誰都不能保證會發生些什麼，王世充打的是用時間拖垮唐軍的算盤。這種策略其實並不高明，等於將除了這幾個據點之外的廣闊地盤拱手讓人，讓李世民一方擁有了策略主導權。當然，王世充也是出於無奈。洛陽是所謂的四戰之地，非常容易被攻擊。單單就西面的威脅來說，如要禦敵於國門之外，必須搶下潼關或者守住函谷關。實在不行，在宜陽依靠地形重兵把守也能湊合。問題是，這些易守難攻的關卡一個都不在王世充手中。唐軍在擊敗薛舉之後擁有了大量馬匹，機動力比之前有了本質性的提升。而王世充與李密拚得元氣大傷，馬匹嚴重不足，到如今還未恢復，無論是戰場情報的獲取、機動力還是戰鬥力都差唐軍很遠。王世充沒得選擇，只能堅城死守。

對此，李世民的應對策略也很簡單。他首先將大本營安紮在洛陽西北的北邙山上，居高臨下指揮全局。然後開始分兵，派史萬寶部從宜陽（今

河南宜陽西）攻占龍門（今河南洛陽南），切斷洛陽與南面襄陽的聯繫；派劉德威部翻越太行山，圍攻懷州，隔斷洛陽與北方和東面虎牢的聯繫；派王君廓部切斷洛口倉向洛陽的糧道；派黃君漢部南下河陰（今河南孟津東），進攻回洛倉，斷絕洛陽與回洛倉的糧道。李世民的意圖很明確，就是死死看住洛陽的王世充本部，再分兵把洛陽的糧道全部斬斷，接著將王世充幾個兒子把守的據點能拔除就拔除，不能拔除就看死，讓王世充徹底變成一隻死烏龜。

王世充也知形勢不妙。八月中旬，二人在洛陽西北的青城宮陣前攤牌。王世充：「隋室傾覆，唐帝關中，鄭帝河南，世充未嘗西侵，王忽舉兵東來，何也？」（你在關中開賭場，我在河南賣白粉，大家各收各的錢，井水不犯河水，今天你帶著這麼多人來，是想來吃飯呢？還是砸場子？）李世民：「四海咸仰皇風，唯公獨阻聲教，為此而來！」（這場子我大唐幫看上了，識相的就交出來，要不然對你可沒好處。）王世充：「相與息兵講好，不亦善乎！」（這樣吧，動起手來，傷了和氣，對大家都沒有好處。我把河南場子的費用分一半給你，我們各走各的路。）李世民：「奉詔取東都，不令講好也！」（如果給錢就能解決，還要黑社會做什麼？你的場子，我要定了！）

王世充苦苦哀求也沒讓李世民心動，兩家只能繼續開打。在唐軍絕對的戰場機動和家族號召力優勢面前，王世充的局面急遽惡化。被唐軍困死所有重兵把守的據點之後，洛陽周邊的郡縣長官一面倒地向李世民投降。形勢一片大好的情況下，李世民又開始犯喜歡親自偵察的毛病。九月二十一日，他率五百騎登上北邙山魏宣武帝的景陵檢視敵情。王世充居然率萬人殺出，將李世民圍在核心。這次又是單雄信拍馬殺到，揮起馬槊就朝李世民刺去。誰知李世民身邊多了個超級保鏢尉遲敬德，反將單雄信一槊刺到馬下，接著護送李世民拚死衝出重圍。

第五章　大唐開國：李氏興起與天下歸一

　　要說王世充別的沒有，裝備的盔甲真叫一個精良。之前王玄應被羅士信捅，現在單雄信被尉遲敬德捅，兩人竟然毫髮無損，實在不是一般的重甲防護。李世民與尉遲敬德二人殺出之後居然還不罷休，「一枝穿雲箭，千軍萬馬來相見」，招呼了一群唐軍騎兵接著與鄭軍纏鬥，如入無人之境。屈突通又率主力大軍趕到，內外夾擊，鄭軍大敗，被斬首千餘級，鄭冠軍大將軍陳智略被擒，六千王世充起家的老底子——「江淮排槊兵」被俘，王世充隻身逃回洛陽。此戰後李世民對尉遲敬德說：「以前大家都說你會叛逃，天意讓我相信你是忠誠的，果然現在你救了我的命，這回報來得也太快了吧？」這話不但是對尉遲敬德說的，更是對全體在場的唐軍將領說的。雖說尉遲敬德在會不會叛變的問題上得到了上位者的支持，但身上背負著叛變的名聲，在軍中免不了受到排擠。這個問題李世民也很難解決，如果強力介入，不但幫不了尉遲敬德，反而會讓他更受孤立。如今尉遲敬德立下大功，足可證明他的忠誠。李世民自然要在全軍面前強調一下，讓他們知道，不要再用成見看人。此戰還被後人改編成經典劇目——《單鞭奪槊》，讓尉遲敬德在歷史上留下了重重的一筆。

　　李世民可能是中國封建史上最愛秀的皇帝。他攻打洛陽的時候閒著無聊，精選了千餘精銳騎兵，從上到下一身黑衣黑甲，分左右兩隊，命秦叔寶、程知節、尉遲敬德、翟長孫這四大猛將統領，這就是歷史上赫赫有名的「玄甲軍」。當然帥歸帥，玄甲軍可不是擺設，戰鬥力也是一流。鄭軍遇到他們無不被打得丟盔棄甲，可以說是唐軍的殺手級部隊。

　　唐鄭兩軍從九月相持到十一月，此間突然北方告急，「狼要來了」！眼看新興的中原帝國要走上復興之路，突厥人如芒刺在背。他們還沒有忘記統一的隋帝國對他們造成的傷害，因此小動作開始越來越頻繁，越來越露骨。他們公然冊立隋齊王遺腹子楊政道為帝，以此為旗號聚集反唐勢力，與意欲一統天下的唐王朝對抗。

上半年李世民收復太原時,新即位的突厥處羅可汗就自稱「援軍」,占住馬邑等地。等李世民的大軍一走,又打著「盟友」的旗號到太原晃了一大圈,留下好些突厥兵「幫李家鎮守」。留守太原的并州總管李仲文拿突厥人毫無辦法,還被人告密想投靠突厥。對這個地區,唐帝國如今頗有些驚弓之鳥的感覺。接到告密之後,李淵立刻暫廢并州總管府,詔李仲文回朝,又派唐儉前往安撫并州,調查李仲文是否有背叛行為。如今正值打洛陽的關鍵時刻,北方邊境上的一個小「反王」,同時是突厥「打手」之一的郭子和,與突厥的另一個「打手」梁師都起了衝突。郭子和怕被報復,乾脆降了唐,還策劃怎麼一起對付梁師都。梁師都不甘示弱,他先下手為強,極力勸說處羅可汗南侵。於是,突厥處羅可汗在梁師都和皇后(即可賀敦)隋義成公主的慫恿之下,計劃分兵四路大舉南侵。西路莫賀咄設(處羅之弟咄苾,也就是後來的頡利可汗)出兵原州,中路泥步設與梁師都出兵延州,處羅出兵并州,突利可汗與奚、契丹、靺鞨等族出兵幽州,還說服了竇建德自滏口(今河北磁縣西北石鼓山)西入,在晉、絳二州會師,意圖一舉攻占整個山西,之後殺向長安。

收到消息的李淵一面讓李建成鎮守蒲坂城,一面派大臣鄭元璹說服處羅不要派兵。至於條件,不外乎「子女玉帛」之類。這一次沒那麼便宜,處羅是為了日後族群的發展而做下的決定,財富賄賂發揮不了作用。說來也巧,彷彿天佑大唐一般,處羅可汗於當年十一月突然病死,享國僅十八個月。

突厥人懷疑是鄭元璹毒死了處羅,當然唐帝國方面打死也不承認。兩家打起口水戰,最後變成一幕歷史爆笑劇。突厥人扣留了鄭元璹,李淵派姪子向繼任的頡利可汗送禮。頡利想羞辱他,命他行跪拜之禮,被他拒絕,結果也被扣留。李淵又派李世民的叔岳父長孫順德出使,又被扣留。泥人也有三分土性,李淵被惹得火大,豁出去了,也扣留了突厥在唐的使

第五章　大唐開國：李氏興起與天下歸一

者,兩家關係就此轉入冰點。

處羅可汗的死到底真是老天爺幫忙,還是李家自己幫自己,今天已經很難確定。從當時的形勢來看,處羅的死還真最符合李家的利益。鄭元璹此人是個資深外交官,以前就出使過突厥,據說是一個相當厲害的人,既會察言觀色、又口舌如簧,為了大局殺掉處羅可汗的可能性真不小。

此事之後,李淵一改以往謹守藩臣禮的卑下姿態,使者書信往來由「啟」改為了平等的「書」。他又派使者聯繫西突厥,組成針對東突厥的軍事同盟,同時全面加強邊塞防禦,在各種關卡要道上修築堡壘要塞,作為防禦突厥的屏障。幾管齊下後,突厥人意識到李淵實在不是個可以任意拿捏的軟柿子。加上處羅新喪,新任頡利可汗即位後必須穩定內部,新生的唐帝國贏得了一段難得的休戰期。

鄭唐兩軍相持期間,又有大量鄭國部屬向唐軍投降,王世充最後只剩下幾座孤城在手中。他知道大勢已去,只能於十二月上旬派人向竇建德求救。到武德四年(西元621年)二月,虎牢關向洛陽的糧道也被唐將李君羨截斷,王世充之子王玄應率領的護糧隊全軍覆沒,王玄應隻身逃往洛陽。自此洛陽與虎牢關分別被孤立,唐軍總攻的機會終於來臨。

二月十三日,李世民指揮唐軍主力從北邙山南下,主攻目標直指洛陽青城宮。王世充眼見洛陽被困死,還不如拚死一搏,對決戰也求之不得。他知道李世民一向愛率精銳騎兵衝殺在前,萬一李世民在決戰中被打死或者重傷,那就很有希望再次上演鹹魚翻身的好戲。王世充趁著唐軍攻擊營壘還未修好,率眾兩萬從洛陽禁苑方諸門出動,憑藉門東故馬坊的堅固垣塹,臨谷水對唐軍擺下防守陣勢。唐軍分兵之後絕對數量並不多,方諸門東地勢又險要,易守難攻,故馬坊的垣塹高大堅固,將士們都覺得如果硬攻傷亡必定慘重。李世民的想法與旁人不同,他對左右諸將說:「王世充力窮,若今天將其打敗,以後他們就不敢再出戰了。」他直接讓屈突通率

攻洛陽：攻心為上，拔城為勢

五千步兵涉水硬撼鄭軍正面，囑咐屈突通，兩軍交戰之時在戰場上大放煙霧，攪亂戰局。煙霧燃起，李世民率精銳騎兵從北邙山衝下，與屈突通兩面夾擊。李世民一馬當先突入敵陣，直衝鄭軍背後。鄭軍頑強抵抗，死戰不退。由於青羊宮地形複雜，唐軍騎兵被長堤阻攔，大部隊與李世民失散，只有將軍丘行恭單騎跟隨。王世充軍數名騎將蜂擁而上，李世民坐騎被流矢射死，困在核心。危機時刻，丘行恭撥轉馬頭，向馳近李世民的敵騎張弓疾射，箭無虛發。追兵稍退，但他的坐騎也帶箭負傷。丘行恭跳下馬背，拔去箭矢，讓李世民乘坐，自己手執大刀，跳躍大呼，連斬數人，殺開一條血路，終於引李世民衝出敵陣，與大軍會合。此戰是李世民作戰生涯中最為凶險的戰鬥之一。李世民即帝位後，依然對此念念不忘，下詔在石碑上刻劃丘行恭從馬身上拔下箭矢的樣子，立於昭陵。這匹馬就是著名的昭陵六駿之一的「颯露紫」，現藏於美國費城大學博物館。

在唐軍強大攻勢前，王世充亦率部殊死戰鬥，先後四次被打散，又四次頑強地集結起來繼續戰鬥。唐軍驃騎將軍段志玄殺入敵陣之後馬匹被刺倒，被鄭軍所擒。鄭軍兩名騎兵夾著他，抓住他的髮髻，準備過河。段志玄奮勇跳起，將那兩名騎兵拉下馬來，搶了馬匹奔回己方，身後數百名鄭軍騎兵都未能追上。血戰三個時辰，鄭軍終於支撐不住，被迫撤回城中。李世民率軍追擊，殺至洛陽城下，將其團團包圍。此戰鄭軍被俘斬七千多人，唐軍亦損傷不小。從戰術上來說，唐軍僅僅是慘勝而已。但從策略上來說，此戰打破了王世充渾水摸魚的希望，將鄭軍牢牢困死在洛陽，唐軍已立於不敗之地。

第二天，王世充還不死心，又率兵從洛陽城南右掖門出動，臨洛水布陣。這時，原先被俘的唐驃騎將軍王懷文趁其收買人心而未加防範之際，突然用長矛行刺。他不知道王家有穿兩層重甲的習慣，把長矛捅斷了都沒能傷到王世充，最後失敗被殺。因為此事，王世充對部下得意洋洋地

第五章　大唐開國：李氏興起與天下歸一

說：「這樣都沒事，難道不是天命嗎？」有個御史大夫叫鄭頲的，拿這個湊趣，對他說：「臣聽說佛祖有金剛不壞之身，陛下莫不是佛祖轉世？臣太幸運了，降生在佛祖的時代。臣願意棄官削髮遁入沙門，精研佛法，以助您的神武。」這明著是誇王世充，其實是不願意和王世充再有瓜葛。王世充這個人精哪會聽不出來？於是答道：「你是國家大臣，一向聲高望重，一旦進身佛門，必將驚世駭俗。等到戰事過後，一定尊重您的志向。」話都說到這份上了，鄭頲回去依然削髮出家，結果被王世充斬首。從此，洛陽城內的人心更加離散。

二月二十二日，王世充的河陽（今河南孟州南）守將王泰棄城逃走，部將趙夐等舉城降唐。洛陽缺糧，王世充命大將單雄信、裴孝達進軍洛口，企圖奪回洛口倉。唐將王君廓與之相持，李世民親率步騎五千援助。單雄信等聞訊，當即向洛陽緊急撤退。王君廓率眾追擊，鄭軍大敗。

將王世充打得出不了門之後，李世民開始指揮唐軍向洛陽宮城推進。洛陽在多年攻防戰的洗禮下已經變成了一個超級戰鬥堡壘，城中所造的投石機能將五十斤重的石塊丟擲兩百多步（合今三百餘公尺）。洛陽造的弩車由八張巨弓組成，弩箭粗細如車輻一般，箭頭更是像大斧一樣，可射五百多步（合今七百五十公尺）。擁有如此可畏可怖的戰爭兵器，以當時的科技而言，無論戰鬥力多強的軍隊，恐怕都難以討好。

唐軍四面攻打洛陽宮城，晝夜不息，但連攻十多天都沒什麼成果，傷亡與日俱增。由於作戰時間過長，唐軍將士們開始厭戰，思鄉之情越來越重，將領們紛紛請求撤軍。李世民的字典中是沒有放棄這一說的。他下達死令：「洛陽不打下來絕不班師，如果再有人議論撤軍就立刻處死！」下達命令之後，李世民立刻派封德彝入長安彙報情況，取得了李淵的首肯，藉最高指示強力壓下了軍中的不滿情緒。

王世充的內部則愈加不穩，加強防務之後居然抓獲了十三名要逃跑的

將領。幾乎所有人都知道，王世充離滅亡不遠了。

二月三十日，鎮守虎牢關的鄭軍將領沈悅派人向李世勣暗中投誠，願意作內應。李世勣當即派王君廓連夜東進，突襲虎牢關。在沈悅的策應之下，虎牢關順利拿下，王世充的兒子荊王王行本等被俘。

三月中旬，洛陽城已被封鎖得一隻蒼蠅都飛不出去了，極度缺糧的洛陽城內可以用人間地獄來形容。城內絹一匹只值粟三升，布一匹只值鹽一升，其餘服飾珍玩，賤如糞土。城內的青草樹皮全都被老百姓吃光，之後只能用泥土充飢，最終全都患病而死。當年的三萬戶人家存活下來的連三千家都不到，公卿大臣們餓死的都不在少數。王世充無計可施，只能焦急地等待竇建德的援兵。

定中原：華北統一的關鍵節點

武德二年（西元 619 年）是竇建德的全盛之年。他不但消滅了弒君逆賊宇文化及，還幾乎徹底圍殲了河北的唐軍，將李淵堂弟淮安王李神通、妹妹同安公主、李世勣之父李蓋、魏徵一股腦全部俘虜。李世勣雖率數百騎逃脫，但心繫被俘的父親，只得向竇建德主動投降。

消滅掉河北唐軍後，竇建德對未來策略的發展突然陷入迷茫。當時河北、山東大部都在竇建德掌握之中。對手中的地盤，竇建德頗花了一番心思治理，號稱境內治安已達到「夜不閉戶」的程度。除竇建德外，包括李淵在內，隋末沒任何一個反王能夠做到這一點。如若隋末這場角逐是竇建德勝出，相信他也會是一個優秀的皇帝。竇建德雖將內政做得很好，對外擴張卻變得「拔劍四顧心茫然」。為了博取竇建德的信任，假裝投降的李世勣倒是替他出了一個好主意，建議攻打山東南邊的孟海公。如果此計畫

第五章　大唐開國：李氏興起與天下歸一

順利實施，竇建德將擁有黃河兩岸，下一步便可以沿河西進，攻略河南。志得意滿的竇建德雖然讚賞李世勣的意見，但還惦記著幾次攻打幽州失敗的經歷，一心要奪回幽州。竇建德又北上進攻幽州，結果再次遭到失敗，白白浪費了幾個月的寶貴時間。直至武德三年年底，他才重拾李世勣的計畫，南下進攻孟海公。從之後的局勢發展來看，這幾個月的延誤，對竇建德來說，可謂致命。

李世勣雖投降，卻身在曹營心在漢。李世勣這個人，出身大地主家庭，骨子裡對門閥世家那套是極為看重的，他是瓦崗寨的元老，是最早投奔翟讓的心腹大將之一，但對翟讓的死卻並無太多表示，很快便改換了門庭跟隨李密，李密被殺後還做了一回忠臣孝子。他對出身關隴頂級貴族門閥的李密和李淵忠心耿耿，對草根出身的竇建德卻毫無忠心可言，根本沒打算真的跟隨竇建德。武德三年（西元920年）正月，李世勣在漸漸取得竇建德信任之後，預備反叛。他原先準備趁竇建德渡河之際攻其軍營，襲殺竇建德，救回父親，玩一次漂亮的斬首行動。正逢竇建德的妻子生產，竇建德一直沒渡河，行動沒能成功。李世勣又與竇建德部將李文相結為兄弟，共謀襲殺竇建德歸唐，卻因一個獸醫僥倖逃跑而走漏了風聲，導致行動失敗。李世勣無法，只能拋下父親，和郭孝恪率數十騎返唐。恰逢李世民與宋金剛大戰，李世勣正趕上最後的決戰。李世勣如此對待竇建德，換成別人必然要將手上人質殺掉才行。但竇建德實在是個厚道人，反而誇李世勣是大大的忠臣，值得讚賞，居然索性將他的父親給放了。老實說，在這件事上，竇建德厚道得有點過分了。

唐鄭之間打得如火如荼，竇建德也對戰局極為關注。畢竟這對夏政權日後生存發展有極大的影響。竇建德此時有兩個選擇。第一個，聯唐攻鄭。因為皇泰主被殺的緣故，王世充與竇建德的關係已經非常惡劣，雙方甚至打過兩場。唐軍在攻打王世充的時候還派人邀請過竇建德，希望聯合出兵

消滅王世充。如果竇建德答應了，河南現成的大片土地就可以輕鬆到手。第二個，聯鄭抗唐。當時李淵已據有關中、山西、河西、隴右和巴蜀，具備了橫掃天下的基礎。如果竇建德不及早做出應對，下一個必然會輪到自己。一開始竇建德並未答應李淵的提議，只是送回了之前河北唐軍覆滅時被俘的同安公主，還在進行觀望，希望兩家能拚得兩敗俱傷。沒多久竇建德便發現，王世充崩潰的速度比他想像得要快得多，眼睛一眨就到了覆滅在即的邊緣，逼得他不得不救援王世充。

竇建德此時正進攻曹州（今山東定陶）的孟海公，騰不出手來，於是派其禮部侍郎李大師等向李世民表達希望兩家罷兵的意思。竇建德當然知道唐軍沒那麼容易罷休，之所以派遣使者，主要是給唐軍施加心理壓力，再就是觀察唐軍的虛實，看看是否有可乘之機。竇建德的小算盤打得啪啪響，但李世民更是精明，直接扣住使者不放，讓竇建德的打算全部泡湯。為了牽制竇建德，李淵派將軍劉世讓率兵從河東出土門（即井陘口，在今河北鹿泉西南），偷襲夏國都城洺州（治今河北永年東南，竇建德於武德二年十月由樂壽遷都於此），企圖拖延竇建德援助王世充的腳步，不過未能對竇建德造成太大威脅。

武德四年（西元621年）三月，孟海公投降，竇建德終於可以騰出手來插手河南戰局。十六日，迫不及待的竇建德徵發孟海公與徐圓朗等人的部眾，與本部兵馬組成十萬大軍，從周橋西進，親自援救洛陽。二十一日，進抵酸棗（今河南延津東）。接著，又相繼攻克管州（治今河南鄭州）、滎陽、陽翟（今河南禹州）等地，水陸並進，泛舟運糧，溯河西上。王世充之弟徐州（今屬江蘇）行臺王世辯派部將郭士衡帶兵數千與竇建德會合，號稱三十萬大軍，殺奔虎牢關。

竇建德做出援鄭的決定後，一路緊趕慢趕，卻還是晚了一步。虎牢關已先期陷落，夏軍只能屯於虎牢關東原（即東廣武，在今河南滎陽東北廣

第五章　大唐開國：李氏興起與天下歸一

武山上），與鎮守虎牢的唐將王君廓部對峙。

虎牢關，又稱汜水關，是洛陽的東面門戶，號稱「南連嵩嶽，北瀕黃河，山嶺交錯，自成天險」。掐住這裡，一夫當關，萬夫莫開。竇建德知道此關是個難啃的骨頭，只得在板渚（位於今滎陽西北汜水鎮黃河側）臨時修築宮室，作長期進攻的準備。另外派人繞道入洛陽，為王世充打氣。竇建德大軍壓境給了唐軍極大壓力。此時洛陽久攻不克，唐軍內部出現嚴重分歧。部將郭孝恪和記室薛收等人認為，王世充缺糧，但裝備精良。竇建德士卒精銳，又運來大批糧餉，兩者正好取長補短。因此絕不能讓他們合兵一處，否則唐軍便會有大麻煩。此時應該用主力繼續圍困洛陽，李世民率精銳依虎牢關堅城據守，等竇建德露出破綻再一舉擊敗他。但蕭瑀、屈突通和封德彝等人卻認為，唐軍疲憊思歸，王世充據守堅城，不易攻克，竇建德又驅大軍援救，勢不可當。唐軍如繼續圍城，將會腹背受敵，這絕非上策。他們主張將唐軍攻占洛陽周邊的軍隊集結起來，撤往新安，也就是慈澗地區，回到唐鄭戰爭的起始點，再看看有沒有機會。李世民對大勢看得清楚，他說，王世充現在大勢已去，就剩下最後這一口氣，很快會完蛋。竇建德雖然兵勢凶猛，但被我們占據了有利地形，打防守戰我們必然能獲得勝利。如果竇建德拖時間，王世充不出一個月就會完蛋，到那時我們集合主力，必然能一舉擊敗竇建德。如果放竇建德入關，敵人的軍勢會大大加強，哪裡還會有機可乘呢？於是他決定讓齊王李元吉統帥圍困洛陽守軍，屈突通等部將協助，自己親率驍勇三千五百騎，東援虎牢關。

三月二十五日，李世民日夜兼程抵達虎牢。第二天，他不顧行軍疲憊，率五百精銳向竇建德的營地出發，又要親自觀察竇建德軍的虛實。走到半路上，李世民讓李世勣、程知節、秦叔寶這三員大將率領士兵們分散埋伏，自己身邊只留下尉遲敬德這個「天下第一保鏢」和另外三騎。李世民豪氣萬丈，對尉遲敬德說：「我拿弓矢，你執馬槊，前面就算有百萬敵軍又能

怎麼樣？」走到離竇建德大營還有三里地的時候，他們遇到了夏軍的巡邏哨。這些人以為李世民是唐軍的普通斥候，居然懶得搭理。李世民很不滿意，大喊道：「我是秦王！」射死了一個敵人，這才引動了夏軍的大部隊，據說一下子出動了五六千騎追殺。李世民毫無畏懼，策馬慢慢走，等追兵快殺到的時候，就用弓箭射擊，每次都能射死一個，讓追兵驚懼不已。李世民前後射殺數人，尉遲敬德亦殺了十幾個，終於讓追兵不敢再逼。但李世民又在追兵面前炫耀，引誘敵人來追，終於將夏軍誘入了伏擊圈。伏兵大起，夏軍大敗，被斬首三百餘級，兩名將官被俘。羞辱了竇建德之後，李世民還寫了一封信，大概意思是王世充大勢已去，您還是引兵自歸吧。

從這次探營的行動可以看出，夏軍還是一副典型的地方武裝架構，完全沒有正規化。李世民等人距離夏軍大營只有三里的時候才被巡哨發現，之後的追擊也沒有任何章法。看到夏軍是如此水準，李世民心裡有了底，策略布置更加揮灑自如。

王世充得到竇建德來援的消息，心下大喜，讓手下大將楊公卿、單雄信再度向唐軍挑戰。面對李元吉，王世充果然還是強了不少。唐軍不但戰敗，還損失了行軍總管盧君諤。不過這場勝利並未打破唐軍對洛陽的包圍，王世充依然只能無奈地盼望竇建德解圍大軍快些到來。

竇建德對虎牢雄關同樣無可奈何。攻城戰需要高度戰術技巧，原本就是地方起義軍最無從下手的。所以竇建德數次攻打幽州而不克，這次又遇上守城專家李世民，更是連連吃癟。夏軍匆忙來援，完全沒有經過任何整合，純粹是將孟海公、徐元朗、王世充以及竇建德本部等幾部勢力拚湊而成，不能形成統一的指揮，素質良莠不齊。又因為幾度失利，先前的銳氣消磨殆盡，人心思歸。李世民又派王君廓率千餘輕騎打擊竇建德的糧道，也獲得成功。這時候開始有人向竇建德進言，建議他不要屯兵在堅城之下，應率軍過黃河，翻越太行山，聯合突厥去打李淵空虛的老家山西，這

第五章　大唐開國：李氏興起與天下歸一

樣可以達到圍魏救趙的目的。其實這個建議是突厥處羅可汗曾提議過的策略，只不過因為處羅的突然死亡而遭到擱置。這個建議得到了竇建德妻子的首肯，卻被竇建德否決。竇建德的意見是──王世充危在旦夕，如果重新改變策略去打山西，搞不好軍隊還沒到山西，王世充已經被掃平了。這個建議雖然看似很有道理，但以夏軍的能耐，想要翻越太行山入山西，實在困難。如果在山地被唐軍伏擊，危險性比在平原上面對面決戰要大得多。此外，翻山越嶺去進攻山西，對夏軍的後勤更是巨大的考驗。竇建德的後勤全部依賴黃河，河運比陸路方便得多。但打山西無法藉助河運，一旦被截斷糧道，真就是叫天天不應，叫地地不靈了。這計畫實在是紙上談兵，書生之見。

隨著時間的推移，竇建德愈發焦躁。他決定趁唐軍馬匹飼料用盡，在黃河北岸牧馬之際，總攻虎牢關。現在夏軍內部真是魚龍混雜，這樣重要的軍事機密很快被唐軍知曉。於是，李世民又一次在武德四年（西元621年）五月一日北渡黃河，南臨廣武（即西廣武，在今河南滎陽東北廣武山上），親自偵察敵情。他最後決定，將計就計，故意留馬千匹在河灘之上，引誘敵軍出擊。第二天，竇建德果然全軍出動，北倚黃河，南連鵲山，在汜水東岸南北寬二十多里的寬闊地帶布置軍陣。王世充部將郭士衡也率部在夏軍之南布陣，「綿亙數里」，大肆「鼓譟」，以壯聲威。面對壓境強敵，唐將都有些心怯。李世民率數騎登高瞭望後，對眾將說，竇建德興起山東，從未參與大戰，現在冒險喧囂，一點紀律都沒有，逼城布陣，對我軍十分輕視。我軍如果按兵不出，敵軍的勇氣自然會低落下去。敵軍過不了多久就會因為飢疲而退兵，那時候我軍趁勢出擊，必勝無疑。他發誓說：「過了中午就能收拾他們！」因此，他嚴陣以待，儘管竇建德多次派兵挑戰，李世民拒絕出擊。

面對作烏龜狀的唐軍，竇建德也有點急。竇建德學李世民，派了三百

精銳騎兵渡過汜水,在距離唐營一里的地方停下,派人向唐軍挑釁:「有種你們也找幾百精銳,我們比試比試!」對於這樣的挑戰,李世民從來不會迴避,更不會以多欺少。為表示鄙視,他僅僅派王君廓率二百步兵手執長矛應戰。兩軍交鋒之下,夏軍三百精銳騎兵居然拿兩百唐軍長矛手都毫無辦法,最後打了個平手,各自引軍退回。此時王世充的姪子,代王王琬騎著昔日隋煬帝的御馬,馬甲齊全,全套重型披掛,在兩軍陣前耀武揚威。李世民也是愛馬之人,讚嘆道:「這馬真俊啊!」尉遲敬德聽後,便如《三國演義》中趙雲為劉備取的盧馬一般,決意要為李世民奪下這匹好馬。李世民當然不肯,說:「怎能為了區區一匹馬讓大將陷入險境呢?」尉遲敬德執意要去,硬是帶了高甑生、梁建方三騎將,冒著槍林箭雨直衝入敵陣,擒下王琬,牽著他的馬回歸本陣,夏軍內無人能擋。戰鬥到這個份上,李世民感覺時機已經成熟,於是派人召回留在河灘上的戰馬,準備開始反攻。

　　竇建德從辰時布陣,到午時已歷三個時辰,士卒飢渴睏倦,紀律差的弱點暴露無遺。有的席地而坐,有的爭搶飲水,有的準備退卻。李世民看到決戰的時刻來到,命令宇文士及率三百餘騎從竇建德軍陣西面馳向陣南,進行試探性攻擊。他告誡說,如敵陣不動,應立即退回,如陣勢移動,則引兵向陣東出發。宇文士及率部馳至竇建德陣前,夏軍果然騷動。這時,河灘上的戰馬也被領回,李世民立即下令唐軍全線出擊。他親率輕騎首先衝出,唐軍主力緊隨其後,東渡汜水,直向夏軍陣前殺來。竇建德正要召集群臣議事,唐軍突然殺來,這幫大臣亂作一團,匆忙奔向竇建德處躲避,卻反阻塞了夏軍騎兵的道路。竇建德只得在宮室前面揮手讓群臣後退,使騎兵抵抗唐軍。但混亂之中,唐兵已至。竇建德大驚失色,慌忙向東陂撤退。唐將竇抗率部緊追,夏軍拚死抵抗,唐軍一時不得寸進。李世民拍馬趕到,率騎兵接陣衝擊,所向披靡。當時唐淮陽王李道玄挺身陷陣,直出敵後,又突陣而歸,往來兩次,飛矢集身,狀若蝟毛,而勇氣不

第五章　大唐開國：李氏興起與天下歸一

衰。他張弓勁射，敵軍皆應弦而倒。其餘將士亦奮勇向前，喊聲大作，塵埃蔽天。李世民率史大奈、程知節、秦叔寶等勇將在激戰之中直穿敵後，在夏軍陣後打起了唐軍旗幟。夏軍將士望見陣後唐旗，遂全線崩潰，向西撤退，唐軍追擊三十多里，殲敵三千。

竇建德在逃跑的時候被追兵連捅數次。他可沒有王世充那麼好的盔甲，逃至牛口渚就被車騎將軍白士讓、楊武威追上，慌忙之中竇建德連馬都控不住，直摔下馬。白士讓要拿馬槊刺竇建德，竇建德表現得實在不像好漢，他大叫道：「別殺我，我是夏王竇建德！」可嘆一世豪傑，到此英雄末路之時，也只能作此情狀。真所謂「時來天地皆同力，運去英雄不自由」。楊武威追上來將竇建德俘虜。竇建德見到李世民後，兩人間的對話頗為有趣，李世民責問說：「我軍討伐王世充，跟你有什麼關係？居然敢越境挑釁？」竇建德回道：「我如果不來，您以後還不得大老遠跑去河北抓我？那多麻煩！我現在送上門豈不更好？」

夏軍見主帥被擒，相繼投降的有五萬多人。李世民將其全部遣歸鄉里，只有竇建德之妻曹氏率數百騎逃回洺州。無論是李世民還是竇建德，之前都恐怕萬萬沒想到，此戰居然會以這樣無厘頭的喜劇方式告終。

虎牢決戰結束，李世民率得勝之師回到洛陽城下，繼續圍攻王世充。沿途偃師（今河南堰師東）、鞏縣（今河南鞏義東北）以及洛陽故城（在今洛陽東洛水北岸）的鄭軍守將紛紛投降。王世充苦等數月，沒等到竇建德的解圍大軍，反而等到了身為俘虜的竇建德。李世民將俘獲的竇建德和王世充部將郭士衡等帶至洛陽城下，王世充立刻崩潰了，與竇建德「相對無言，唯有淚千行」。他在絕望之餘，向諸將提議突圍而出，南走襄陽，但遭到諸將的一致反對。王世充在突圍無望、守城不得的形勢下，於五月九日出城投降。第二天，李世民率軍進入洛陽，嚴令守護街市，維持治安，秋毫無犯。又封存府庫，將金帛財物分賞有功將士。只將王世充黨羽中的

段達、王隆、單雄信、郭士衡等十多人斬於洛水之上，其餘不戮一人。

行刑之時，又發生了評書中最著名的橋段之一——李世勣與單雄信的最後送別。李世勣與單雄信是好友，當年誓同生死。李世勣極力為單雄信向李世民求情，說單雄信武藝超群，對國家有大用處，願以自己的官爵贖單雄信的性命，留他為唐軍效力，李世民卻不准。處刑當日，李世勣前往送行，單雄信說：「我就知道你辦不成事。」李世勣說：「我本當與兄同死，但是我既然以身許國，忠義就無法兩全。再說我死以後，誰來照顧兄的妻小呢？」接著從自己的大腿上割下一塊肉，說：「讓這塊肉隨兄入土，不負我們當年的誓言！」單雄信死時李世勣慟哭不已，之後還收養了單雄信的兒子，將其撫養成人。在此種城頭變幻大王旗的亂世年月，能有如此深厚的兄弟情義，實在是不容易。

按照李淵的老習慣，凡是稱王稱帝的反王一個不留，所以竇建德亦被送斬長安。王世充因為李世民答應不殺，因此李淵賣了個面子當時沒動手，但終究還是沒有放過他。在徙蜀途中，王世充被「仇家」所殺，其餘子姪也被安上謀反的罪名處死。兩大反王的滅亡，終於讓亂世到了該終結的時候。

平黑闥：消滅最後反王的收官之戰

平定河南河北之後，李唐王朝席捲天下已成定局，可此時李淵卻犯了個錯。當時派去河北的李唐官吏對竇建德的老部下橫挑鼻子豎挑眼，動不動就關起來，甚至隨意用刑，很有秋後算帳的味道。李淵甚至還頒布詔令，要求竇建德的部將們趕往長安。要知道李淵從來不是心胸寬大之人，自李唐建國以來被擊敗的反王沒幾個有好下場。李密、王世充、竇建德、

第五章　大唐開國：李氏興起與天下歸一

杜伏威等人，不是暗殺就是明正典刑。這些竇建德的老部下們可不會認為李淵會有什麼好意。這些人都是殺人越貨、刀頭舔血的狠角色，任人宰割不是他們的一貫作風。如此，大夥兒一合計，都認為去長安必定有死無生。既然橫豎都是死，那乾脆反了。於是眾人推舉劉黑闥為頭，起兵反唐。

李淵平定了竇建德、王世充，突厥那邊也沒閒著。新即位的頡利可汗在此期間整合內部，將突厥汗國的大權牢牢掌握在自己手裡。唐朝一統中原之後，突厥本無機可乘，劉黑闥的起兵卻給了突厥人絕好的機會。兩家一拍即合，迅速勾搭在一起。

劉黑闥是竇建德手下頭號猛將，很是勇猛善戰，加上突厥又出兵援助，唐軍猝不及防之下就吃了很大的虧。一開始李淵也沒當回事，僅僅命負責河北地區的淮安王李神通與幽州總管李藝統兵平叛。李神通率關內兵與李藝（這個李藝便是演義中號稱「氣死小辣椒，不讓獨頭蒜」的羅成之父羅藝，歷史中割據幽州，一直未被竇建德攻克，歸順李淵之後賜姓為李）會合於冀州，又徵發附近六州五萬士卒，布陣十餘里，與劉黑闥會戰於饒陽城南。劉黑闥兵少，排不了如唐軍般的長陣，於是讓軍隊背靠長堤，減少陣型的厚度以增加長度，來與唐軍的長陣相抗衡。此時風雪漫天，李神通於順風之時領全軍突擊，希望以天時加兵力的優勢將劉黑闥一舉打垮。天公不作美，沒等衝到跟前，風向突變，反而變成了唐軍逆風。劉黑闥乘勢決戰，風雪瀰漫之下，唐軍大潰，士馬軍資失亡三分之二。同時間，幽州總管李藝在西面布陣，與劉黑闥部將高雅賢合戰。高雅賢不是對手，唐軍追殺數里遠。可突然接到本陣失利的消息，李藝無奈之下只能退守藁城（今河北藁城）；劉黑闥乘勝追擊，李藝也不是對手，大將薛萬均、萬徹兄弟竟都被俘虜。李藝不敵之下，只能引兵敗歸幽州。戰敗唐軍主力之後，劉黑闥再接再厲，將又回到黎陽鎮守的黎州總管李世勣所率五千步卒殺得全軍覆沒，李世勣僅以身免。

平黑闥：消滅最後反王的收官之戰

由於竇建德在河北深得民心，打著竇建德繼承人旗號的劉黑闥亦深受擁護。短短半年之內，劉黑闥殺魏州刺史權威、貝州刺史戴元祥、屯衛將軍王行敏、鄱陽刺史裴晞、瀛州刺史盧士睿、毛州刺史趙元愷、冀州刺史麴稜、魏州總管潘道毅等李唐官吏，盡數恢復了以前竇建德所占有的地盤。

突厥不單援助劉黑闥反唐，同時出兵與馬邑劉武周的殘部苑君璋一同進攻雁門。定襄王李大恩部將王孝基引兵相拒，全軍覆沒。李大恩寡不敵眾，只能據城死守。突厥圍城月餘之後繼續南下，唐將尉遲敬德、竇琮、桑顯和、楊師道等分率大軍救援，苦戰逾月，終於將突厥人擊退。俗話說「牆倒眾人推」，一見有機可趁，原先投誠的反王如高開道、徐圓朗等人響應劉黑闥而紛紛起兵，勾結突厥入侵內地，一時間關東大地烽火處處。

劉黑闥勢大難制之下，李淵只得再次祭出百試百靈的大殺器。武德四年（西元621年）十二月十五日，李淵以秦王李世民為主帥，齊王李元吉為副帥，麾軍討伐劉黑闥。劉黑闥聞李世民前來，立刻收縮兵力，放棄相州，退守老巢洺州。李世民順勢攻取相州，兵鋒直指洺州。大軍攻至肥鄉，在洺水（今河北省南部之洺河。源出武安縣西太行山，東經監洺關北，自此以下，河道屢改，今則東流經永年縣北折，匯入滏陽河）岸上紮營與劉黑闥對峙。幽州總管李藝重整旗鼓，再次領本部兵馬會同秦王李世民討伐劉黑闥。劉黑闥聞訊後，於武德五年正月二十七日命范願率兵一萬守洺州，自己率主力企圖搶先打垮李藝。當劉黑闥夜晚於沙河縣宿營時，唐將程名振攜帶六十面大鼓，潛至洺州城西二里處的河堤上猛擂，鼓聲喧天，洺州城中地動屋搖。這招虛張聲勢讓范願驚慌失措，以為唐大軍將要攻城，急派飛騎示警劉黑闥。劉黑闥聞報，害怕老巢有失，急忙返回，僅留下弟弟劉十善和行臺張君立率領一萬兵馬在鼓城（今河北晉州）攻打李藝。李藝不是易與之輩，想對付他這點人馬又怎麼夠？正月三十日雙方戰

第五章　大唐開國：李氏興起與天下歸一

於徐河（今河北保定東北），劉十善、張君立果然大敗，損失八千人。

在唐軍的威壓之下，劉黑闥所據的城池也感受到了莫大的壓力。對劉黑闥心懷不滿的洺水人（今河北周曲東南）李去惑搶下洺水城後降唐，李世民派彭公王君廓率一千五百名騎兵入城共同守城。洺水城是洺州的策略要地，位置在肥鄉以北，洺州城以東，洺水與漳水交界之處。此時李藝在北，李世民在南，已經是兩面夾擊的包圍態勢。劉黑闥所能控制的地區全數在東面，唐軍得到了洺水城，不但等於控制了漳水的東岸，而且掐斷了劉黑闥軍與東面各州的聯繫。劉黑闥聞訊，立即率兵猛攻洺水城。二月二十一日，前鋒行至列人縣，被秦瓊給攔了下來，兩軍混戰。秦瓊勇猛無敵，劉黑闥前軍因此敗退。李世民乘勝收復邢州（治龍岡，今河北井陘西北）、井州。李藝亦奪取了定（治安喜，今河北定縣）、欒（治今河北隆堯東）、廉（治今河北藁城）、趙（治平棘，今河北趙縣）四州，抓獲劉黑闥尚書劉希道，與唐軍主力會師於洺州。

秦瓊小勝一場，依然未能阻止劉黑闥收復洺水的決心。他的主力突破唐軍封鎖，將洺水城團團包圍。該城雖城防很差，但地勢險要、四面環水，水寬五十餘步，深三四丈，於是劉黑闥在城東北修建兩甬道（這甬道本來的意思是庭院或墓地中磚石鋪的路，在這裡筆者認為其實是浮橋）準備攻城。李世民率兵三次增援，而劉黑闥軍頑強阻擊，將唐軍擋在了洺水城之外。洺水已成孤城一座。劉黑闥軍戰鬥力很強，眼看甬道即將修成，李世民認為以王君廓的能力絕守不住洺水。大將李世勣也進言道：「甬道修成之日，便是洺水城陷之時。」但洺水乃兵家必爭之地，絕不能失。在洛陽戰役中大出風頭的猛將羅士信自告奮勇，請求入洺水代替王君廓守城。李世民登上城南高墳，用旗語令王君廓突圍。唐軍裡應外合，王君廓率兵向外突圍，羅士信則率人向內衝，代其堅守城池。劉黑闥軍一開始被唐軍打了個措手不及，但很快便反應過來，再度將突破口堵死，羅士信手

下能突入城中的僅二百餘人。甬道修成後，劉黑闥猛攻洺水城。羅士信不愧猛將之名，在十幾倍敵軍圍攻之下死守八晝夜。可惜天公不作美，此時天降大雪，唐軍增援不上，洺水城最終於二十五日陷落，羅士信被俘。劉黑闥極為欣賞羅士信的勇猛，想要招降他。羅士信威武不屈，最終被殺，年僅二十。（關於羅士信的年齡目前還有疑問，《新唐書》載享年二十八，而《舊唐書》與《資治通鑑》均記載為二十，但是按照《通鑑》所說，其在大業九年，也就是西元613年是十四歲，那武德五年去世的話應該是二十四歲，這與兩種記載均相差四歲之多，實在不知何故。）四天後終於放晴，李世民率大軍奮戰，劉黑闥軍亦因羅士信的堅守而打得精疲力盡，洺水城再次易手。就這次洺水城攻防戰來說，唐軍雖然完成了封鎖劉黑闥的策略目標，但為此城損一大將，實在得不償失。以羅士信之武勇，如能活到貞觀年間，唐帝國征伐四方的輝煌戰績中必定有他一份。只可惜「壯志未酬身先死」，這也是身為武人的一種悲哀吧。

攻下洺水城後，劉黑闥已如困獸。他被唐軍死死封鎖在洺州城方圓極小的一個地域內，已無策略迴旋餘地，與東邊各州的糧道亦被掐斷。劉黑闥因此向唐軍多次挑戰，但李世民算準了劉黑闥軍缺糧，急於求戰的心理，堅守不出。劉黑闥沒奈何，於是想了一個法子，於三月十一日在軍中大擺宴席，向唐軍示威，表示己方並不缺糧。李世勣趁機襲營，被劉黑闥等個正著。唐軍不但沒能襲營成功，反被追殺。劉黑闥手下左大將高雅賢當時也是喝多了，單槍匹馬紅著眼睛追殺李世勣，不知不覺中與大部隊拉開了距離，冷不防被李世勣部將潘毛刺於馬下。等高雅賢部下繼後趕到，扶其回營之時，發現他早已一命嗚呼。唐軍沒有吸取襲營失敗的教訓，兩日後重施故技，結果被劉黑闥手下右大將王小胡生擒潘毛，算是為高雅賢報了仇。唐軍只得繼續堅守不出。劉黑闥在後勤壓力之下不得已冒險從東邊的冀、貝、滄、瀛等州水陸運糧，不出意外被唐將程名振率軍所攔截，

第五章　大唐開國：李氏興起與天下歸一

舟、車皆被沉焚。唐軍襲營啟發了劉黑闥，他也照葫蘆畫瓢發起了一次突襲。所謂來而不往非禮也，這次劉黑闥瞄準的也是李世勣的大營。李世民親率兵馬自後救援，哪知劉黑闥早有防備，不但沒能解圍，李世民自己和其後亦是名將之一的略陽公李道宗一同深陷重圍，險遭不測。最後還是尉遲敬德神勇無敵，親自率敢死隊冒死陷陣，才將二人救出。

或許有人會非常奇怪，李世勣與李靖並稱為「初唐二李」，屬於在整個中國歷史上都排的上名次的名將，戰功赫赫，為何在對陣劉黑闥的時候表現如此不濟？其實這裡面有段內情。話說劉黑闥本不是竇建德手下的將軍。天下大亂之後他先跟隨郝孝德，後來李密掌握瓦崗義軍，他又在李密手下當裨將。此時李世勣也是瓦崗寨的重要人物之一，他們二人可以說還是同一個戰壕的同袍。李密被王世充擊敗降唐，劉黑闥又跟了王世充。竇建德聯合突厥人大舉攻唐，李世勣不能敵，與李淵的妹妹同安長公主及淮安王李神通俱被俘虜。竇建德抓了李世勣的父親，李世勣無奈之下只能為他賣命。李世勣想歸唐，但竇建德看得緊，不好行動，必須做出一點功績來讓竇建德放鬆戒備。這時候王世充派了劉黑闥防守新鄉，正好撞到李世勣的槍口上。於是他率軍進攻新鄉，把劉黑闥抓了，當作投名狀獻給竇建德。可沒想到，劉黑闥與竇建德是從小玩到大的好朋友，劉黑闥乾脆就跟了竇建德。而李世勣則在竇建德放鬆警惕之後，連父親也不要就逃回了唐朝。因此，李世勣與劉黑闥之間既熟識又有極大的過節，劉黑闥打李世勣自然能發揮出百分之一百二的戰力來。

唐軍堅守至六十日，劉黑闥軍中終於糧盡，只得傾巢而出，以步騎兩萬與唐軍決戰。唐軍早已在洺水上游攔堤築壩，堵截水流。李世民與上游士卒約定，兩軍交戰之時，伺機決堤放水。唐軍再也不高掛免戰牌，而是全軍出動。李世民以輕騎為先鋒，與劉黑闥軍騎兵混戰。李世民自率精騎於後掩殺，劉黑闥騎兵不是對手，向後敗退。李世民趁勢率騎兵衝擊，馬

踏劉黑闥的步兵大陣。劉黑闥軍亦是驍勇善戰,以步卒對抗騎兵依然陣勢不亂,殊死反擊。兩軍從正午戰至黃昏,劉黑闥軍雖死戰不退,但終究不敵,漸漸顯出敗相。右大將王小胡對劉黑闥長嘆:「智力盡矣,宜早亡去。」與劉黑闥先行撤退。手下士兵並不知情,依然奮勇戰鬥。唐軍在上游挖開大壩,洪水洶湧而至,瞬間平地成為澤國,水深丈餘。背水一戰的劉黑闥軍猝不及防,終於潰敗,被斬首萬餘,溺死數千人。劉黑闥見事不可為,只得率兩百餘騎逃奔突厥。

李世民與劉黑闥生死鏖戰之際,李淵為了不被兩線攻擊,再次向突厥表達了改善關係的想法,派使者帶了大批金銀珠寶賄賂突厥頡利可汗,並且答應進行和親。突厥人收了財物之後倒是放了之前抓的人質,當然李淵亦將突厥方的人質放歸。眼見唐突兩國關係即將轉為和諧之際,沒想到突厥人翻臉比翻書還要快,突然發兵與高開道、苑君璋一同進攻雁門。守將并州總管劉世讓死守月餘,終於頂住了這次突襲。唐軍正處於平劉黑闥的關鍵時刻,因此只能隱忍不發。等劉黑闥被李世民打跑之後,唐代州總管定襄王李大恩探得突厥發生饑荒,計劃與殿內少監獨孤晟一同進攻苑君璋所占據的馬邑,約定於二月在馬邑會合。本來計畫是不錯,可獨孤晟居然失期不至,李大恩勢單力孤面對敵人的優勢兵力,只能退守新城(在今山西朔縣西南)。這時劉黑闥正好逃到突厥,他的勇武讓突厥人非常欣賞,於是突厥頡利可汗派數萬騎兵與其一起進攻新城。李淵急派右驍衛大將軍李高遷往救,還未趕到,李大恩已糧盡,只得趁黑夜倉促突圍,劉黑闥與突厥乘機掩殺,大敗唐軍,唐軍陣亡數千人,李大恩歿於陣。之前劉黑闥因缺糧被李世民打得一敗塗地,此次斬殺李大恩,也算是小小地報了一回仇。

劉黑闥擊敗李大恩之後招兵買馬,很快又聚集起一股勢力。六月,劉黑闥再次起兵,引突厥軍進擾山東。李淵詔令燕郡王李藝征討。十七日,劉黑闥引突厥軍進攻定州(治安喜,今河北定州),其舊部曹湛、董康買

第五章　大唐開國：李氏興起與天下歸一

在鮮虞縣（即安喜）起兵響應。七月十五日，李淵命淮陽王李道玄為河北道行軍總管，原國公史萬寶為其副，進剿劉黑闥。李唐王朝對竇建德、劉黑闥舊部採取的是殘酷鎮壓政策，因此原竇建德一派的山東豪傑均不願歸順唐廷，他們潛伏在暗處活動，一旦有風吹草動，便又是烽火燎原。很快，他們等到了這個機會。

反王們的不爭氣讓突厥人再也看不下去，頡利可汗終於赤膊下場，要與唐王朝大打一場。頡利可汗於武德五年（西元622年）八月親自率精騎十五萬入侵并州（治晉陽，今山西太原市西南）、原州（治平高，今寧夏固原），軍容之盛，被形容為「自介休至晉州，數百里間，填溢山谷。」這一下唐廷震動，將太子李建成、秦王李世民一股腦地派了出去，又派談判專家太常卿鄭元璹前去求和。能打才能和，唐廷內部深諳這個道理，於是命令全力反擊。唐軍的奮戰帶給突厥很大的麻煩，并州大總管襄邑王李神符、汾州刺史蕭顗等唐將先後取得對突厥的勝利。雖說打的並非突厥主力，依然讓突厥人知道唐軍不是好惹的。此時西方傳來西突厥進攻的消息，頡利可汗再無鬥志，談判使者鄭元璹順理成章地達成了和約。突厥人的大規模干涉就此無疾而終。

唐廷集全部兵力北上防禦突厥導致河北空虛，劉黑闥自然不會放過這等天賜良機。他率所部於九月南下，攻陷瀛州（治河間縣，今屬河北），殺唐瀛州刺史馬匡武。東鹽州（治今河北滄縣）人馬君德據州城歸附劉黑闥。此時李淵兩個最有能力的兒子全派去防禦突厥，剩下的只有李元吉。李淵此人對外臣很是不信任，兵權大都交予親族掌握，雖然李元吉很不可靠，但也只能「蜀中無大將廖化作先鋒」。十月，李淵任命齊王李元吉為領軍大將軍、并州大總管，作為之前河北道行軍總管淮陽王李道玄的後續援軍，討伐劉黑闥。

論軍事能力，劉黑闥在初唐算得上是頂尖人物。此次捲土重來，他依

平黑闥：消滅最後反王的收官之戰

舊生猛無比，地方唐軍無力抵抗，紛紛敗退。十月十七日，劉黑闥與淮陽王李道玄率領的三萬唐軍主力於下博相遇。這李道玄非常有能力，十五歲就從軍出征，在平竇建德一戰中立有大功，在李淵家族中算是一顆新星。李淵千不該萬不該，居然派了個史萬寶作李道玄的副手。這史萬寶是個什麼人呢？他是個大俠，江湖外號還挺響亮，號稱「長安大俠」。那麼大俠又是個什麼概念呢？他可沒有金庸說的「為國為民」這麼崇高，而是「以武犯禁」，拿今天的話來說就是一個黑社會老大。此人靠著李淵起兵之時資助李淵堂弟李神通起家，也做到了國公的位置。他仗著自己後臺硬，不把身為王族的李道玄放在眼裡。二人當時商定，李道玄率騎兵在前突擊，史萬寶領步兵自後跟進，意圖一舉擊破劉黑闥。這種戰法其實學自李世民，李世民每戰便靠重甲騎兵將敵陣衝破一個缺口，步兵隨後跟進，將敵陣的缺口擴大直至完全崩潰。按理說，這樣的戰術決策並無錯誤。可史萬寶倒好，心裡非常反對，但當面不說。等李道玄率先突擊之後，他才拿道路泥濘做藉口，對部下說：「我有皇上的手諭，裡面說淮陽王是個毛頭小子，軍事方面都由老夫作主。如今淮陽王輕脫妄進，跟他一起胡鬧必然全軍覆沒。不如讓淮陽王作為誘餌，他敗了敵人必然輕兵冒進，我們嚴陣以待，一定能大破敵軍。」李道玄畢竟年輕，沒想到史萬寶居然敢在背後扯後腿，結果孤軍衝陣，被劉黑闥軍團團包圍，歿於陣中，死時年僅十九歲。

　　史萬寶自以為得計，哪知劉黑闥不是什麼善類，其軍擊破李道玄之後更是勇不可擋，唐軍卻因為李道玄的敗沒而士氣大降，兵無鬥志。兩軍交鋒之下唐軍大潰，全軍覆沒。史萬寶倒是拿出了一些大俠的功力，輕功無人能敵，隻身一溜煙逃回長安，讓劉黑闥軍目瞪口呆、望塵莫及。要說史萬寶後臺也是硬，做了這樣的事居然沒受什麼處罰，不過此人前途也算就此完蛋，在歷史上再無登場的機會。李道玄之死使得山東震駭，唐洺州總管、廬江王李瑗棄城西逃。齊王李元吉也畏懼劉黑闥兵勢，不敢進兵討

第五章　大唐開國：李氏興起與天下歸一

伐。於是河北諸州皆歸附劉黑闥。短短十天，劉黑闥盡復舊地，復都洺州，聲勢大振。

劉黑闥這麼厲害，按理說讓曾經擊敗過他的李世民來討伐是一件順理成章的事情，大臣們也是如此主張。可此時唐室內部矛盾已經突顯，李世民功高震主，已讓太子李建成的位置很是不穩，李建成急需軍功來鞏固自己的地位。於是，他自告奮勇請求討伐劉黑闥。李淵也有意培養太子的權威，令李建成率關中兵征討劉黑闥，陝東道大行臺及山東道行軍元帥、河南、河北各州均受其指揮，有權便宜從事。這個任命透露出的意思非常值得玩味。要知道，陝東道大行臺的最高掌權者是秦王李世民。這個任命向群臣再次強調：太子李建成對秦王李世民有指揮的權力。

劉黑闥在河北雖屢戰屢勝，卻已到了強弩之末。俗話說兵馬未動，糧草先行，劉黑闥就吃虧在這上面。李淵占據的關中是個好地方，隋末大亂後幾乎沒有遭到什麼兵災，因此有一個穩定的根據地提供糧食兵員。劉黑闥所占的河北、山東等地卻是從楊廣征高麗起就屢遭兵災，各種盜賊、割據勢力在這裡混戰，早已田地荒蕪、民不聊生。在這片土地上，劉黑闥雖然每每能利用反唐的竇系山東豪傑們驅逐李唐王朝的勢力，克復全境，但糧食和兵員天上掉不下來。他再勇猛，最終也只能落得一個楚霸王的下場。

擁有便宜行事大權的李建成迅速整合了河北山東一地的唐軍，與劉黑闥開始了激烈的拉鋸戰。劉黑闥一直打到彈盡糧絕，手下士兵疲憊得連陣都擺不了，還在頑抗。身為太子幕僚的魏徵出了一個主意——劉軍之所以到了這種情況還在拚死反抗，是害怕唐軍秋後算帳，如果李建成把目前在押的叛軍犯人家眷都釋放以取信於人，敵人便會不戰自敗。這一招彷彿是壓垮駱駝的最後一根稻草，劉黑闥部屬因此紛紛逃亡，或縛其將官降唐。劉黑闥眼見勢不可為，再次率軍逃亡。他一生打雁，臨了被雁啄瞎了

眼。當他晝夜兼行逃至饒陽（今河北饒陽東北）時，從者僅剩百餘人，十分飢餓。劉黑闥任命的饒州刺史諸葛德威出城迎接，請他進城。劉黑闥本對他有所懷疑，不願進城，但在諸葛德威反覆流淚的請求下，終於答應了對方的邀請，到城旁的市場中休息。諸葛德威送來了大量食物，劉黑闥等人實在太過飢餓，放鬆了警惕。諸葛德威趁機將他們全部抓住，作為投名狀獻於李建成。最終劉黑闥與其弟劉十善同被斬於其都城洺州，關東之亂被徹底平定，中國大地的統一之勢已經不可阻擋。

軍神李靖：將略與帝國東征之始

北方打得如火如荼之際，唐軍的南方軍團也在為能儘早將支離破碎的中原帝國合而為一而努力奮戰。南方戰場上，有一個人對唐軍的最後獲勝發揮了至關重要的作用，此人就是在評書中身為「風塵三俠」之一的李靖。他在傳說中是一個神仙般的人物。真實的歷史中，李靖雖不是神仙卻勝似神仙，即便是縱觀中國五千年歷史，如李靖這般神奇的將領也屈指可數。

李靖，西元571年出生在一個關隴貴族家庭。他的祖父李崇義是西魏的殷州刺史、永康公，父親李詮是隋帝國的趙郡郡守。李靖長相俊美，《舊唐書》說他「姿貌瑰偉」，《新唐書》說他「姿貌魁秀」。他從小與眾不同，少年老成、文武雙全，不但精通書史，對於兵法更是有極深的造詣，用天才稱呼他絕不為過。他那隋帝國四大名將之一的舅舅韓擒虎稱讚他道：「現在能跟我討論孫子、吳起兵法的也只有這個人了。」在兵法中早早顯露出天賦的李靖，在仕途上卻是以文官為起點。在當時，貴族子弟長大成人後可以依靠父祖的功勞、官位、爵祿進入仕途，這種制度被稱為「門

第五章　大唐開國：李氏興起與天下歸一

蔭」。李靖出身的「隴西李氏」，在北魏就被定為一等高門，年僅十六歲的李靖因為家族的「門蔭」早早坐上了長安縣功曹的位置。長安是隋帝國的首都，李靖等於是首都的人事上級，從九品官員。這種工作要處理的事情紛繁複雜，需要極高的智商跟情商，跟兵法更是完全無關。天才畢竟是天才，李靖如「錐處囊中，鋒芒畢露」，很快得到了朝廷大員們的褒獎。隋帝國四大名將之首、大權臣左僕射楊素就拍著床對李靖說：「我這個位置遲早是你的。」這段軼事被後人附會寫成了傳奇故事《虬髯客傳》，紅拂女與李靖的愛情故事從此家喻戶曉。要說楊素真有識人的眼光，日後李靖還真坐到了與楊素相同的位置，戰績上更是遠遠超出楊素，甚至死後亦諡號「景武」，與楊素一模一樣。如此巧合，恐怕當初說出此番話的楊素也未曾料到。

　　本職工作出色，又獲得了朝廷大員的讚譽，李靖的仕途起初一帆風順，由從九品的長安縣功曹開始，歷任正七品的殿內直長（負責皇室宮廷的宴飲集會等招待工作與宮廷日常性事務）、從六品的駕部員外郎（負責軍事交通牲畜等後勤的官員），官位一直穩步上升。如果一直這樣下去，李靖應該會身為京官穩步上升，最終邁入朝廷的最高層，實現楊素的預言。現實卻與李靖開了個大玩笑，就在他仕途得意之際，長兄李藥王在對突厥的作戰中遭遇慘敗，為此受到牽連的李靖被貶出京城，原先一片坦途的前途一下子變得荊棘密布。

　　李靖一開始被發配到汲縣當了一個小縣令，此後又歷任安陽和三原縣的縣令。年年考績都是最佳，回到中樞的希望卻越來越渺茫。對一般人來說，當個大縣的父母官已是非常不錯了，可對李靖這樣菁英中的菁英，又有一定家庭背景的人來說，這段經歷可以說潦倒至極。唐人筆記中有這麼一段有趣的傳聞：話說李靖在失意之時路過華山廟，聽說那裡的神仙很靈驗，便特地趕去，在神靈面前信誓旦旦地許願，神情聲色激動慷慨，連旁

邊的人都不禁為之動容。轉身離開廟門的時候，忽然聽到身後有人大叫：「李僕射慢走。」李靖回頭看時，並無人說話。這段傳聞雖說杜撰成分比較大，但很是能說明李靖從人生的高峰跌入谷底時的鬱悶心情。

所謂天將降大任於斯人也，必先苦其心志，勞其筋骨，餓其體膚，空乏其身，行拂亂其所為，所以動心忍性，曾益其所不能，李靖就是這樣一個突出的典型。李靖從一個少年得志的神童，歷經沉浮，最後當上馬邑郡丞的時候已是四十六歲的中年人。馬邑處於與突厥交鋒的最前線。此時的隋帝國因為楊廣的倒行逆施變得風雨飄搖，北方突厥實力空前強盛，號稱控弦六十萬，虎視中原，隋帝國卻因三次征伐高麗均告失敗導致國力大損，邊境兵力捉襟見肘。隋末郡丞權力很大，張須陀便是以郡丞的身分獲封河南討捕大使，帶兵討伐各路「盜賊」。李靖的角色一下子從一個文職官員變成了前敵指揮。半輩子的行政內政工作下來，李靖還能如少時與舅舅韓擒虎論兵時那般揮斥方遒嗎？答案是肯定的。隋唐年間講究的是文武合一、允文允武，不像後世那般重文輕武。即便是在落魄之時，李靖也未放棄研究兵法，這樣才最終臻於大成。他依託馬邑這個只有四千戶的邊塞小城，頑強抵抗住了突厥人一波波強力攻勢，號稱是「以德安邊，長城弛柝，運奇料敵，合境無塵」，做的是順風順水。在那個中原被突厥壓迫、被各路盜賊襲擾的年月裡，李靖能做得如此出色，實在是不容易。

李靖的超強能力，很快受到山西地區掌權者李淵的關注。當然，與其說是李淵關注，還不如說是受李世民所關注。心生叛意的李淵正在需要人才的時候，負責籠絡各方豪傑的便是李世民。論慧眼識英雄，李世民實在要比李淵強太多，李靖便是李世民重點拉攏對象之一。此時李靖對隋廷並未完全失望，依然有著忠誠之心。上司心懷異志，此地遲早成是非之地，李靖明白馬邑是待不下去了，因此找了個機會不辭而別，回到了長安家裡。李靖這一走，馬邑的權力體系立刻出現空缺，結果被劉武周找到了機

第五章　大唐開國：李氏興起與天下歸一

會，殺了太守王仁恭，自立為王。要是李靖還在馬邑，也許歷史會是另外一種結果。

李靖出身貴族，在長安熟人不少，一見他突然回來了，自然紛紛詢問緣故。李靖也不隱瞞，就說：「李淵這老小子恐怕要造反，我怎麼還能繼續待在那裡啊？」於是李淵要造反的消息不脛而走。李靖實在沒有想到，這一說給自己惹下了多大的禍。李淵成功攻下長安之後，自然有人出首告密，李靖在家被逮個正著。李靖的罪過非常大，他走漏的消息使得李淵的企圖被官府提前知曉，導致李淵的第五個兒子李智雲被殺，李建成、李元吉、李神通、柴紹等李氏家族成員也差點被抓。當然，消息走漏並不完全是因為李靖，但能抓到的現行犯只有李靖一人。李淵對其恨之入骨，立刻就要將李靖斬首示眾。李靖不甘坐以待斃，臨刑之際大喊一聲：「公興義兵，欲平暴亂，乃以私怨殺壯士乎！」可能上天也不願意這樣一個千年難遇的天才人物如此喪命，這一聲正被李世民聽到。深知李靖能力的李世民拚命為李靖求情，希望留下這難得的人才，這樣才堪堪救了李靖一命。（還有另外一種說法，說是李靖察覺李淵要謀反之後，想要告密，於是故意犯罪以便被押往江都，但是因盜賊蜂起，道路阻隔而滯留長安，結果就一直留到了長安被李淵所攻破。不過這一說法已被司馬光徹底否定，因為當時馬邑到江都是可以直通的，並不需要轉道長安，而且當時的道路也並沒有被阻斷。此外要告密當乘快馬而行，顯然無需「自鎖上變」。）

李智雲被殺這件事，其實有著濃濃的陰謀感。以李氏在關中的勢力，官府前來抓捕之前早有人密報了李建成。李建成出逃之際，帶了李元吉，還通知了柴紹夫婦等人，卻偏偏漏了五弟李智雲，導致其被殺，這個唯一被漏掉的弟弟恰恰並非李淵的正妻竇氏所生，而是偏房萬氏所生。李淵對這個萬氏十分敬重，後來封其為貴妃，後宮中的事情都會一一詢問她，但卻再也沒能有第二個孩子。李世民之所以救下李靖，恐怕也是不屑李建成

當年的行為吧!

李淵對敵人殺伐果斷,暫時不殺李靖不過只是給兒子李世民一個面子,並不代表真的不再記恨,更別提還有個萬貴妃整日吹枕頭風。之後李靖跟隨李世民討伐王世充,其間並未顯山露水。估計是李世民身邊的優秀將帥太多,李靖覺得自己是戴罪之身,不好鋒芒太露招人嫉恨,因此中規中矩做自己的分內事,可這樣恰恰為他自己招來了禍患。李淵一看李靖沒什麼利用價值,覺得機會來了,將其調離李世民身邊,隨便給了李靖幾個人,讓他去討伐反王蕭銑。李世民也因李靖並未立下足夠的功勞,沒法力保。蕭銑是當時幾個著名的反王之一,勢力範圍東至九江,西至三峽,南至交趾(今越南河內),北至漢水,麾下號稱四十萬眾。讓李靖僅僅帶著幾個人去平蕭銑,這已不是暗示,而是明著要取李靖的性命。

出乎李淵意料之外,這種挾私報復的行為恰恰為李唐王朝的南方戰場派去了個大救星。李靖南下的時間當在武德二年(西元619年),這年上半年唐軍在戰場上無往不利,形勢一片大好,到了下半年就突然風雲變色。劉武周與宋金剛聯合突厥人攻陷李淵起家老巢太原,兵鋒直指關中。竇建德則將河北唐軍幾乎一網打盡,李神通、魏徵、同安公主等均被俘,李世勣投降。原先已投唐的徐圓朗投靠了竇建德,朱粲轉投了王世充。整個李唐王朝的北方戰場一片糜爛。屋漏偏逢連夜雨,北方戰場形勢危急,南方也同樣不好過。由於南方少數民族眾多,當唐軍漸漸控制不了局勢之時,各個少數民族領袖開始暴動,割據荊楚的反王蕭銑也趁勢大舉進攻。對此,李靖就像是個人形滅火器,一路消滅各種問題。首先他路過金州(陝西安康)時,控制這一帶的廬江王李瑗正被鄧世洛率領的數萬蠻賊打得焦頭爛額。李靖幫其出了幾個主意,輕鬆擊敗了這些蠻賊。幫李瑗料理了金州之事,李靖再度趕路,趕到了硤州(今湖北宜昌),在這裡停下了腳步。此時蕭銑大兵壓境,就憑李靖這幾個人想要完成任務簡直是笑話。負

第五章　大唐開國：李氏興起與天下歸一

責硤州戰事的硤州都督許紹被打得焦頭爛額，見到李靖如撿了個寶一樣，立刻委以重任。有了李靖的幫助，硤州戰局立刻好轉，許紹不但接連擊敗蕭銑手下大將楊道生，破壞了蕭銑派部將陳普環率舟師繞過硤州，逆江直上三峽進攻巴、蜀的計畫，還抓住了陳普環。雖然歷史並未記載李靖此時的具體表現，但以許紹對李靖的看重而言，李靖在硤州一線的防禦戰中必定發揮了舉足輕重的作用。

有李靖的幫忙，許紹是輕鬆了，李淵卻不樂意了。他不知道李靖這一路上到底做了多少事，只是暗中命許紹將李靖給殺掉，罪名是現成的「遲留不進」。李淵不清楚李靖的能力，可許紹再清楚不過，沒有李靖，硤州戰場還不知道會打成什麼樣，於是力保李靖。許紹與李淵是老同學，關係很好，有他出面，李淵也不得不賣個人情，李靖的小命再一次被保了下來。

李靖與蕭銑軍奮力作戰之際，駐紮在夔州（四川奉節）的南方唐軍總司令趙郡王李孝恭也因整體戰況屈居劣勢而處於困境當中。一個叫冉肇則的四川少數民族首領不但攻陷了通州，甚至開始圍攻李孝恭的大本營夔州。唐軍不是對手，屢次戰敗，坐困愁城。李靖恰恰於此時帶了八百人奉命趕往夔州（筆者認為可能是許紹讓李靖與李孝恭聯繫，因為沿途蠻賊肆虐，因此讓李靖帶了八百人防身）。到達後他發現夔州正被圍攻，唐軍被打得幾乎出不了城。這要換了別人也許就原路退回找援兵去了，可對李靖來說，簡直是老天送到手上的功勞。他立刻率手下這八百人突襲冉肇則的大營。冉肇則以夔州的唐軍為主要對手，完全沒有想到竟然會有人如此膽大包天，措不及防之下被李靖一舉打破大營，慌忙撤退。李靖又算準了冉肇則的退路，率軍急行，搶先在冉肇則的退路上設伏，陣斬冉肇則，俘獲敵軍五千人。這一連串攻勢讓敵人目不暇接，還沒反應過來便被打倒在地，實在彰顯了李靖用兵的大師風範。

此戰是李靖有詳細記載的第一仗。究其過程，李靖用兵的某些特質已

初見端倪，首先是在對形勢詳細分析之下的行險，用李靖的話就是用奇兵進行閃電戰。這種行險看似冒險實則安全，往往對敵人造成出其不意地致命打擊。其次是一招得手便窮追猛打，不論直接追擊還是埋伏，總要將敵人完全打倒才收手。這一仗終於讓李淵知道李靖的巨大價值，他一邊對自己的臣子吹噓道：「我聽說用人使功不如使過，現在李靖果然就是這樣。」一邊下詔給李靖說：「你好好帶兵，不要怕沒有富貴。」還特別寫了一封私人信函，裡面說：「既往不咎，以前的事情我早忘記了。」其實哪裡是早忘記了，簡直是無時不銘記在心頭。

　　李靖這八百破五千的事情做出來，立時成了香餑餑。被南方戰事搞得焦頭爛額的李孝恭手上正缺大將，見到手下居然還有李靖這等人才，還不抓緊不放？立刻挖了許紹的牆角。李淵見到李靖還真是有大才，也順水推舟，任命李靖為李孝恭的行軍長史（類似總參謀長），幫助李孝恭平定南方。李靖經此一回也知道再藏拙那真是自尋死路了，加上李孝恭手下也沒什麼名將，李靖可以自由發揮，因此兩人配合得非常默契。

　　武德四年（西元621年）夏，李世民在洛陽決戰中取勝，王世充、竇建德被消滅，唐軍得以全力對付蕭銑。此時唐軍控制了長江上游，蕭銑的勢力在長江中游，若要進攻，從四川順江而下最為方便。李靖恰於此時向李淵獻上了十條攻打蕭銑的計策，李淵一見大喜，順勢任命李孝恭為進攻蕭銑的總指揮，在夔州打造軍艦，練習水戰，準備全面進攻。實際上整個軍事行動的實際策劃者和指揮者都是李靖。

　　八月，唐軍的人員器械糧草戰船均已就緒，李靖統帥十二總管，自夔州順流東下。荊郢道行軍元帥、廬江王李瑗出襄州道，黔州刺史田世康出辰州道，黃州總管周法明出夏口道，對蕭銑發起總攻。唐軍整裝待發時恰逢長江水暴漲，三峽行舟實在太危險，唐軍眾將都擔心水勢險惡，建議水退後再出擊。李靖力排眾議，說：「兵貴神速，我們此時集結大軍，蕭銑

第五章　大唐開國：李氏興起與天下歸一

尚未知曉，如果趁江水上漲突然殺到蕭銑的城下，打他一個措手不及，必然能擒獲蕭銑。這麼好的機會絕不能錯過！」最終李孝恭採納了李靖的意見，親率兩千艘戰船冒險出擊。

可能唐軍的戰船修得堅固，或者是水手經驗老道，長江的洪水並未對唐軍造成多少損失，沒有出現船覆人亡的悲劇。因為是順流而下，洪水反而極大加快了唐軍的行軍速度，完美地達到了突襲的效果。蕭銑正如李靖所說的那樣認為江水暴漲，根本沒有防備。因此唐軍一舉攻克了蕭銑都城江陵的門戶荊門、宜都二鎮。

唐軍這一下給蕭銑的心理震撼是巨大的。蕭銑的軍隊大多散在各地屯田，突然遭到攻擊之下，蕭銑手邊甚至沒有可用之兵，狼狽可想而知。唯一值得安慰的是，蕭銑手下大將文士弘領精兵數萬駐紮在清口，見形勢危急立刻率軍增援，九月與唐軍會戰於夷陵。李靖見文士弘來勢洶洶，便向李孝恭進言，說文士弘驍勇，手下士卒健銳，又是拯救危亡而來，士氣正盛，唐軍不易與其爭鋒。應將船停泊於南岸，避而不戰，消磨他們的銳氣，然後可以一戰而定。李孝恭畢竟年輕氣盛，聽不得這番長他人志氣、滅自己威風的話。又怕蕭銑的救兵從各地趕到，因此不聽勸阻堅持出戰。一打之下果如李靖所料，文士弘部奮勇拚殺，唐軍大敗，李孝恭率部撤向南岸。因為意見相左而被留下守營的李靖早預料到這種情況，做好了萬全的準備。趁唐軍失敗後敵軍大肆爭奪戰利品，陣型散亂的時候，李靖立即發兵反攻，一下子打垮了文士弘部。此戰唐軍繳獲舟艦四百餘艘，敵軍被斬首或溺死近萬人。李靖毫不給對手喘息之機，又率輕兵五千為先鋒，殺至江陵城下，連破蕭銑手下驍將楊君茂、鄭文秀，俘甲卒四千餘人，勒兵圍攻江陵。

梁國已無力繼續抵抗，李孝恭率主力亦趕到江陵城下，將梁國的首都緊緊包圍。蕭銑手邊實在是沒有部隊，無力防衛江陵這種大城，索性放棄

城外陣地，收縮兵力全力防衛城池。唐軍不費什麼力氣就占領了江陵的外城和水城。水城是江陵的水軍基地，唐軍在此繳獲了大批沒有來得及逃走或銷毀的梁軍艦船。水軍的艦船是很貴重的戰利品，唐軍眾將都很高興。不料李靖居然下令放棄所有俘虜的艦船，任由它們在長江裡順流而下。諸將都困惑不解，認為繳獲敵船，正好充當軍艦，為何卻遺棄江中，以資敵用？李靖解釋道：「梁國下游的援兵即將趕到，而我軍攻克江陵尚需時日。如今深入敵人腹地，一旦腹背受敵便會全軍覆沒，這些船隻要了也沒用。如果讓這些船隻順流漂下，梁國援軍見到一定會誤認江陵已被我軍攻克，必會遲疑不前。如此我軍才能放心攻城，讓敵人通通變成無本之木。」李靖的疑兵之計果然奏效，長江下游的蕭銑援兵見江中到處都是遺棄散落的舟艦，以為江陵已破，都疑懼不前。交州刺史丘和、長史高士廉等將赴江陵朝見，行進途中聽說蕭銑已敗，便都到李孝恭營中投降，解除了唐軍的後顧之憂。

　　江陵被唐軍圍得水洩不通，蕭銑見內外隔絕，外無援兵，城內又難以支持，走投無路，只得開門投降。不過這蕭銑很有趣，投降也要為自己找一個大義的名分。他哭哭啼啼說了一番話，大意是上天不保佑梁國，萬方有罪，罪在朕躬。因此要殺就殺我一個，別禍害百姓。看起來好像頗悲天憫人，其實還是怕死，期望自己的自首能讓李淵饒他一命。這招對腹黑老辣的李淵一點用都沒有，最終蕭銑依然被處死。

　　因為蕭銑的投降，唐軍順利進入江陵。因文士弘的奮力作戰，唐軍損失不小，好不容易打下江陵，眾將都叫囂要大肆劫掠一番。這時李孝恭和李靖保持清醒，堅決制止這種不顧大局的行為，宣告梁軍將士各為其主，並沒有罪，不得追究責任。江陵雖投降，梁國各路援軍已有十餘萬人趕到江陵附近，蕭銑只要再多堅持幾日，戰局其實可以改寫。如今雖大局已定，但如果唐軍在江陵做出趕盡殺絕的行為，周圍這十餘萬梁軍只怕不可

第五章　大唐開國：李氏興起與天下歸一

收拾。由於李孝恭和李靖保持了克制，唐軍在江陵城內秋毫無犯。消息傳出，梁國舊將放下心來，各地紛紛主動投降，唐軍幾乎兵不血刃占領了蕭銑的全部領地。

李靖佐助李孝恭出師，僅用兩個月時間即消滅了江南最大的割據勢力後梁，戰功卓著。李淵詔封他為上柱國、永康縣公，賜物二千五百段。攻取江陵的戰鬥，表現了李靖傑出的軍事才幹，他得到了李淵的進一步倚重。戰事剛一結束，李淵即擢任李靖為檢校荊州刺史，命他安撫嶺南諸州，特許他有便宜行事的權力。這年十一月，李靖越過南嶺，到達桂州（今屬廣西），派人分道招撫，所到之處，皆望風歸降。大首領馮盎、李亮度、寧真長皆派遣子弟求見，表示歸順，李靖都授以官爵，於是連下九十六州，所得民戶六十餘萬。自此，「嶺南悉平」。李淵下詔勞勉，授任李靖嶺南道撫慰大使，檢校桂州總管。李靖認為南方偏僻之地，距朝廷遙遠，隋末大亂以來，未受朝廷恩惠，因此唐軍必須一面對當地進行禮樂的教化，一面展示唐軍的兵威，這樣才能改變當地自行其是，不尊朝廷的局面。他率其所部兵馬從桂州出發南巡，所經之處，李靖親自「存撫耆老，問其疾苦」，得到當地人民的擁護，於是「遠近悅服」，社會安定。

武德六年（西元 623 年）八月，輔公祏趁杜伏威去長安「出差」，號召江淮軍叛唐自立，自稱皇帝，國號宋，以丹陽為都城，淮南江東等杜伏威舊地全部脫離唐朝。輔公祏同時還四處出擊，擴大地盤。杜伏威也算是隋末反王中比較著名的一個，他與輔公祏是兒時玩伴，可說是刎頸之交。與其他反王相比，杜伏威是真正的貧農出身。如果不是輔公祏偷了隻羊給他，他連生存都有問題。當時楊廣的法令規定，偷一文錢都可以被殺頭，何況偷羊？這兩人便走上了造反的道路，那一年杜伏威才十六歲。

杜伏威此人打仗十分勇猛，又能服眾，很快在江淮打下一片天地。之後幾經沉浮，與江淮周邊的各大勢力如隋廷官軍、李子通等交戰，發

展得越來越好。風生水起之際,杜伏威做了一個其他人都料想不到的決定 —— 於武德二年向李淵投誠。要知道,武德二年是李唐王朝最艱難的年分,杜伏威能夠果斷做出這樣的決定,除了證明其眼光好之外,只能說他實在不是一個很有野心的人。向李淵投誠之後,杜伏威的發展依然順風順水,很快掃平了所有反對勢力,一統江淮。與此同時,李世民在洛陽大戰中打垮竇建德,又順勢消滅徐元朗,陳兵江淮邊界耀武揚威。當此之時,隋末蜂起的各路反王大多已經煙消雲散,梁師都、高開道、徐圓朗之輩或僻處邊疆,或滅亡在即,唯一還能對李唐王朝構成威脅的就是杜伏威。杜伏威自然明白李世民的用意,心中十分不安,擔心成為下一個進攻目標。為免嫌疑,他索性上書李淵,請求入朝。這件事做得非常道地,李淵很滿意,給了杜伏威一個太子太保的高位,地位甚至在李元吉之上。如果以後平平安安地沒事發生,杜伏威可能會在長安當一輩子沒有實權的高官,安享晚年。他沒想到,他的刎頸之交輔公祏卻在此時捅了他一刀。

輔公祏與杜伏威是刎頸之交,在軍隊中的地位幾乎相同。輔公祏比杜伏威年紀大,杜伏威還得稱呼他兄長。像這種雙頭制的勢力,最終總會發生權力分配上的問題,這兩人也不例外。因為被猜忌,輔公祏最後被剝奪兵權,僅給了個僕射的職位,讓他去管理內政。輔公祏與杜伏威不同,他一直野心勃勃。杜伏威在時,他韜光養晦,等杜伏威去了長安,他立刻偽造杜伏威的書信,發起兵變。輔公祏打著杜伏威的旗號造反,可把身在長安的杜伏威給坑了。李淵剛剛將杜伏威立為榜樣,不好公然抓捕,於是杜伏威在這年莫名其妙地誤食方士丹藥而亡。至於是不是真這樣,那只有天知道了。

輔公祏的叛亂讓李淵為之震怒,急調各地精兵前往鎮壓。由於時年七月突厥全面進攻,李建成與李世民都被派去鞏固北部邊境還沒回來,所以這次軍事行動以李孝恭為主帥(李孝恭管轄的軍區在現江西一帶,便於出

第五章　大唐開國：李氏興起與天下歸一

兵）。考慮到李孝恭與李靖是黃金搭檔，李淵又從嶺南緊急召回李靖擔任副帥，之下還有李世勣、張鎮周等七員大將，陣容可謂豪華。李孝恭在出兵前宴請眾位大將，據說酒杯裡的酒忽然變成了血紅色，大家莫名驚詫，擔心是不祥之兆。李孝恭面不改色，聲稱那是輔公祏授首的預兆，隨後將杯中液體一飲而盡，眾將悅服。如果傳說是真，可能是李孝恭為了鼓舞士氣弄了杯葡萄酒來裝裝樣子，也可能是輔公祏派了奸細來嚇唬人。不論如何，由於主帥李孝恭的豪邁表現，唐軍懷著必勝的信心出發了。

面對士氣旺盛的唐軍，輔公祏不是對手。戰到武德七年春，唐軍已漸漸壓制了輔公祏，迫使其轉為防守。輔公祏沿江布防，派馮慧亮領三萬水軍駐紮在當塗縣博望山，從梁山用鐵索橫亙長江，以阻斷水路；又派陳正通領三萬步騎兵在青林山修築要塞堅守，抵擋唐軍。江淮軍素來剽悍，又占據水陸有利地形堅守不出，唐軍多次進攻都無功而返。面對這個烏龜殼，李孝恭很是急躁，打算以主力繞路襲擊輔公祏的都城丹陽，大概是想重演破蕭銑的歷史。李靖卻認為丹陽守軍眾多，城池堅固，以唐軍的戰鬥力，即使冒險突襲也很難立即攻克，到時馮、陳兩路人馬回援，唐軍可能被包圍在丹陽城下，這計畫太過冒險，不宜採用，因此堅決反對。

經過一番商議，李靖認為輔公祏精兵已盡在博望、青林，只要能消滅他們，必然能使敵人士氣崩潰，到時丹陽守軍再多也毫無戰鬥力。於是，李孝恭決定放棄襲擊丹陽的方案，全力消滅眼前的敵軍。輔公祏軍占據地利，如一直堅守不出，唐軍確實無法取勝。對此李靖使出一招誘敵之計，先派人去敵人陣前百般辱罵，再派戰鬥力不強的部隊去攻城，打了幾下打不過，立刻轉身逃跑。輔公祏軍終於中計，忍不住出來追擊，結果落入了唐軍的陷阱。早已埋伏好的唐軍主力衝殺出來，迫使輔公祏部野戰。唐軍在野戰上的優勢讓輔公祏軍很快潰敗，博望、青林兩處都被攻克。李靖乘勝追擊，親自領兵進攻丹陽。果然如李靖所料，主力的潰敗決定性地打擊

了輔公祏的士氣。輔公祏在丹陽還有數萬守軍,竟然不敢一戰,全軍放棄丹陽向會稽撤退,希望能與兵部尚書左遊仙的兵力會合。李靖派李世勣追擊,窮追不捨。輔公祏逃到句容縣時身邊只剩下幾十名心腹。落水狗人人愛打,不用唐軍動手,輔公祏屬下為了戴罪立功,抓住他獻給了唐軍。這種部下對上級的出賣在隋末屢見不鮮,如李軌、劉黑闥、高開道等人都是被手下賣了,失敗者是很難要求屬下保持忠心的。不過這些人也過分,不幹了可以自己逃跑,也可以去投降,這都不算沒道德,如果為了自己的富貴將主子抓起來獻給敵人,難免讓人寒心。偏偏歷史上這種沒良心的事多得無法統計,真讓人不知該如何評論。

李淵對李靖的信任獲得超額的回報,光平蕭銑就獲得了九十六州土地,六十餘萬戶人民。加上後來平定江淮,根據後來的測算,李靖打下的土地與人口占了當時整個唐朝的四分之一強。李靖再不是李淵的憎惡對象,反而成了超級法寶。平定江南之後李靖不但被大加封賞,更被李淵讚為「蕭銑、輔公祏之膏肓,古之名將韓、白、衛、霍,豈能及也!」評價極高。

第五章　大唐開國：李氏興起與天下歸一

第六章

我武唯揚：唐太宗的戰略與征服版圖

第六章　我武唯揚：唐太宗的戰略與征服版圖

▌突厥襲來：草原帝國的逆襲

　　武德七年（西元 624 年），唐帝國的統一大業基本完成。長期戰亂摧殘之下，中原雖然恢復統一，但依舊虛弱不堪。還尚未得到休養生息的時間，北方的惡狼已經亮出了它們鋒利的獠牙。

　　突厥不再滿足於在關東與唐帝國的小打小鬧，他們將目光轉向了唐朝的心臟——關中。武德七年三月（西元 624 年），突厥發起了潮水般的攻勢。他們首先進犯原州（今寧夏固原）。同年秋，再次循南北兩道入侵關內道、涼州道和長安北道的突厥軍隊於七月抵達原州，唐朝遣寧州刺史鹿大師發兵赴援，並由楊師道自靈州率兵截突厥的退路。但突厥軍隊很快突破唐軍防線，越過彈箏峽。八月三日，突厥大軍進抵陰盤城（即涇州潘原縣，地在今甘肅平涼）。南道，即蘭秦道的突厥軍隊也在七月抵達隴州（州治在今陝西隴縣），東距長安僅有四百餘里的路程。這點距離對於擁有大量馬匹的突厥人來說，僅需要一天就能兵臨長安城下。唐帝國對於這種情況並無充足的準備。這兩年唐軍雖東征西討，但關中地區始終未遭受什麼大的威脅，因此北面的防禦設施並不完備，突厥人幾乎如入無人之境。

　　首都長安老在突厥的眼皮子底下並非一件好事，反王蕭銑就是前車之鑑。唐帝國出現了這種情況，有人不失時機地獻上了遷都的諫言，號稱突厥人之所以頻頻入寇，是因為貪圖長安的財富，如果遷都，再燒掉長安的話，突厥人無利可圖，也就不會再來了。這個諫言現在看來十分荒唐，在當時卻很吸引人。太子李建成、齊王李元吉、裴寂等人均是此意見的極力推動者。此時唐帝國內部政治內鬥已處於白熱化的邊緣，李建成與李世民之間為了爭位是手段盡出，無所不用其極。對於這個荒唐的提議，李世民極力反對，兩派在朝堂之上展開了激烈的辯論。李世民慷慨陳述道：「戎狄為患，自古就有。父皇您現在一統海內，手下精兵百萬，所向無敵，如

果僅僅因為胡寇擾邊就害怕得遷都,豈不是讓四海蒙羞,被後人所恥笑?以前霍去病不過是漢朝的一個將軍就立志消滅匈奴,何況我這個堂堂大唐王子?只要給我幾年時間,我一定把頡利給抓過來,向您請罪。如果到時候不行,再遷都也不晚。」李建成反唇相譏道:「以前漢朝將軍樊噲吹牛自己能以十萬人橫行於匈奴,你李世民的話豈不是跟樊噲一樣?」李世民據理力爭道:「形勢各異,用兵不同,樊噲不過一個庸才,何足道哉!不出十年,我必然平定漠北,這絕不是大話!」別人說這話一定會被認為是吹牛,可李世民則不同,他平定中原的戰績在那裡擺著,說出來的話分量自然大不相同。

李淵在繼位的爭鬥中已經完全站到了太子李建成這邊,打定主意不將皇位傳給李世民,對其極其排斥。這其中固然有立嫡以長的傳統,更重要的是有隋帝國這個前車之鑑。李世民與楊廣實在太像了,他們都出身最高級的大官僚家族,都是比長兄耀眼聰明、比長兄更得母親寵愛的次子,都少年成名,都以軍功起家,都多才多藝,最後還都征討過高麗。李淵不想看著他一手建立起來的國家再被類似楊廣的二兒子李世民給毀掉,他同樣不願意成為第二個隋文帝。因此李世民提出反對遷都的意見,他的第一個反應是大怒,依然堅持遷都,並且派人到處勘測新都城的地址。李建成趁熱打鐵,透過後宮向李淵進讒言說:「突厥雖然屢屢成為邊患,但是得到財寶也就會退兵。李世民假借防禦突厥的名義其實是要拿到兵權,以便圖謀不軌。」這使得李淵對李世民的猜忌越來越深。李淵畢竟是個不錯的政治家,最初的不理智過後,他還是清醒了過來,意識到了李世民建議的正確性。李淵最終取消了遷都的決定。他一面宣布京師戒嚴,一面派李世民與李元吉總領兵馬於豳州(今陝西彬縣)禦敵。

唐軍雖然做出迎擊的態勢,但此時關中霖雨不止,糧道受阻,而士兵們因為突厥的突襲而被大規模徵召,疲憊不堪。且朝廷對新兵的武器裝備

第六章　我武唯揚：唐太宗的戰略與征服版圖

也準備不足，從朝廷到軍中愁雲密布。當唐軍行軍至豳州與突厥相遇時，突厥可汗率萬餘騎兵乘高而陣，唐軍將士見了都十分震恐。李世民眼見這樣下去必然要打敗仗，於是對李元吉說：「現在突厥人居高臨下，我們不能露怯，應該與之決一死戰，你能跟我一起嗎？」李元吉沒有李世民那份勇氣，說：「敵我實力懸殊，怎能輕易出動呢？萬一失敗了，後悔就晚了。」李世民知道李元吉膽子小，於是道：「你不敢出戰，我一個人去，你留在城裡觀戰吧。」李世民僅率領百名騎兵出城迎戰。到了陣前，李世民對突厥人說：「我們唐朝與你們可汗簽訂過盟約，為什麼毀約入侵我唐朝的地方？我是大唐的秦王，特來一戰。你們突厥可汗如果自己來，我就跟他單挑。如果全軍殺來，我也只用這百名騎兵。」頡利可汗不清楚李世民的虛實，所以笑而不答。李世民眼見激將法沒成功，馬上轉用離間之計。他派騎兵對突利說道：「以前我們盟誓的時候說過，不論誰有危難都要互相救助。現在你居然率兵攻打於我，你還有往日的香火之情嗎？」頡利可汗見李世民居然只率這點人出戰，又聽聞突利與李世民竟然有香火之情，立刻開始懷疑起突利。為防範突利在身後捅一刀，頡利可汗開始率軍後撤。李世民一看策略奏效，又接連派遣使者說服突利不再與唐帝國為敵，並且同意與突利和親。突利一服軟，頡利可汗也強硬不起來了，只能同意了突利的建議，撤軍回歸草原。

　　李世民與突厥有著非同尋常的關係，唐朝起兵伊始與突厥的聯盟便是他一手策劃。他不但通曉突厥語，更對突厥內部事務觀察入微。此次出擊雖冒了天大的風險，但並非逞血氣之勇，而是早有預謀。首先，關中大雨不止，這其實是一把雙刃劍，雖然讓唐軍無法快速徵調糧食，但也廢掉了突厥人最重要的戰鬥兵器——弓。東方民族使用的弓均是複合弓，突厥人也不例外。複合弓製造中最重要的一種材料是動物的筋腱。乾燥之後的筋腱具有極強的彈力，這是一把弓能發揮威力的關鍵之一。但複合弓有一

個非常大的缺點，就是怕水。一旦被水浸溼，筋腱會軟化，弓便不再具有彈性，成為擺設。其次，李世民敏銳地觀察到了頡利和突利之間的巨大矛盾。這要從突厥人的繼承傳統來談起。最初突厥人的繼承傳統為兄死弟及，突厥分裂之後東突厥這一系變成了父死子繼。始畢可汗死後，按理說合法繼承人應該是兒子突利（這裡的突利是可汗稱號而並非本名，本名叫什缽芯）。但突利此時僅十五六歲，年紀太小，不能擔負起可汗的職責，因此始畢之弟處羅繼位可汗，其實是攝政王。不久處羅死去，此時突利已經成年，並娶了隋淮陽公主，照理說突利應該執掌突厥大權，成為正式的可汗才對。但是，如果突利成了可汗，淮陽公主必然會成為新可賀敦，義成公主為保住自己的后位，與頡利勾結，讓頡利謀得了突厥可汗的大位。這樣不合法的繼承，埋下了突厥內部衝突的種子。突利雖敢怒不敢言，但與頡利之間已是離心離德。如此，李世民才會甘冒奇險，陣前離間此二人。

渭水之盟：談判與震懾的雙重勝利

突厥人咄咄逼人的態度大大觸怒了李淵。本來李淵與突厥就是虛與委蛇，現在大唐一統海內，突厥依然將唐帝國視為一塊上好的肥肉，予取予求，武德七年的入侵幾乎將刀子架到了李淵的脖子上，這讓李淵完全無法忍受。唐帝國內部開始了一系列的反擊計畫。首先利用互市的時機，大量購買用於軍事的戰馬和用於農業的耕牛，充實軍事和經濟實力。其次同意了與西突厥和親的請求，以許婚的名義結成了事實上的同盟，共同對抗東突厥。最後則是全力加強關中的防禦，派桑顯和嚴密把守北方入長安的要道，又重新建立本已廢棄的十二軍（太常卿竇誕為參旗將軍，吏部尚書楊恭仁為鼓旗將軍，淮安王神通為玄戈將軍，右驍衛將軍劉弘基為井鉞將軍，右衛大將軍張瑾為羽林將軍，左驍衛大將軍長孫順德為騎官將軍，右

第六章　我武唯揚：唐太宗的戰略與征服版圖

監門將軍樊世興為天節將軍、右武候將軍安修仁為招搖將軍，右監保全大將軍楊毛為折威將軍，左武候將軍王長諧為天紀將軍，岐州刺史柴紹為平道將軍，錢九隴為苑遊將軍），嚴格訓練士卒，準備之後的反攻。李淵又「遣燕王李藝屯兵於華亭縣及彈箏峽，水部郎中姜行本築斷石嶺之道以備胡」。李淵這次是下定決心跟突厥拚個你死我活，打一場轟轟烈烈的全面戰爭。

準備就緒之後，李淵對突厥又來了一次改書信名稱的動作。李淵尚未發跡之前對突厥書信用的是「啟」，這是下級對上級的稱呼；建立唐帝國之後改成了「書」，這是平等的敵國之禮；現在兩國之間撕破了臉，李淵乾脆換成了「詔」，這就是拿突厥當藩屬看了。如此羞辱性的稱呼其實是一種變相的宣戰，突厥人當然忍不下這口氣，唐帝國北方邊境再度全面開打。相、并、靈、潞、沁、韓、朔、綏等州均遭突厥侵襲，其中頡利可汗親率十萬突厥鐵騎橫掃太原，并州道行軍總管張瑾與突厥戰於大谷，全軍皆沒，張瑾隻身逃脫投奔李靖，行軍長史溫彥博被俘虜。突厥拷問其國內兵糧虛實，溫彥博寧死不招，被突厥掠往老巢陰山扣押。此時，擋在突厥人面前的唯有一個人，那便是李靖。

身為平定南方的軍事總策劃人，李靖勞苦功高。李淵沒忘記先前的承諾，李靖不久官拜揚州大都督府長史。依然由李孝恭作名義上的領導者，李靖實際掌控軍政大權。揚州就是楊廣一直流連不去的江都，繁華可見一斑。李靖運氣不好，剛上任沒兩天，被李淵激怒的突厥大舉殺到，唐軍防禦失利，形勢極為緊張。李淵無法可想之下，只能徵調一切能夠徵調的力量，北上抗擊突厥。李靖的長史位子還沒坐熱，就被命令趕往太原作戰。他手上僅有一萬不善馬戰的南方江淮戰士，敵人卻是頡利可汗親率的十萬突厥精銳。在狂風暴雨般地進攻中，李靖以最小的損失將突厥人擊退，保住了李淵的龍興之地太原城。擋在突厥主力之前的唐軍諸將均遭敗績，唯

李靖不敗。李靖因此功勞被封為安州大都督，治所在今天的武漢附近，算是一方封疆大吏了。

從總體而言，唐軍在這場戰役中輸得很慘。李淵太急於求成，盲目自信。上一次李世民用離間之計僥倖讓突厥退兵，李淵居然一年不到就敢向突厥主動挑釁，結果不得不吞下這杯自己釀的苦酒。不過，從個人來看，這是軍神李靖自歸降後第一次在北方戰場閃亮登場。這次亮相的結果，似乎也昭示了李靖便是冥冥中注定要滅亡東突厥的那個人。

突厥人狠狠地給李淵來了個下馬威，讓他憤怒的腦袋開始冷靜下來。形勢比人強，沒法子只能繼續談判。這次談判，李唐方面沒有派五次出入突厥的談判專家鄭元璹，卻換了個南海公歐陽胤。歐陽胤的出使非常不順，沒能與突厥人達成交易，或者說突厥人根本不想和他談判。眼見突厥人的侵掠一日勝似一日，歐陽胤心急如焚，最後居然模仿漢代班超的事蹟，帶了五十人意圖偷襲突厥可汗的牙帳。可惜歐陽胤不是班超，突厥人也不是匈奴人，這次突襲最後以失敗告終。歐陽胤的行為自然讓談判徹底破裂。作為報復，唐帝國的北方邊境遭到了更猛烈的進攻，靈州、涼州、朔州、徑州、西會州、秦州等州府再遭兵災。眼見突厥人來勢洶洶，李靖為擋住突厥大軍的入侵，率軍大膽前插，迎突厥鋒銳而上，從太原北上至靈州，與突厥人大戰於硤石。此戰從清晨打到下午，唐軍以死相搏，毫不退縮。力戰之下，突厥人終於精疲力盡，不得不收兵撤退。

屋漏偏逢連夜雨，就在唐帝國承受著巨大的外部壓力之時，內部也面臨著一場腥風血雨。圍繞著李氏三兄弟的皇位爭奪戰已經到了白熱化的地步，太子李建成用毒酒招待李世民，李元吉則藉防禦突厥的名義，要求李淵將李世民帳下心腹尉遲敬德、程知節、段志玄及秦叔寶等人調歸其指揮，意圖架空李世民後殺之。李世民也毫不手軟，眼見局勢越來越凶險，他毫不猶豫地發起了玄武門之變，將兄弟一網打盡，獲得了最終的勝利。

第六章　我武唯揚：唐太宗的戰略與征服版圖

在玄武門之變中李靖扮演的角色，史書中記載不一。絕大多數的說法是，李世民為了奪權而拉攏李靖與李世勣，此二人卻都表示中立，不願意介入此事。李世民奪權成功後認為，李靖是為國家著想，所以對其大加讚賞。另外一種說法則是，李靖與李世勣一直為李世民所受到的不公正待遇而憤憤不平，早早地站在了李世民一邊。歷史的真相如何，不得而知。但按照過往的紀錄看，李世民不但是李靖的救命恩人，而且李靖最初是李世民帳下的親衛禁軍，可謂李世民的心腹。此外，太子李建成因為當年李靖告密差點送命，李淵原諒了此事，不代表李建成不記在心裡。很難相信，李靖會在如此一個緊要的關頭保持中立。當然，無論李靖是否中立都已無關緊要，擺在他面前的現實是突厥人的大軍。

唐帝國內亂的當口，北方反王梁師都眼見李唐王朝統一大勢已成，自己勢孤力窮，遲早完蛋，於是親自前往頡利可汗牙帳說服他出兵。突厥人自然不會放棄這個大好機會，頡利、突利二可汗合兵十餘萬騎，從長安西北的涇州一路殺向關中，最終在渭水之北列陣威逼長安。新登基的李世民一面緊急宣布長安戒嚴，一面針對突厥人的攻勢做出了應有的對策。首先，他派尉遲敬德與突厥戰於涇陽，大破突厥偏師，抓獲突厥俟斤阿史德烏沒啜（俟斤為突厥官名，阿史德則表示此人屬於突厥藍貴族系統中的阿史德後族），斬首千餘級，狠挫了一下突厥人的銳氣。

頡利可汗派心腹大將執失思力入長安窺探虛實，朝堂之上爆發了一場爾虞我詐的外交好戲。執失思力起初自信滿滿，開口嚇唬李世民道：「二可汗統兵百萬，現在已經兵臨城下了。」要是一般的皇帝，在大軍壓境的當口或許就怕了。李世民卻是多少年軍旅生涯中磨練出來的，對他玩這一手算是正好踢到鐵板上。他立刻怒叱執失思力道：「我與突厥可汗親自約定和親，並且贈送金銀綢緞前後不計其數，你們可汗撕毀盟約，居然興兵攻打我大唐，難道沒有一點愧疚嗎？你們雖然是狄夷，但也有人心，為何

渭水之盟：談判與震懾的雙重勝利

將以往恩情全數忘卻，來我這裡耀武揚威？信不信我先宰了你？」執失思力萬萬沒想到，如此惡劣的情形之下李世民居然敢殺他，嚇得立刻下跪求饒，再也不敢囂張。其實長安的情況十分惡劣，諸勤王軍還未到，城中僅餘數萬兵馬。突厥人精騎騰突挑戰，一日達數十合之多。執失思力與李世民之間，實際弱勢的一方是李世民。執失思力身為頡利可汗的心腹大將，也不是什麼無能之輩。他在東突厥滅亡之後身為唐軍大將，不但為唐帝國東征西討，立下汗馬功勞，還曾冒死規勸李世民不要貪圖享樂。這不但是個優秀的將軍，還是個賢臣。此時的失態，只能說是被太宗皇帝的王者之氣所震懾。李世民不但當堂斥責了執失思力，並且不顧朝臣的反對將其扣留，對突厥大軍擺出了最強硬的姿態。光表面上的強硬沒有任何用處，在軍事方面李世民做了兩手準備。首先，調集全國軍隊至長安勤王。其次，是命李靖與長孫無忌急行軍至豳州，一旦戰爭打響，前後夾攻消滅敵人。

面對突厥大軍，李世民僅率六騎進至渭水便橋，隔河斥責頡利的毀約行為。此時唐諸勤王大軍自後緩緩到來，旗鎧光明，旌甲蔽野，在李世民身後布下大陣，軍容鼎盛。大唐天子李世民獨立橋頭，視突厥大軍如無物，真可謂英姿颯爽，豐神飄逸。突厥人眼見唐軍陣容堅強，擺出一幅決一死戰的架勢，打起來肯定占不到什麼便宜，加之執失思力又被扣留，無法獲知唐廷內部的真實情況，因此均萌生了退意。

表面上鎮定自如的李世民其實並不如他表現出來的那般輕鬆。此時唐帝國是一個爛攤子，全國人口不過兩百多萬戶。中原地區的慘狀，按魏徵的描述，「人煙斷絕，雞犬不聞，道路蕭條，進退艱阻」。加之內部剛剛經歷了玄武門之變，人心浮動。一旦在關中大戰，敗了自然是萬事皆休，即使得勝，中原地區唯一一塊未遭大規模兵燹的地區亦會生靈塗炭。到時國力軍力大損，得不償失。一旦關東、隴西、江南、嶺北等地的分裂勢力再次抬頭，一個好不容易重新統一起來的大帝國將會再次分崩離析。如此高

第六章　我武唯揚：唐太宗的戰略與征服版圖

昂的代價，絕不是李世民願意承受的。所以，李世民一面在便橋上利用自己與突厥的特殊關係，盡力離間突厥各個部落，使突厥人不能齊心攻唐，一面採用李靖的建議，將長安府庫的金銀綢緞全部搬出來賄賂突厥人。軟硬兼施的策略終於使得突厥人打消了繼續進攻的念頭，接受了和約。雙方第二天於便橋之上殺白馬正式會盟，約定不再互相侵犯。

　　一次世界大戰後法國的霞飛將軍說了一句名言：「這不是和平，不過是二十年的停戰。」唐突會盟亦是如此。剛剛上臺的李世民吃了突厥這樣大一個下馬威，心中的憤怒可想而知。突厥剛剛退走，唐太宗便召集諸衛將卒習武於顯德殿，說：「我不使汝等穿池築苑，造諸淫費，農民恣令逸樂，兵士唯習弓馬，庶使汝戰，亦望汝前無橫敵。」可見李世民心中報復的念頭何等強烈。此後他每日均親領數百士卒及將領在宮中訓練，測試他們的成績，優秀之人則以寶刀、寶弓或金錦賞賜。李世民貴為天子，群臣均勸諫他不要整天出入於普通兵將之中，萬一有刺客，他的個人安危實在難以保障。李世民卻說：「王者視四海如一家，封域之內，皆朕赤子，朕一一推心置其腹中，奈何宿衛之士亦加猜忌乎！」於是人人奮進，幾年之內均成精銳。

夜襲陰山：李靖奇兵擒可汗

　　唐太宗李世民在勵精圖治，突厥頡利可汗也沒閒著。他也在謀求使國力更上一層樓的辦法。但草原上的游牧民族雖擁有強悍的武力，由於自身固有的缺陷，注定創造不出一個與自身相適應的優秀制度。因此，向有著成熟制度的民族借鑑，是最為簡單的途徑。而突厥附近有著最為成熟制度的國家，就是唐帝國。頡利可汗想要改變突厥的國家制度，唯一的借鑑對

象也只可能是以唐為代表的中原帝國體制。所以，他用了一個中原人趙德言來進行改革。

改革是打破舊勢力，創造新格局，對既得利益者多少會有損害，必然遭遇反對的聲音。改革一定要符合國情，不能一股腦照搬。在一個國家司空見慣、習以為常的事情，在另外一個國家未必能推行。若強行實行，必然導致人民的反對。因此改革能否成功，改革力度至關重要。頡利可汗恰恰沒能控制好力度，導致改革徹底失敗，頡利可汗失去許多民心。加上頡利可汗又重用粟特胡人，更加損害了突厥人的經濟利益，加劇了改革引起的不滿。

粟特胡人的任用不是從頡利可汗開始的，從大突厥汗國建立伊始就是如此。突厥是一個游牧民族，缺乏管理經濟事務的能力。但突厥控制了西域，等於控制了整個絲綢之路，相當於獲得了一個巨大的聚寶盆。西域的原住民，在絲綢之路上作了數百年買賣的粟特胡人，就成了突厥人發展經濟的最好幫手。但這其中亦有分寸問題。商人對利益的追求無止境，粟特胡人在突厥上層有了一定地位之後，自然會用手中的權柄來使自己的利益最大化，甚至要求壟斷。如此，普通突厥人的利益便得不到保障，就連地位不高的貴族利益也會受到損害。因此，頡利可汗倡導的改革徹底地失敗了。

就在突厥改革不順的當口，九姓鐵勒與回紇、薛延陀全數叛變。頡利可汗先後派了欲谷設、阿史那杜爾、突利等三人去討伐，都沒能成功。這三人在突厥都不是什麼小人物，欲谷設是頡利可汗的兒子，阿史那杜爾是處羅可汗的兒子，突利更是始畢可汗的兒子，東突厥這代的正統可汗。對外征討失敗使得突厥內部的裂痕越來越大。突利以正統可汗的身分卻要聽命於攝政王頡利可汗，心中的不滿由來已久，處處與頡利唱反調。頡利也不是好惹的，正好派突利征討以薛延陀為首的叛軍。結果突利不但大敗而

第六章　我武唯揚：唐太宗的戰略與征服版圖

歸，而且因為其對統屬的契丹、奚等族橫徵暴斂，導致這些民族紛紛降唐，結果他不但被頡利關了起來，還被賞了一頓鞭子。這一頓好打怎能讓突利不對頡利恨之入骨？後來頡利又向突利借兵，突利不給，兩家從此刀兵相見，水火不容。這樣還不算完，老天又讓突厥下了一場大風雪。平地積雪數尺，突厥人的羊馬多死，部民過著忍饑挨餓的生活，導致頡利用度不給，只得又加徵稅，部落人民紛紛叛離。突厥處境如此之窘迫，外人哪有看不出來的道理。恆安反王苑君璋從隋末大亂起就與唐軍打了無數次大仗小仗，投降以後又背叛，居然混到貞觀年間還能守住自己那一畝三分地，唐廷始終拿他沒什麼辦法。此人目光敏銳，很快看穿了突厥的國勢江河日下，於是迅速斬斷了與突厥人的聯繫，再度降唐。

突厥國勢日衰，唐太宗這邊整軍精武也頗有成效。照理說應該開打了，唐太宗卻沒有同意朝臣們的開戰意見。他說：「新與人盟而背之，不信；利人之災，不仁；乘人之危以取勝，不武。縱使其種落盡叛，六畜無餘，朕終不擊，必待有罪，然後討之。」現在看李世民的說法，也許會覺得迂腐。其實這些不過是場面話，說給外人聽的。李世民之所以放棄大好機會，絕不是因為什麼仁義，而實在是有不得已的苦衷。突厥那邊有大災，唐這裡也好不到哪裡去。從貞觀元年（西元627年）的歲尾就顯露出了大災的跡象，到貞觀二年三月，旱災蝗災聯袂而至，唐帝國的糧食基地關中居然到了「民多賣子以接衣食」的地步。連富庶的關中都如此，全國其餘地方可想而知。此時動武顯然是不智的行為。

暫時不能動武，不代表不能動別的腦筋。恆安反王苑君璋是聰明人，還有一個梁師都卻是死硬派，怎麼都不肯歸順大唐。全國就他這麼一個目標，自然要把主意打到他的頭上。李世民先派遣夏州都督長史劉旻、司馬劉蘭成將梁師都所占據的夏州搞得一團亂，接著又於旱情緩解後的四月派遣右衛大將軍柴紹、殿中少監薛萬均正式討伐梁師都。梁師都拚力反抗，

突厥亦全力來救,終究不敵唐軍的勇武。最後一個隋末反王政權宣告滅亡,宣告了轟轟烈烈的大反賊時代最終落幕。

踢掉梁師都這最後一塊絆腳石,北伐突厥被提上日程表。李世民在消除了大災的影響之後,於貞觀三年(西元629年)八月終於認可了代州都督張公謹針對突厥的進諫,任命兵部尚書李靖為行軍總管,張公謹為副總管,謀劃籌備北伐突厥一切事宜。十一月,一切敲定,唐太宗李世民正式任命并州都督李世勣為通漠道行軍總管,兵部尚書李靖為定襄道行軍總管,華州刺史柴紹為金河道行軍總管,靈州大都督薛萬徹為暢武道行軍總管,任城郡王李道宗為大同道行軍總管,幽州都督衛孝節為恆安道行軍總管,以李靖為總帥,麾兵十餘萬北伐突厥。問罪的藉口是突厥人援救梁師都,破壞兩國和議。崛起的唐帝國正式對外發出了自己的怒吼!

此次北伐諸將是不折不扣的超豪華陣容,初唐頂級名將中只有李世民未親自上陣,其餘諸將基本都是唐軍將領中的精華。唐軍北伐頡利的消息一傳出,突利大喜過望。頡利可汗雖然國勢日衰,突利卻也不是個明主,依然被頡利時不時地欺負。突利立刻利用這個機會入朝覲見,向李世民稱臣,徹底投靠了唐帝國。

別看頡利可汗似乎國內問題叢生,但瘦死的駱駝比馬大,還是可以帶兵威脅西突厥的葉護統可汗不敢東來迎親,實力不容小覷。頡利知道遲早要與唐帝國打一場,因此對唐軍動向十分警惕。他萬萬沒想到,李靖身為主帥居然只帶三千人馬就從馬邑潛至惡陽嶺(今內蒙古和林格爾),隨後趁夜幕降臨之際悍然突襲突厥可汗牙帳所在地定襄城(即大利城,在今內蒙古和林格爾西北二十里處),給了突厥人一個新年的「驚喜」。這一下將突厥人打得措手不及,防衛森嚴的突厥大本營被唐軍一鼓而下。唐太宗聽到這個消息,當即加封李靖為代國公,讚嘆道:「李陵以步卒五千絕漠,然卒降匈奴,其功尚得書竹帛。靖以騎三千,喋血虜庭,遂取定襄,古未

第六章　我武唯揚：唐太宗的戰略與征服版圖

有輩，足報吾渭水之恥矣！」僅僅這一下，李靖的策略戰術大師身分昭顯無遺。

　　一般讀史之人看到李靖夜襲定襄這段，都往往會驚嘆——要有何等的膽量，才能做出這等英勇之事？如果細細分析，卻能知道這絕非單純的軍事冒險，而是擁有勝算的策略突襲。李靖出頭之前，在馬邑當了很長時間郡丞，與突厥大仗小戰打過無數次。雖因實力所限只能力保馬邑不失，但心中大概早無數次研究過該如何大規模反擊。所以，此次出擊，出擊地選在馬邑，並非無因。此次出擊的時間也選得極妙。正月裡天寒地凍，突厥人的戰馬均以牧草為食，如此寒冷的天氣，最多只有預備的乾草能作為食料，馬力削弱得很快。中原馬匹則用大豆麥子等餵食，天氣如何對馬匹的食物來源影響不大。馬匹對突厥人的重要性毋庸置疑，削弱了突厥人的馬匹，等於破壞了突厥人最為有力的武器。李靖率領的突襲人數同樣有學問。因為是潛行匿蹤，人帶多了必然會暴露身分。李淵曾經率兩千人變裝冒充突厥人，獲得過很大成功，此次李靖想必也使用了類似方法。當然，人少了也不行。李靖孤軍犯險，完全是一著置之死地而後生的險棋。他的原定計畫，其實是偷襲定襄得手後，以三千人死守定襄城，利用突厥人因唐軍兵少而輕視的心理，將其主力牢牢釘在定襄。然後唐軍主力在外合圍，一舉殲滅突厥人。三千人馬保證了最低限度的戰鬥力。隋代有達奚長儒兩千兵馬死鬥沙缽略可汗十餘萬突厥兵，血戰三晝夜，亦有李崇以三千步騎對突厥大軍轉戰十餘日。李靖出征之前，想必也做好了死戰到底的心理準備吧！

　　李靖的計畫相當周詳，換做一般人也就上當了。但頡利可汗憑著以往的經驗知道，沒那麼簡單。李靖的行為絕不像傻傻來送死，身後必然有唐軍主力！他急忙率部北撤至磧口（今內蒙古呼和浩特北與沙漠交界處）。頡利可汗的應對可圈可點，可偏偏他遇上的是李靖。李靖一見計畫有變，

> 夜襲陰山：李靖奇兵擒可汗

當機立斷改變作戰方案，一面率部尾隨，一面派遣了大批間諜離間頡利部眾。頡利國內本已不穩，這一招果然見效，頡利親信康蘇密等立即挾持隋蕭皇后及其孫傀儡皇帝楊政道前來歸降。此時李世勣所率唐軍主力亦殺到，頡利可汗一見唐軍主力僅有十萬，於是大膽率軍與唐軍會戰於白道（今內蒙古呼和浩特北）。頡利光看李靖不好惹，沒想到李世勣也是個硬骨頭。唐軍奮戰之下，突厥慘敗，頡利只得率殘部退守磧口。

換了別人，這仗打到這裡也就差不多了。論逃命的功夫，草原民族可是一等一的強。不過李靖與其他人不同，他的一貫風格是不但要打疼，還得打死，於是依然率驍騎窮追不捨。頡利無奈，只得北竄至鐵山（陰山以北，今內蒙古固陽北）。頡利知道再這樣打下去肯定要完蛋，可突厥馬匹瘦弱，比速度一定會吃虧，根本無法逃遠。如今唯一的活路是逃往漠北。但是，冰天雪地，沿途又皆是沙漠，憑突厥現在的狀態，根本無法逃出生天。頡利也很果斷，立刻派使者執失思力入朝謝罪，表示願意舉國內附，親自入朝。這做法自然是緩兵之計，鐵山到長安相距千里，使者一來一回要月餘。唐廷使者來了之後，再想辦法拖延一段時間，很快能將時間拖至四月。中國農曆的四月基本相當於現代的六月，那時草青馬肥，天氣回暖，突厥人便能恢復長途跋涉的能力，逃往漠北。此時頡利尚有數萬死忠戰士、十餘萬部眾，假以時日，捲土重來不是難事。

頡利的算盤打得挺好。中國歷朝歷代的皇帝最容易在這上面犯迷糊。李世民雖然精明，但頡利願意親身入朝的說辭，也使李世民相信他是真心投降。李世民派鴻臚卿唐儉、將軍安修仁為使者，至頡利處慰撫。又命李靖迎接突厥部眾歸降。頡利這小算盤能瞞得過別人，瞞不過李靖。正所謂聰明反被聰明誤，李靖與李世勣一合計，認為朝廷派使者來受降是個好機會，正好將計就計將突厥徹底打垮。這事好說不好做，朝廷既然已經同意頡利的請降，下面將領再去攻打等於是抗旨，一般將領絕沒有這種膽量。

第六章　我武唯揚：唐太宗的戰略與征服版圖

李靖的副將張公瑾表示反對，認為詔書已經許降，使者又在突厥大營中，怎能貿然去攻打呢？李靖當機立斷地說：「韓信攻滅齊國就是用這個方法。比起消滅突厥人，唐儉區區一個使者又算得了什麼？」他親自挑選了一萬名精銳騎兵，帶了二十天的乾糧，急襲頡利大本營。李世勣率主力於其後出發，封堵突厥人北逃的要道磧口。唐軍奔襲至陰山之時，正遇到一個數千帳的突厥部落。為了不暴露突襲的意圖，唐軍將他們全部俘虜後裹挾隨軍。

頡利方面一看苦苦等候的唐廷使者來了，終於完全放心，徹底放鬆了警惕。似乎冥冥中就是要讓唐軍取得這次勝利一般，天氣又起了大霧。李靖部將蘇定方率兩百騎精銳趁夜殺來。等突厥人察覺之時，唐軍距突厥人的大本營僅有七里之遙。淒厲的報警之聲響徹夜空，突厥營地立時大亂，唐軍如天兵天將一般猝然殺到。頡利大驚失色，知道圖謀已被唐軍識破，連忙乘千里馬逃竄。首領逃竄使得突厥部眾軍無戰心，亂成一團。李靖趁機麾軍掩殺，斬首萬餘級，俘突厥男女部眾十餘萬，獲雜畜數十萬，殺隋義成公主，擒獲其子疊羅施。頡利率親信一路逃至磧口，被李世勣的唐軍主力等個正著。頡利只得折而向西，突厥貴族酋長們眼見大勢已去，紛紛跪地請降。李世勣俘虜五萬餘口突厥部眾而還。西逃的頡利一路奔至駐守靈州附近的沙缽羅設（這裡沙缽羅是稱號，設是官名）阿史那蘇尼失處，企圖由此南下，投奔吐谷渾。屯駐靈州的大同道行軍總管李道宗聞訊，一面派人威壓阿史那蘇尼失捉拿頡利，一面發兵北進。頡利非常精明，一見形勢不妙慌忙連夜逃遁，藏匿於荒谷之中。阿史那蘇尼失恐怕李道宗興師問罪，率兵搜捕，終於擒獲頡利。三月十五日，大同道行軍副總管張寶相進至阿史那蘇尼失營寨，將頡利執送長安，阿史那蘇尼失亦舉兵歸降。

此戰後，東突厥汗國作為一個政權被徹底消滅。唐帝國斥地自陰山北至大漠，唐帝國的赫赫武功使得「單于稽首，交臂藁街，名王面縛。歸身

夷邸，襁負而至，前後不絕。被髮左衽之鄉，狼望龍堆之境，蕭條萬里，無復王庭」。自此「天可汗」的名號響徹四方。原先被突厥人控制的西域，終於開始向新生的唐帝國招手。而為唐帝國打頭陣的，正是先前投降的突厥人。

得知李靖大破突厥的消息後，李淵感嘆地說：「當年漢高祖被匈奴圍於白登，終生沒能報仇。我兒子就能把突厥滅了，真不愧我將國家託付給他。」李世民也高興地說：「當年迫於形勢向突厥稱臣，這些年我一直痛心疾首，志滅突厥，坐不安席，食不甘味，如今只一戰就滅了突厥，可謂痛雪前恥了。」李世民下旨大赦天下，全國放假五天。李氏父子又召眾王、功臣在宮中夜宴狂歡，席間李淵自彈琵琶，李世民親自起舞，欣喜若狂之態撲面而來。不過。真正的大功臣李靖沒有時間去狂歡。李靖一回來，御史大夫蕭瑀、溫彥博就上書彈劾他，罪名是「治軍無法，突厥珍物，擄掠俱盡」，也就是說李靖的部下私分了戰利品沒有上繳國庫。至於是什麼「珍物」如此受重視，沒有記載。這個罪名可大可小，嚴重些說就是貪汙，碰到法家一派的皇帝，砍頭都是有可能的。蕭瑀、溫彥博二人都是唐儉的故交，是否有為其出氣的意思，不得而知。

李世民的處分很有學問。他收到彈劾文書後，首先駁回了將李靖交司法機關審查的提議，但又當面把李靖狠狠地責備了一番。帶兵打仗，又是出境作戰，士兵劫掠是家常便飯。就連李世民自己後來在征高麗時面對士兵們劫掠的請求，也不敢生硬拒絕，而是以大肆賞賜繳獲物資來代替。如果換了別人，估計當場會大聲喊冤。在隋文帝的時候，也曾經發生過一件類似的事情。隋名將史萬歲立下大功，卻被楊素所隱瞞，結果朝廷並未發下賞賜。史萬歲頭腦發熱，居然帶了幾百兵將入朝申訴，在朝堂上大肆發洩自己的不滿，最後惹惱了隋文帝楊堅，被砍了腦袋。李靖不單單是沒有封賞，甚至還有罪，比史萬歲冤多了。但他毫無辯解之詞，只是叩頭請罪，

第六章　我武唯揚：唐太宗的戰略與征服版圖

深刻反省，老老實實回家待罪去了。過了一段時間，李世民下詔說，隋將史萬歲破突厥有功，不但沒得獎賞反而因犯法被殺，我不能學這個，李靖的功勞照賞，過錯就赦免了。於是，李世民封李靖為左光祿大夫，賜絹千匹，加上以前所封的食邑一共五百戶。又過了一段時間，李世民接見李靖，說上次責備你是我受了小人蠱惑，現在我想通了，希望你不要放在心上。跟著又賜絹二千匹，還讓李靖升官，拜尚書右僕射，當年楊素的預言終於實現了。

文武合一的風氣之下，唐代名臣常常是全才。所謂上馬管軍下馬管民，李靖便是其中的代表人物。唐代形成慣例，邊疆大將如果功績卓著可以入朝為相，這便是「出將入相」的由來。

突厥珍物案其實是李世民對李靖忠誠心的一次考驗。皇帝對於臣子，最看重的是服從，能力其次。司馬公在《資治通鑑》開篇明確提出：「才德均無是愚人，才勝於德是小人，與其用小人，不如用愚人。」所謂德，無非就是君君臣臣那一套。看來李靖深諳此道，不是只讀過兵書。這次「突厥珍物案」中，李靖表面上是勝利了，皇帝親自為他洗刷罪名，還委婉地向他道歉。但究竟誰是勝利者，不言而喻。案件的結果是李靖升官為尚書右僕射，這個職位相當於丞相，有權參與國家大政。但據記載，他「每與時宰參議，恂恂然似不能言」，就是凡事三緘其口。《舊唐書》認為，這是因為李靖「性情沉厚」，其實這是李靖極有政治頭腦的表現。國之大將該是一個純粹的軍人，不應過多牽涉進朝堂政治當中。名將在歷朝歷代都是一柄雙刃劍，下場往往不好。李靖真正做到了軍隊是國家的武力，而非政治鬥爭的工具。李靖與李世民君臣知遇，成就了歷史上一段佳話。

平吐谷渾：西線戰爭的壓制行動

　　吐谷渾本為族名，是遼東鮮卑慕容部的一支，後在青海立國，控制了青海、甘肅以及部分西域地區，國勢強大。南北朝時代，吐谷渾曾被西魏與突厥夾攻，損失極大。不過百足之蟲死而不僵，吐谷渾畢竟是個大國，聯軍讓他們傷筋動骨，卻沒能摧毀他們的民族。多年之後，吐谷渾又一次興旺發達起來，日趨強大。

　　李淵立國之初，吐谷渾國主伏允與割據河西的反王李軌聯合，騷擾唐西北邊境。武德二年（西元619年），唐滅李軌，伏允可汗為了從唐獲得茶、鹽等生活必需品，頻繁遣使，請求在邊界互市。由於「中國喪亂，民乏耕牛」，而吐谷渾又是以游牧為主的少數民族，盛產牛馬，唐高祖李淵遂慨然答應。吐谷渾透過互市，從唐境獲得了大量生活必需品。唐帝國也「資於戎狄，雜畜被野」，獲得了大量用於農業的牲畜。唐帝國為了保持與吐谷渾的友好關係，還主動放回了從隋末以來一直為人質的伏允可汗之子慕容順。但隨著吐谷渾勢力的不斷強盛，伏允可汗逐漸不滿足於從互市中獲得的財富。吐谷渾經常襲擾涼州、蘭州、岷州、鄯州、廓州一帶，威脅河西走廊。

　　當時唐突關係緊張，帝國的重心都在對付突厥方面。面對吐谷渾，唐軍只能緊守門戶，無力反擊。李淵的女婿柴紹曾是負責防禦吐谷渾的一線大將。吐谷渾對唐軍的威脅相當之大。某次柴紹率唐軍與吐谷渾大戰，被敵人包圍。敵軍乘高臨下四面放箭，矢下如雨，唐軍眼看要全軍覆沒。柴紹急中生智想了一個辦法，他讓人彈奏胡琵琶，又找兩個女子對舞。吐谷渾人從來沒見過這個，稀奇得很，箭也不射了，紛紛駐足觀看。柴紹趁機暗中率精騎從後面突襲，這才獲得了勝利。

　　消滅東突厥之後，解決吐谷渾開始提上唐帝國的日程表。貞觀八年

第六章 我武唯揚：唐太宗的戰略與征服版圖

（西元634年）十二月，時任尚書右僕射的李靖再次請纓。李世民非常高興，立刻任命李靖為西海道行軍大總管，兵部尚書侯君集為積石道（今甘肅積石山縣）行軍總管，刑部尚書任城王李道宗為鄯善道（今新疆若羌）行軍總管，涼州都督李大亮為且末道（今屬新疆）行軍總管，岷州都督李道彥為赤水道行軍總管，利州（治今四川廣元）刺史高甑生為鹽澤道（今青海茶卡鹽湖）行軍總管。唐太宗對這一仗非常重視，首次行使天可汗的權威，徵調了突厥、契苾兩族作為僕從軍參戰。李靖身為總帥，統領五路唐軍征討吐谷渾。此時李靖已六十五歲高齡，風采依然不減當年。吐谷渾聽聞李靖親自領軍，連仗都不敢打，立刻西逃入嶂山（即庫山）千餘里。

青海甘肅地區地形之複雜，比起突厥所占據的蒙古草原，有過之而無不及。唐軍內部為此產生分歧，李道宗強烈要求繼續追擊，而侯君集持否定態度。此時李靖顯示出了身為統帥最重要的能力，即正確果決地決斷。他同意了李道宗的看法，令他率軍疾追，在離唐軍主力十日路程的庫山終於追及伏允。伏允據險欲作殊死戰，李道宗正面遭大軍猛攻，自己親率千餘騎從山後突襲。伏允腹背受敵，潰不成軍，只得再次西逃。為阻止唐軍追趕，伏允下令焚燒沿途野草，企圖堅壁清野。唐軍馬匹因無野草可食，日益羸瘦，騎兵們心急如焚。以李道宗為首的多數將領認為伏允西走柏海（今青海鄂陵湖、扎陵湖），難知其確切藏身處，且若再西進已近黃河源頭，古今罕有人至，險順難料。何況，此次遠征，盡賴馬力，今野草已被燒盡，不如撤兵，待馬肥草生，伺機再進。面對險惡的地形和困難的局面，李靖不為所動，兵分兩路，深入敵境，作鉗形追擊。李靖親率李大亮、薛萬均、萬徹兄弟及契苾何力（契苾族族長）等部從北道進擊，另遣侯君集和李道宗率部由南道進擊。唐軍將士英勇追擊，跋涉於高原之上。

貞觀九年（西元635年）四月二十三日，北路軍李靖終於追及伏允，兩軍於曼頭山（似今青海東日月山）上大戰。李靖部將薛孤兒斬殺吐谷渾

王族，獲得大批牲畜。二十八日，李靖部又敗吐谷渾於牛心堆（今青海湟中西南）和赤水源（今青海東南恰卜恰河上源）。伏允上天無路入地無門，決心拚死一搏，於是率軍埋伏在赤水川附近。身為先鋒的薛萬均、薛萬徹兄弟因連勝之後輕兵冒進，踏入了伏允所設的包圍圈。吐谷渾國相天柱王親自搏殺於戰陣之上。唐軍血戰不得脫，薛氏兄弟皆中槍墮馬。兩人不放棄，爬起來挺槍徒步死鬥，兵士大部陣亡，可以想像場面多麼驚心動魄。這危機時刻，契苾何力率數百騎馳援。只見他「突圍而前，縱橫奮擊，賊兵披靡」，萬均、萬徹兄弟這才死戰得脫。

　　與此同時，由涼州南下且末道的李大亮部也在蜀渾山（在今恰卜恰河上源）擊敗吐谷渾部，獲其王公二十人。突厥將軍執失思力率軍亦敗吐谷渾於居茹川。李靖率領的唐軍從積石山河源一路殺到且末，縱橫整個吐谷渾西部，所向無敵，很快攻克了吐谷渾首府伏俟城（青海海南藏族自治州共和縣石乃亥鄉的鐵卜卡），伏允可汗被迫北逃突倫磧（今新疆且末、和田之間）中。所謂樹倒猢猻散，伏允嫡子，在中原帝國做過多年人質的大寧王慕容順，眼看大勢已去，遂率眾擊殺國相天柱王，舉國請降。

　　南路軍在侯君集和李道宗的帶領之下，翻越兩千餘里無人之境，於五月一日在烏海（今青海冬給措納湖）與吐谷渾部遭遇。唐軍大敗其眾，擒吐谷渾王族梁屈忽。此時正當盛夏，天上卻驟降寒霜。唐軍經過破邏真谷（約在今青海共和大非川東）之時，其地無水，只能人齕冰，馬啖雪。唐軍與吐谷渾軍從星宿川（今黃河河源附近之星宿海）戰至柏海，吐谷渾望風披靡。唐軍一路翻山越嶺，至積石山，觀黃河之源頭，最終在大非川與李靖北路軍勝利會師。

　　仗打到這裡，雖未抓住伏允，但唐軍已獲全勝，可以凱旋歸朝了。李靖畢竟是李靖，絕不會讓伏允溜掉。李靖親自坐鎮伏俟城，命李大亮、薛萬均兄弟及契苾何力率部追擊伏允可汗。抵達突倫磧時，薛萬均兄弟鑑於

第六章　我武唯揚：唐太宗的戰略與征服版圖

赤水之敗，不敢深入。契苾何力卻自選驍兵千餘騎，獨自向突倫磧挺進。唐軍進入磧中以後，百里沙磧難見水，將士口燥舌焦，不得已只好飲馬血止渴。如此艱難的情況之下，唐軍終於追上了伏允，襲破國主牙帳，斬首數千級，獲駝馬牛羊二十餘萬頭。伏允猝不及防，只得率千餘騎向沙磧深處逃遁，其妻兒均被唐軍所俘虜。十多天後，伏允亦被隨從騎將所殺，唐軍至此大獲全勝。李靖以區區四萬餘唐軍，歷時半年，橫行青藏高原，行程五六千里，從青海打到西域，克服了無數難以想像的艱難險阻，最終取得了輝煌的勝利。一代軍神李靖終於為自己的戎馬生涯畫上了一個最完美的句點。

　　李靖取得了重大勝利，不料「突厥珍物案」的歷史居然重演。李靖一回朝，他的部下、岷州都督高甑生密報他擁兵自重，意圖謀反。這個罪名比上次的私分戰利品要嚴重多了，李世民又大大地查問了一番。後來發現，原來這個高甑生在跟隨李靖進攻吐谷渾時曾因畏敵不前而延誤了軍期，被李靖處分，為洩私憤才誣告李靖。事件的結果當然是誣告者被從重處罰，而李靖也從此閉門不出，潛心在家著書立說，以示再不理世事。

　　為了不讓李靖的軍事才能白白浪費，李世民派心腹侯君集到李靖處向他學習兵法。不久侯君集就向李世民抱怨，說李靖只挑些基本知識傳授，請教他高深些的就不肯教，說不定有什麼二心。李世民讓李靖解釋，李靖答覆說：「我教給侯君集的部分足以安定國內、震懾四鄰。他一再要學更高深的東西，只怕侯君集才真是有二心。」看來李靖與謀反嫌疑很有緣，就算是閉門不出，仍然要被人誣告謀反。不過從李靖的反擊來看，他對這種暗箭已應付自如，大概也是久病成醫。李世民當然沒有因為李靖而去追究侯君集是否有二心。不過事實證明，李靖總是正確的。侯君集後來密謀除掉李世民，擁立太子李承乾即位。可他又哪裡鬥得過李世民？最後事洩被殺，這應該也算一種黑色幽默吧。

終李靖一生，內戰、外戰、陸戰、水戰、草原戰、高原戰、山地戰、沙漠戰無不得心應手，戰無不勝。凡是與他對陣的敵人，從冉肇則、蕭銑、輔公祏到東突厥、吐谷渾，無一不是徹底被滅。《李衛公兵法》更是光耀後世，成為兵家的經典著作。正所謂：「脫鞍暫入酒家壚，送君萬里西擊胡。功名祇向馬上取，真是英雄一丈夫！」

滅高昌：西域勢力的清掃與整合

消滅突厥之後，唐帝國正式開始對西域的經營。貞觀四年（西元630年），原屬西突厥的伊吾城（今新疆哈密）主率所屬七城歸順唐朝，唐朝設西伊州（後改稱伊州）。掃平吐谷渾之後，唐帝國又奪得鄯善（鄯善郡在蒲昌海西南，且末水以南，今新疆若羌縣附近）。西域的大門為唐帝國所敞開，如何控制整個西域也放上了議程表。

經營西域對於唐帝國而言有著重要的現實意義。對內來說，控制了西域既可張揚國威，又保障了絲綢之路貿易的繁榮。對外來說，控制了西域可以牽制和削弱北方草原民族的勢力，進而保障河西、隴右的安全，防止南、北兩個方向草原民族勢力會合。正所謂「欲保秦隴，必固河西；欲固河西，必斥西域」。對於控制了伊吾與鄯善的唐帝國而言，橫亙在西進道路上的高昌國（國都高昌城，舊址在今新疆吐魯番東南）顯得愈發礙眼。

高昌國在西域諸國中是一個特殊的存在。其國以華人為主，前身是漢帝國屯駐西域的戍卒所建立的營壘，原名高昌壁。經過漫長的歲月，演變為高昌郡，最終因為柔然、突厥興起而分離出去，演變成了高昌國。不過其文字、社會風俗、禮儀文化等依然一如中國，為當時中原王朝的鐵桿藩屬國之一。隋帝國時代，高昌國王麴文泰與中原帝國關係非常密切，號稱

第六章　我武唯揚：唐太宗的戰略與征服版圖

「西域所有動靜，輒以奏聞」。後隋滅唐興，麴文泰還曾偕其妻宇文氏親詣長安朝覲。唐帝國對他的忠誠亦有不低的回報，賜其妻李姓，封常樂公主，預宗籍，待以國婿禮，規格極高，可見其受到的重視。

好景不長，很快高昌國對唐政策有了180度的大改變。這一切都與西突厥有關。當時西突厥的乙毗咄陸可汗結束了族內的鬥爭，一統西突厥。原本西突厥的傳統政策是與唐帝國友好相處。不但可汗均受唐廷冊封，甚至為了對付東突厥，還與唐帝國保持軍事同盟的關係。這種情況在乙毗咄陸可汗時發生了劇烈的轉變。唐帝國在消滅東突厥以及吐谷渾之後國力日盛，國威遠播四方，帝國的西部邊境已與西突厥接壤。受西突厥控制的西域諸國紛紛向唐帝國朝貢，導致了西突厥的強烈不安。西突厥決心切斷西域諸國與唐帝國的聯繫。由於高昌國所在的位置是絲綢之路的咽喉地帶，策略位置極其重要，高昌國便成為西突厥的開刀對象。

乙毗咄陸可汗向高昌國施加了強大壓力。他委任重臣阿史那步真率兵進駐可汗浮圖（今新疆吉木薩爾北破城子），用武力威脅高昌。還派遣宗室阿史那矩入高昌作為監國，操縱高昌國政。乙毗咄陸可汗又將隋末逃亡至東突厥，後來又淪落至西突厥的中原百姓遷徙至高昌，充實高昌國的勞動力，以此利誘之。於是，高昌國王麴文泰對唐帝國的態度急遽變化。他首先中斷了與中原帝國的傳統宗藩關係，不再朝貢。唐帝國遣使責其「無藩臣禮」，麴文泰置若罔聞，還拒絕遣返流落在高昌的中原百姓。李世民登基後對於這個問題極其重視，發詔令隋末淪亡的人民回返家園。麴文泰卻強行將這些人留下，匿而不應。他又阻斷西域諸國的貢道，扣留他們去唐帝國的貢使，還對繼突厥之後新興的草原霸主薛延陀可汗說：「你既然已經貴為可汗，跟唐天子是平起平坐，何必拜唐廷派來的使者？」最後麴文泰發展到與西突厥聯兵進攻伊州（治今新疆哈密），甘心成為西突厥在西域的打手，成為反唐的重要角色。

滅高昌：西域勢力的清掃與整合

如此行為，是可忍孰不可忍！唐太宗李世民於貞觀十三年（西元639年）十二月正式下詔討伐高昌國。此戰兵部尚書侯君集以軍神李靖親傳弟子的身分拜交河道行軍大總管，左屯衛大將軍薛萬均為副總管，率左武衛將軍、上柱國、中郎將薛孤吳仁，左武衛將軍牛進達，左屯營將軍姜行本等三行軍總管，及沙州刺史劉德敏、中郎將伯屈昉等唐軍十五萬，另以契苾何力領突厥、契苾等族步騎數萬從唐軍西征。為了進軍西域、打通絲綢之路，唐帝國動員了如此龐大的兵力，可見對此戰的重視程度。貞觀十四年，唐軍渡戈壁，軍容之壯盛被形容為「鐵騎亙原野，金鼓動天地，高旗蔽日，長戟彗雲」。凜冽的殺氣直讓天地為之顫抖。麴文泰面對如此強大的軍事壓力卻非常樂觀，他對朝臣說：「唐國去此七千里，涉磧闊二千里，地無水草，冬風凍寒，夏風如焚。風之所吹，行人多死，當行百人不能得至，安能致大軍乎？若頓兵於吾城下，二十日食必盡，自然魚潰，乃接而虜之，何足憂也！」麴文泰的樂觀並非沒有道理。一般來說，進行這樣艱苦的遠征，即便勝利，軍隊也必然損失慘重，漢帝國征大宛損失慘重便是前車之鑑。與漢帝國不同的是，在「華夷如一」思想的影響下，唐帝國對少數民族採取了前古未有的民族政策——民族平等，去華夷之防，容納外來思想與文化。這樣的政策之下，中國文化成為了世界上最具包容性的文化。如此開放的少數民族政策，為唐帝國帶來的好處顯而易見。攻打高昌的唐軍，就是在熟悉當地地形的鐵勒族契苾部族長契苾何力引領下，毫髮無傷殺至高昌。與國王麴文泰的樂觀相反，高昌國中的百姓對這場戰爭有著極其清醒的認知。國內流傳起一首歌謠，歌中唱道：「高昌兵，如霜雪，唐家兵，如日月。日月照霜雪，幾何自殄滅。」這是對高昌之戰最精準的預言。

高昌受到攻擊，西突厥不得不救，於是乙毗咄陸可汗調遣駐可汗浮圖城的阿史那步真進行防禦。唐軍攜雷霆之勢而來，抵擋豈是如此簡單？唐

第六章　我武唯揚：唐太宗的戰略與征服版圖

將姜行本、牛進達等率大軍出伊州，行至柳谷，依山採木，造攻城器械。然後鼓行急進，一路銳不可當。五月十日，唐軍攻占時羅漫山險塞，姜行本於時羅漫山發現漢代班超記功之碑，於是在此碑之上勒石紀功宣揚國威（此「姜行本紀功碑」清初立於巴里坤松樹塘關帝廟之前，目前藏於新疆維吾爾自治區博物館）。大軍繼續長驅西進。契苾何力所統蕃騎則取蔥山道，兩軍會合之後，合攻可汗浮圖。阿史那步真不敵而降，可汗浮圖被攻克。麴文泰想不到唐軍居然如此之快就兵臨城下，憂懼而死，其子麴智盛即位。唐軍在契苾何力的率領之下猛攻高昌城池。攻城過程中，姜行本這位「匠作大師」在柳谷製作的先進攻城器械，發揮了十二分的威力。侯君集先用木板搭出橋梁，越過高昌軍挖的壕溝。再用撞車撞高昌國城池的女牆，撞一次便會產生數丈的大窟窿。唐軍用拋石車拋石入城，中者無不糜碎。唐軍還會用氈被之類包裹碎石，對城牆進行散彈攻擊，打得高昌國士兵無法在城牆上立足。

數十萬唐軍的氣勢，甚至連上天都為之震撼。當晚一顆光芒四射的流星墜落於城中，城中愈加惶恐。第二天高昌國的田地城便被攻下，唐軍俘男女七千餘人。侯君集隨即命中郎將辛獠兒為前鋒，於當夜直趨高昌城。麴智盛率軍迎戰，完全不是對手，只得困守都城。

麴智盛力盡智窮，不得不派遣使者到唐軍大營請和，說道：「得罪大唐的是高昌國的前國王，他罪有應得，已經死了。麴智盛剛剛即位，希望朝廷能夠給個機會。」侯君集很痛快地說：「機會不是不能給，如果你們國王真的悔過了，那就自己到我這裡來請罪。」麴智盛請和不過是緩兵之計，聽到唐軍的條件，當然不會答應。侯君集勸降不成，立刻開始攻城。姜行本建造了五丈高的巢車，作為投石車的觀察哨。城中石如雨下，高昌國人不敢出屋走動。麴智盛見大勢已去，只能按照侯君集的條件，親往唐軍大帳請罪。即便如此，他還想玩花樣。出城之時，他依然命令大將麴士義防

守城池，並沒有獻城投降的意思。到唐軍大帳之後，他推諉拖延，顧左右而言他，毫無誠意。薛萬均勃然大怒，大喝道：「把城先打下來得了，跟這小子費什麼話！」麴智盛嚇得魂不附體，立時下跪道：「一定聽您的吩咐。」八月初八，麴智盛正式獻城投降。

侯君集繼續分兵略地，共攻下三個郡、五個縣、二十二座城，得戶八千餘，人口三萬七千餘，馬四千三百匹，占地東西八百里，南北五百里。唐帝國在此置西州，在可汗浮圖城置庭州。唐帝國又置安西都護府於交河城（今新疆吐魯番西北雅爾湖村附近），以喬師望為首任安西都護，留兵鎮守，而後刻石紀功而還。漢帝國發現、維護並擁有的絲綢之路故道，在幾百年後的這個時刻，終於重新出現了中原高歌猛進、橫刀躍馬的身影。後世赫赫有名的安西都護府的傳說，亦於焉開始……

智敗薛延陀：草原合縱連橫的破局

唐軍消滅高昌之前，有一段小插曲。高昌國王麴文泰曾經攛掇薛延陀可汗，希望他與唐帝國分庭抗禮。隨著東突厥的覆滅，薛延陀成為草原的新霸主，對唐帝國的威脅越來越大。薛延陀是鐵勒族的一支，隋初才見於史籍，其居住地在阿爾泰山西南。突厥大帝國興起之時，薛延陀作為鐵勒族中的一支亦被征服，成為突厥人的奴隸，忍受突厥人的需索與壓迫。突厥帝國分裂，薛延陀族也分為漠北與金山兩個部分。由於遭到殘酷的壓榨，薛延陀人一直不斷進行起義，最終於大業元年（西元605年）擊敗西突厥的處羅可汗，建立了契苾－薛延陀汗國。此國強盛一時，統治了整個準噶爾盆地、阿爾泰山東面以及天山東麓。但西突厥汗國的衰落是暫時的，很快西突厥射匱可汗興起，擊敗處羅可汗，成為整個西突厥的大可汗。射匱可汗隨即展開大規模的征服活動，契苾－薛延陀汗國煙消雲散，

第六章　我武唯揚：唐太宗的戰略與征服版圖

族群再次受到突厥人的統治。

到唐太宗李世民即位，突厥人對草原各部民族的壓榨也達到了巔峰。草原各部掀起了一場聲勢浩大的起義。東突厥汗國內，起義軍的主力便是漠北的薛延陀與回紇。於此同時，身處西突厥汗國境內的薛延陀首領夷男，率全族七萬帳東逾阿爾泰山，遷居於漠北草原。他這一遷居，正好趕上這場聲勢浩大的起義運動。他靠部族強大的實力取得了起義軍的領導地位，不但合併了漠北的薛延陀，還成立了薛延陀汗國，建立了自己的政權。

這場起義沉重打擊了氣焰囂張無比的東突厥汗國，頡利手下各大首領均遭敗績，損失極大。唐太宗不失時機地對夷男進行冊封，封其為真珠毗伽可汗，扶植薛延陀對東突厥進行進一步的打擊。最終東突厥汗國的覆滅，除了李靖出神入化的戰鬥力之外，薛延陀等族的起義也發揮了至關重要的作用。

東突厥汗國滅亡之後，薛延陀在草原上開始稱霸。薛延陀國內有常備軍二十萬，分別由夷男的兩個兒子大度設和突利失所統率。一開始，薛延陀對唐帝國的態度極為恭敬。夷男自稱：「我以前不過鐵勒的一個小頭目而已，能當可汗都是大唐天子賜予我的。」唐帝國與薛延陀汗國是明確的宗主國與藩屬國關係。但薛延陀與突厥一樣，都是奴隸制的國家，有著天生擄掠人口財物的需求。於是，薛延陀將擴張的目光轉向了殘存的東突厥部眾。

薛延陀想要吞併東突厥人，將他們通通變為奴隸，唐太宗卻不能同意他們的要求。對唐太宗而言，他很清楚地記得，中國北方草原上只有一族獨大，會有什麼樣可怕的後果。他堅決扶植東突厥餘部作為與薛延陀的緩衝地帶。對此，薛延陀極為不滿。但東突厥餘部被置於長城以內，薛延陀也無可奈何，只得按照北方草原民族的一貫套路，謀求控制西域這塊黃金

智敗薛延陀：草原合縱連橫的破局

之地。此時恰逢高昌與唐帝國交惡，高昌國王麴文泰派遣使節去薛延陀挑撥離間。薛延陀順水推舟，向唐帝國上了一道奏摺，要求發兵征討高昌，實際上是為了奪得西域的支配權。唐太宗並未讓薛延陀如願，很快派侯君集率大軍平滅了高昌，讓薛延陀的企圖破滅。

高昌覆滅之後，將東突厥殘餘勢力遷居長城以外，形成與薛延陀的緩衝地帶，成為唐帝國的當務之急。於是，貞觀十五年（西元641年）正月，被唐太宗立為新任東突厥可汗的李思摩率部落出塞。對東突厥，薛延陀早就垂涎欲滴，恨不得一口吞入腹中。之前他們在長城內扮烏龜，薛延陀拿他們沒辦法。現在出了長城，那還不是砧板上的一塊肉？夷男打聽到唐太宗準備到泰山封禪，他認為到時候唐帝國重兵必然拱衛在泰山左右，無暇顧及他與李思摩之間的戰事。夷男萬萬沒想到的是，李思摩出塞完全是個大陷阱。唐太宗早就在漠南要地祕密布置了大量軍隊，等著薛延陀上鉤。并州都督長史李世勣戰前被擢升為兵部尚書，坐鎮并州（治所為太原），總領此次作戰。他祕密叮囑李思摩，一旦遭到進攻，便放火焚燒草原，實施堅壁清野。

果不出唐太宗之所料，突厥人出塞之後，薛延陀可汗夷男便藉口李思摩部突厥人偷竊羊馬，率兒子大度設領薛延陀本部以及回紇等附庸民族二十萬南下，兵鋒直指攻白道川。面對攻擊，李思摩早有成算。他率部與薛延陀耍個花槍，虛虛打了一回便瘋狂後撤，一路奔回長城。夷男沒想到，原本能爭善戰的突厥人居然如此沒有節操，打了個照面居然拔腿就溜。他非常高興，認為這肯定是唐帝國邊境空虛，突厥人才不敢死戰。他率主力長驅直入，命兒子大度設率精兵三萬作為先鋒追擊。不過李思摩逃命的功夫實在堪比兔子，大度設緊趕慢趕，直跑到長城都沒追到李思摩，氣急敗壞，居然派人上長城望著李思摩遠去的背影瘋狂罵街。

李思摩完美地完成了誘敵深入的任務，唐帝國的戰爭機器開始全面運

第六章　我武唯揚：唐太宗的戰略與征服版圖

轉。唐太宗任命兵部尚書李世勣為朔州道行軍總管，率兵六萬、騎三千，屯朔州（今山西朔縣）；以右衛大將軍李大亮為靈州道行軍總管，率兵四萬、騎五千，屯靈武（今寧夏靈武縣西北）；以右屯衛大將軍張士貴為慶州道行軍總管，率兵一萬七千，出雲中（今內蒙古托克托縣）。此外又命營州都督張儉統所部兵馬，與奚、契丹等威脅薛延陀的東面；命涼州都督李襲譽為涼州道行軍總管，威脅薛延陀的西面。實際上細細分析唐軍的結構，應當知道，唐軍這次主要計畫還是打一次防禦戰。唐軍總數雖多達十數萬，但騎兵極少，身為真正主攻的主帥李世勣一路，只不過擁有三千騎兵而已。面對全民皆為騎兵，而且一名戰兵能配四匹馬的薛延陀，行軍上的差距極為明顯。實際上唐太宗完全沒有想過全滅薛延陀，只不過要給野心勃勃的薛延陀一個教訓，讓其知曉中原帝國的威嚴不容輕侮而已。

　　大度設在長城還未待多久，只見遠處塵埃漫天，唐大軍無邊無垠，黑壓壓地排著整齊的方陣而來，軍容之鼎盛讓人心寒。大度設一見知道壞事了，唐帝國邊境根本不是毫無防備，而是大軍早已枕戈待旦。大度設嚇得趕忙派人通知夷男先走，他自己率軍翻越青山（今呼和浩特市北大青山）向北逃竄。李世勣之所以被稱為「初唐二李」之一，與軍神李靖齊名，亦在中國歷代名將中有著不低的排位，此戰便是其封神之作。李世勣也許跟李靖打了一次仗，學了一手，面對大度設的三萬精銳騎兵，居然僅湊了六千騎兵便死死追了上去。

　　大度設所部均為精銳，一名薛延陀騎兵能有四匹馬。如果大度設逃得乾脆些，李世勣拿其無可奈何。但大度設並未走最近的路撤兵，而是從赤柯濼繞至青山，然後北走。大度設透過繞路，沿途與薛延陀散部會合，兵力由三萬急速增長至五萬以上。李世勣則抄近路，率軍走臘河（今呼和浩特市西北圖爾根河），直撲白道川，最後於諾真水（今呼和浩特市西北艾不蓋河）將大度設追上。

智敗薛延陀：草原合縱連橫的破局

大度設眼見唐軍死追不放，不打一仗根本無法脫身，於是在諾真水擺了個寬十里的大陣，向唐軍挑戰。薛延陀的戰術戰法在草原民族中極為特殊，居然擅長步戰而非騎射。臨陣時五人為一個小組，四人步戰，一人牽所有人的馬，一旦勝利則所有人上馬追擊。此種戰法對突厥人頗為有效，連後來縱橫西域的名將阿史那社爾都敗在此招之下。李世勣兵力構成為三千漢騎兵，三千突厥騎兵。面對薛延陀的大陣，突厥騎兵當先挑戰，但他們的騎射卻並非步射對手，被打得抱頭鼠竄。李世勣見突厥危急，挺兵援救。他先令副總管薛萬徹率部分騎兵繞路偷襲薛延陀軍陣之後，本人率剩餘騎兵直衝敵陣。見唐軍衝陣，薛延陀萬箭齊發，唐軍馬匹紛紛被射倒，無法再戰。李世勣見此情況，立刻改變戰術。他指揮唐軍下馬，以百人為一個方陣，全數手持馬槊，組成一個個下馬騎兵長矛方陣。他用世界戰爭史上最經典也是最常用的步兵長矛陣來對付薛延陀的步兵攢射。唐軍騎兵皆為精銳，身上盔甲俱精良無匹，冒著箭雨向前衝鋒。薛延陀軍雖拚命射擊，但成效不大。面對瘋狂刺擊而來的馬槊，薛延陀人的肉搏能力不堪一擊，很快陣型趨於崩潰。就在這時，繞道而來的副總管薛萬徹給了薛延陀人致命一擊。他搶先攻擊薛延陀放在陣後牽馬之人，使得薛延陀人無法上馬遠遁，只得乖乖投降。最終唐軍斬首三千，獲馬匹一萬五千，俘虜五萬餘人。唯有大度設見機得快，率部分心腹逃竄，薛萬徹率數百騎兵窮追也未能追上。不過大度設的命很不好，好不容易逃到漠北，卻遇上了大風雪，結果人畜大多被凍死，可謂是傷筋動骨。此戰從嚴格意義上說，不算突厥騎兵，唐軍在李世勣的指揮下，在正面戰鬥中戰勝了二十倍以上的敵人。正所謂：「萬里不惜死，一朝得成功。畫圖凌煙閣，入朝大明宮。」李世勣只此一戰便奠定了他的名將地位。

諾真水之戰以唐軍大獲全勝而告終，事情卻並未結束。當薛延陀大軍之前抵近長城之際，居於代州的突厥思結部舉部響應，全部叛逃北走。代

第六章　我武唯揚：唐太宗的戰略與征服版圖

州州兵於身後追擊，又恰逢李世勣率軍凱旋回定襄，思結部正好被前後堵住。思結人計無所出，逃入山谷中，自認為必死，於是殺掉自己的妻子兒女，然後與唐軍力戰，卻依舊不敵李世勣。思結部最後被斬殺五百餘，俘虜五千餘。

被狠狠教訓之後，薛延陀可汗夷男終於清醒過來，不再做可以對抗唐帝國的春秋美夢。雖然依然暗中策反居住在唐境內的各鐵勒部眾，但一直到死，薛延陀再也沒有大規模的敵對軍事行動。薛延陀與唐帝國關係的穩定，也免除了唐帝國在西域的後顧之憂，可以專心致志地經營西域這塊故土。

血灑長街郭孝恪：忠將之死與宮廷陰影

高昌之役中西突厥吃了個大虧。不甘心失敗的西突厥把主意打到了西域剩下的幾個大國身上。首先，西突厥重臣屈利啜（啜是突厥官位）將焉耆國王龍突騎支的女兒娶為弟媳，使得焉耆與西突厥有了聯姻關係。接著，西突厥乙毗咄陸可汗的繼任者乙毗射匱可汗把自己的女兒嫁給了龜茲國王訶黎布失畢。二國牢牢綁在了西突厥的戰車上。原本親唐的西域兩國，政治態度由此急遽轉變為反唐。

如此強烈的外交轉變，自然導致了焉耆國內親唐勢力的不滿。焉耆在貞觀十八年（西元644年）發生了內亂，親唐派首領、王弟頡鼻葉護與龍粟婆準兄弟因為遭受國王龍突騎支的迫害不得不逃往唐帝國。身為安西都護的郭孝恪於貞觀十八年八月正式被任命為西州道行軍總管，以龍慄婆準為嚮導，出南道，攻焉耆。唐太宗還任命阿史那忠（此人就是在唐軍威壓之下率兵抓住頡利的那個沙缽羅設阿史那蘇尼失的兒子）為西州道撫慰

使，任命屯衛將軍蘇農泥孰為檢校處月、處密吐屯（吐屯為突厥官職），出北道，安撫西突厥治下的處月、處密二部。

郭孝恪接到任務之後，於八月十一日出兵，率數千安西漢兵倍道兼行急行軍至城下。此時已是夜晚，焉耆四面環水，易守難攻，因此防衛較為鬆懈。郭孝恪暗中遣將士浮水過河，埋伏在城牆下。拂曉之時，將士們攀爬上城牆，消滅掉城樓上的哨兵後打開城門，並在城中四處敲鑼打鼓，攪亂人心。郭孝恪率城外主力一舉殺入。這下子打得焉耆措手不及，城中兵將還未能發起有效抵抗，就稀里糊塗做了刀下之鬼。郭孝恪八月十一日出兵，八月二十二日攻破焉耆，僅用了十一天的時間便取得了斬首七千級、活捉焉耆國王的戰績，上演了一場中國古代特種部隊突襲的經典戰役。此役後，因龍粟婆準為嚮導有功，郭孝恪留他統攝焉耆國政，率軍返回安西都護府。

西突厥得知消息，自然不能善罷甘休。屈利啜於三天後親率大軍殺奔焉耆國，將位子還未坐熱的龍粟婆準囚禁，並以勁騎五千追擊唐軍。突厥騎兵風馳電掣，又熟悉地形，很快在銀山（今新疆托克遜西）腳下將郭孝恪追上。兩軍展開會戰。唐軍雖是被追擊的一方，但絲毫沒有死守的想法。他們在郭孝恪的率領下搶先向突厥軍發起了逆襲。兩軍鋒銳相交，漢家士卒勇猛無敵，突厥軍大潰，唐軍追殺數十里而還。北路唐將阿史那忠聞聽焉耆又被西突厥侵占，率軍再攻焉耆國，擊破留守的屈利啜，勝利奪回焉耆國。好景不長，唐大軍剛退，西突厥的鼠尼施、處般啜又領兵前來，以自己的吐屯統領焉耆國政，還將被俘虜的龍粟婆準殺於龜茲國中。

此次戰役，唐軍雖然取得了輝煌的勝利，但礙於地理國情，未能達成平定焉耆的策略目標。數年的準備後，唐軍又發起了龜茲戰役，與西突厥勢力進行全面的較量。

貞觀二十一年（西元 645 年）十二月，唐太宗李世民正式下詔討伐龜

第六章　我武唯揚：唐太宗的戰略與征服版圖

茲。李世民拜右驍衛大將軍阿史那社爾為持節崑丘（即崑崙山）道行軍大總管，統帥全軍；以左驍衛大將軍契苾何力、金紫光祿大夫、安西都護郭孝恪，司農卿、兵部侍郎、清河郡公楊弘禮等三人為副大總管；率左武衛將軍李海崖，沙州刺史蘇海政，伊州刺史韓威，右驍衛將軍曹繼叔，尚輦奉御薛萬備等諸將俱為行軍總管，統各路漢軍步騎，併發「鐵勒兵牧十有三部，突厥侯王十餘萬騎」。另有吐蕃、吐谷渾等諸部兵馬。軍容之盛，更在侯君集高昌戰役之上。

　　這次出兵不像之前郭孝恪那回，此次唐軍是鐵了心要在此站穩腳跟。為此李世民派出阿史那社爾為主帥。阿史那社爾是東突厥處羅可汗的次子，十一歲建牙漠北，以智勇聞名。草原民族大起義時，他率兵去鎮壓薛延陀，慘敗而歸。之後他率部眾西行，定居可汗浮圖城，開疆闢土，自稱都布可汗，有部眾十餘萬人。他一直不忘薛延陀之仇，再度率五萬騎與薛延陀大戰，但又一次失敗，只能率萬人退至高昌，最後主動投奔大唐。從阿史那社爾的人生經歷不難看出，他長時間統治高昌、可汗浮圖一帶，對當地地形、人文、風俗非常了解，甚至對當地突厥部眾亦有不小的威懾力。以他為主帥，可說是知人善用，得其所哉。

　　貞觀二十二年（西元 646 年）春，唐軍渡磧，正式行軍域外。唐軍軍威赫赫，沿途之敵均懼怕而降。四月分，西突厥葉護阿史那賀魯率部投降。七月，因屢敗於唐軍而失勢的西突厥屈利啜率部投降。唐軍沿絲路北道發進，九月二日進至西州（治今新疆吐魯番東南），擊破突厥處月、處密等部的抵抗。十月，唐軍主力從焉耆之西突然直趨龜茲北境，西突厥復立的焉耆王慌忙棄城而逃。阿史那社爾派輕騎追擊，擒殺焉耆王，立其弟先那準為王，重新奪回了焉耆。眼見焉耆一觸即潰，龜茲國內極為震恐，很多城內守將不戰而逃。阿史那社爾率部抵達西部磧口（今新疆輪臺西），大軍屯於距龜茲王都伊邏盧（今新疆庫車）三百里處。阿史那社爾命

伊州刺史韓威率千餘騎為前鋒，右驍衛將軍曹繼叔為後軍，繼續西進。韓威率先鋒軍行至多褐城（今新疆庫車東八十里處），龜茲王訶黎布失畢、國相那利、大將羯獵顛率五萬大軍出城迎擊。韓威見敵人氣勢洶洶，率兵偽退誘敵。龜茲王見唐軍寡少，盡率大軍追擊。韓威一路上發揮了極高的戰術手腕，與龜茲軍若即若離，始終將龜茲大軍緊緊釣住。退至三十里後，終於與曹繼叔後軍會師。兩軍合擊，大破龜茲主力。龜茲王只能率敗軍退守伊邏盧城。阿史那社爾立刻直搗伊邏盧城，龜茲王眼見不是對手，輕騎而逃。阿史那社爾令安西都護郭孝恪留守伊邏盧王城，又令沙州刺史蘇海政、尚輦奉御薛萬備率精騎追擊龜茲王。唐軍向西窮追六百餘里，阿史那社爾率主力殿後。龜茲王在窮困之際，只能據守撥換城（今新疆阿克蘇）。阿史那社爾麾大軍西進，將撥換城團團圍住，接連猛攻四十多天。閏十二月初一，撥換城終被攻破，龜茲王及其大將羯獵顛等龜茲大臣全部被擒，唯國相那利單騎北逃。

　　龜茲國相那利不甘心失敗，奔至西突厥請求援兵。他不但引來了突厥人的大軍救援，還利用自己在龜茲國多年的威望，徵發了萬餘龜茲兵助戰。突龜聯軍氣勢洶洶殺奔龜茲王城伊邏盧城而來。唐軍連戰皆捷，使得郭孝恪喪失了警惕性。他居然遲遲沒有進入龜茲城，穩固唐軍的統治。當時有龜茲人勸告郭孝恪說：「那利是國相，在龜茲國中素有名望，很得人心，如今逃亡在外，肯定會有所動作。城中之人多有異志，還請大人多多防備。」郭孝恪將此金玉良言拋之腦後，依然恣情歌舞為樂。當突厥人殺到之時，郭孝恪才恍然大悟，連忙率部下千餘人進城防守。國相那利的黨徒卻將城門搶占，城中龜茲人與城外突龜聯軍夾攻郭孝恪。郭孝恪雖犯下大錯，但依然勇武無比。他以自己為先鋒，率唐軍殺入龜茲城內。城內龜茲人亦不退縮，占據有利地形與唐軍死戰。城外大軍猛攻唐軍，城上流矢及鈹斧亂下，唐軍死傷慘重。郭孝恪血戰長街，一路殺至西門，身後唐軍

第六章　我武唯揚：唐太宗的戰略與征服版圖

僅剩數十人。

　　龜茲王城鉅變早已被附近駐紮的韓威、曹繼叔兩軍知曉，唐軍盡起兵馬援救。援軍從西北角殺入，眼見就能救下郭孝恪等人。可惜晚了一步，郭孝恪與其子郭待詔在十數倍敵人圍攻之下同死於陣中，由此他成為了第一位馬革裹屍的安西都護。郭孝恪死後，唐軍並沒有全面崩潰。部將倉部郎中崔義超率因混戰失散的唐軍二百餘人，依然在城中與敵力戰，堅持到了韓威、曹繼叔的援軍抵達。局勢因援軍前來略有好轉，但唐軍依然兵少，兩軍在城內以死相拚，白刃映血，短兵相接，甚至徒手肉搏、以拳互毆，戰況異常慘烈。兩軍在龜茲王都血戰至第二天黎明，唐軍斬首三千餘級方將敵人擊退。失敗後的那利並不甘心，十天後又率萬人前來挑戰，被曹繼叔率休整完成的唐軍殺得大敗，斬首八千。與此同時，聽聞龜茲王都大變的消息，阿史那社爾率主力回援，大破西突厥主力。西突厥乙毗射匱可汗只得收兵退守碎葉川西，不敢再輕舉妄動。那利徹底沒了指望，只能單騎而逃，但卻被龜茲降人抓獲，執送唐軍。

　　唐軍血戰後再接再厲，鼓行而西，先後獲五座大城，下七百餘城，俘獲男女數萬口，立訶黎布失畢弟葉護為龜茲國王。唐將薛萬備率偏師行至于闐，于闐王亦歸降。高昌、焉耆、于闐和龜茲等國相繼平定，西域震驚。西域諸國爭獻馱馬軍糧，慰問唐軍。阿史那社爾於是勒石紀功，解俘奏凱而還。唐帝國置龜茲、焉耆、疏勒、于闐四軍鎮，留漢兵鎮戍，此外又建置了四鎮都督府（此四鎮都督府不等於安西四鎮，不能混淆）。由此，唐軍西征龜茲的戰役獲得了完全的勝利，大半個西域已掌握在唐帝國的手中。

第七章

豈曰無衣：
高句麗戰爭與唐軍的極限

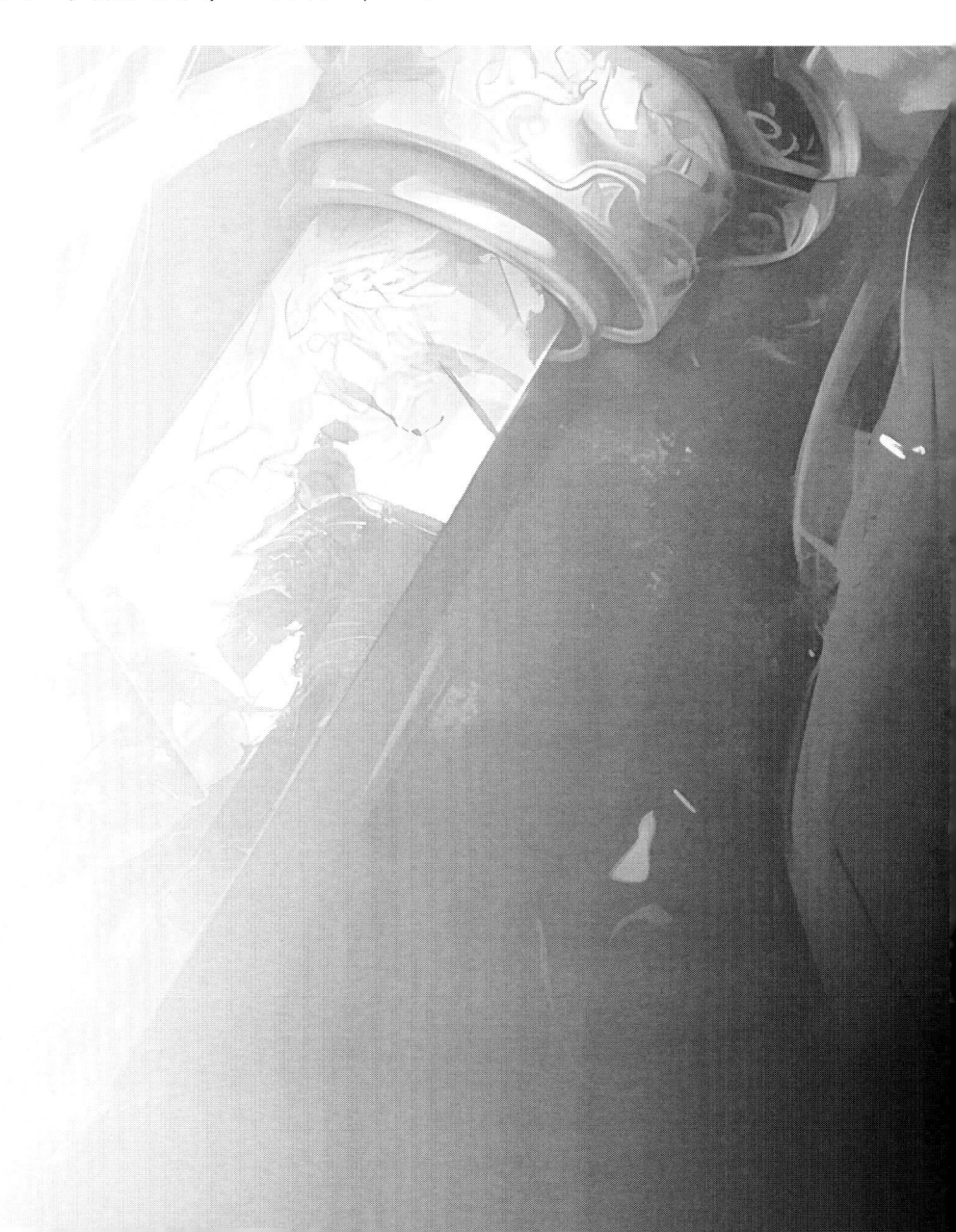

第七章　豈曰無衣：高句麗戰爭與唐軍的極限

▌山雨欲來：再起東征風雲

　　唐太宗李世民登基之後，平南掃北，中原帝國四周的邊患幾乎被一一掃平，國家進入了前所未有的高速發展時期。此時，高麗問題又一次橫亙在中國面前。

　　隋帝國幾度在征高麗的戰爭中慘敗，無數士兵倒在了遼東大地上，唐朝上至太宗文皇帝，下至普通軍民，誰不想把這筆帳討回來呢？李世民說：「遼東舊中國之有，自魏涉周，置之度外。隋氏出師者四，喪律而還，殺中國良善不可勝數……朕長夜思之而輟寢。將為中國復子弟之仇！」征高麗的詔令一下，自願參軍者數以千計。這些人都說：「不求縣官勳賞，唯願效死遼東！」

　　隋煬帝楊廣三次征高麗失敗，高麗將隋軍陣亡將士的屍骨築成了一座京觀（古代戰爭中，勝者為了炫耀武功，收集敵人屍首，封土而成的高塚，叫「京觀」）。「身既死矣，歸葬山陽。山何巍巍，天何蒼蒼。山有木兮國有殤。魂兮歸來，以瞻河山。」寒風吹來，京觀上的薄土被吹去，立刻露出下面的森森白骨。所謂「屍山血海」，並不僅僅是一個形容詞而已。李世民繼位不久，在貞觀五年（西元631年）便派廣州司馬長孫師進入高麗，毀掉了這個京觀，將將士的屍骨一一收殮安葬。這次的行動是一個明顯的訊號，它預示著遠在長安的唐帝國並未忘記遼東這塊最後的領土。高麗方面自然也收到了這個訊號，高麗榮留王高建武開始了史無前例的大工程。他用了十六年的時間，在東北自扶餘城（今吉林四平）南至大海，修了一條長達千餘里的長城作為屏障，以此作為對抗唐軍的本錢。兩國之間的火藥味再次濃厚起來。

　　摧毀京觀只是表明唐朝的態度。關中本位的唐朝，依然將注意力放在西邊和北邊的草原民族身上。一直到貞觀十五年高昌國覆滅，薛延陀再度

服順,高麗問題才被提上日程表。任何事都有漸進的過程,太宗皇帝心裡雖有這個念頭,但也不是想打就能打。兵法有云:「上兵伐謀。」開戰之前總要進行一番外交政治的動作。畢竟,強大的隋帝國亡在征高麗上,這對後來者造成很大的陰影,甚至於被看成不祥的「天命」。龍虎濟,風雲會,這是一個英雄的時代,大唐帝國英豪輩出,靠自己的力量終於打破了這種「天命」。

唐太宗計畫中的第一步,是派使臣偵查高麗地形地貌、天氣水文、風土人情等情報,為大軍開進做好一切前期偵查工作。貞觀十五年(西元641年)七月,職方郎中陳大德利用出使高麗之機,偵察其「山川風俗」。他進入高麗境內後,先以絲綢綾綺賄賂當地官員,說:「我非常喜歡遊覽山水名勝,你們這裡有什麼風景名勝,請帶我遊覽一番。」於是,各地官員甘為嚮導,帶他遊歷,「無所不至」。所到之處,他又遇到了很多隋末流亡在高麗的中原人。陳大德向這些人講述國內的變化,以及「親戚存沒」的消息。臨別之時,中原人「望之而哭者,遍於郊野」。經過一個多月的偵察探聽,陳大德於八月十日回到長安,向唐太宗全面又詳盡地彙報了高麗境內山川地理形勢。

唐帝國的心思,高麗王高建武一清二楚。他一面修建「長城」作軍備,一面加緊進攻百濟和新羅,意圖將唐帝國在朝鮮半島上的盟國全部掃平,以解後顧之憂。與此同時,他頻繁遣使朝貢,跟唐帝國互相遣返國人,擺出一副友好的姿態。到了唐太宗時代,他更是在貞觀四年(西元630年)獻上封域圖,在貞觀十四年(西元640年)派遣太子桓權入朝,貢獻方物。這樣幾次動作下來,唐帝國有心發兵都找不到藉口。當時打仗尤其講究一個弔民伐罪,所謂以有道伐無道。高麗的姿態擺得如此之低,有效阻止了唐帝國的征討。

高健武的動作是應對唐帝國的最好方式。高健武年輕時曾率五百死士

第七章　豈曰無衣：高句麗戰爭與唐軍的極限

擊退殺入平壤城的來護兒大軍，他並非懦弱的人。但他清楚地意識到，唐太宗時代的中原帝國與隋煬帝時代已大不相同。即便縱觀整個中國史，唐太宗李世民是最為卓越的軍事家之一。更何況如今唐帝國名臣良將如雲，邊患基本被掃平。高麗要是再繼續桀驁不馴，重回統一的中原帝國在隋代伐高麗時累積的怒火，將一股腦傾瀉在高麗頭上。那時再後悔就晚了。

高健武如意算盤雖打得劈啪響，可人算不如天算。他對國際局勢確實瞭如指掌，算無遺策。但人無遠慮必有近憂，一場宮廷政變將高健武及其手下大臣們殺了個乾乾淨淨。政變成功的高麗東部大人泉蓋蘇文正式上臺。

這泉蓋蘇文，又名淵蓋蘇文，因避唐高祖李淵諱而改姓為「泉」。泉氏家族出於高麗五部中的順奴部。泉蓋蘇文父親為高麗東部大人，大對盧（相當於宰相）。泉蓋蘇文繼承父職為大對盧，掌握高麗國的軍政大權。這人身材魁梧，留得一把漂亮的鬍子，尤其愛用黃金裝飾自己，渾身金光閃閃，身上隨時放五把刀，平時上馬都要貴族趴在地上當他的腳蹬，放到現在就是一個超級大土豪。這人殺了高健武之後，立其年幼的弟弟高藏為傀儡王，自封「莫離支」（此官職為泉蓋蘇文所發明，類似於「攝政王」或者日本的「幕府大將軍」一職），兵權國政皆由其獨攬。

泉蓋蘇文上臺之後，以其一貫囂張的個性，高麗的對外政策發生了一百八十度的大轉變。高麗很快與百濟結成同盟，全力進攻新羅。眼看自己無力抵擋，滅國在即，新羅只得遣使入唐求救。這樣的故事已經多次發生，之前高健武都在唐廷使者到來以後虛與委蛇，最多寫個表謝罪之類的，讓大家面子上都過得去。泉蓋蘇文則不同。唐太宗派遣司農丞相里玄獎持賜高麗書，令其停止對新羅的進攻。貞觀十八年（西元 644 年）正月，玄獎到達平壤。泉蓋蘇文正率軍南侵新羅，已破其兩城，高麗王高藏遣使召其歸京師。泉蓋蘇文返回平壤後，態度極其狂傲。他向相里玄獎

說，如新羅不能將隋末侵占高麗的五百里地歸還，恐怕這戰爭停不下來。要知道，後世統一的朝鮮國南北加上東西合起來不過三千里，這泉蓋蘇文一張口要五百里，基本上是要滅亡新羅。玄獎也不是好惹的，當即反唇相譏：「以前的事情怎能什麼都計較？按你的說法，高麗的遼東諸城從前都是中國的郡縣，現在中國尚且沒向你追討，你高麗又何必如此不依不饒？」

泉蓋蘇文以東方盟主自居，走上了一條與唐帝國全面對抗的道路，調停自然失敗了。不僅如此，高麗還遣使前往漠北，用「厚利」挑唆薛延陀汗國與唐的關係，打算在北面對唐朝進行牽制。戰備方面，他一邊加固高健武時代建造的「長城」，一邊在遼東和鴨綠水（今鴨綠江）以及千山山脈之間的廣大地區集結兵力，構築山城要塞，並大力加強遼東城（今遼寧遼陽）、白巖城（今遼寧遼陽東）、扶餘城（今吉林四平）、新城（撫順北關山城）、蓋牟城（今遼寧撫順）、安市城（今遼寧蓋州東北）、烏骨城（今遼寧鳳城）以及卑沙城（即卑奢城，今遼寧金州大黑山）等諸城的防禦力量。他以此作為第二道防線，企圖封鎖唐軍的水陸進攻路線和登陸港口。他還計劃在這些地方實行堅壁清野，以便於唐軍糧餉匱乏之時乘機反攻。

這樣明顯的敵對行動，如果依舊容忍下來，唐帝國在整個東亞的統治權威將遭到嚴重的削弱，甚至崩壞，之前被平定的邊疆地區都有再度反覆的可能。對李世民來說，他的心中也有一個「大業」的夢。他與楊廣出身相似，人生歷程也極為相似，所以他對楊廣未能攻滅高麗尤為念念不忘。無論李世民個人還是整個唐帝國的民心，都希望打這一仗。面對高麗，唐朝的戰爭機器再度高速運轉起來。

針對高麗的軍事準備，唐太宗做了多方面的籌劃和布置。外交上，唐太宗征高麗之前寫了一封信給薛延陀，信裡面霸氣十足地說：「我父子去打高麗了，你要是不死心，大可以放馬過來！」薛延陀可汗夷男在諾真水

第七章　豈曰無衣：高句麗戰爭與唐軍的極限

吃了大虧，見到這封信，如何敢輕舉妄動？於是很老實地待在自己的地盤上，未做任何出格的動作。李世民一封信便將之前高麗國的所有外交努力化為烏有。

後勤上，唐太宗吸取了隋代的教訓，攜帶了大量食用牛羊。用牛羊隨軍隊行軍，不但省去後勤的運輸壓力，牛羊沿途還可以背負輜重，大大減輕了民夫、士兵和沿途州府的負擔。

兵員上，唐太宗並不全國強制徵兵，而是採用募兵法，「皆取願行者」。詔令釋出以後，「募十得百，募百得千，其不得從軍者，皆憤嘆鬱邑」。最後共募得天下甲士十萬，這是真真正正的志願軍。這樣的軍隊不但士氣高昂，素質優秀，而且對國家不會有什麼傷害。比起隋煬帝時代強徵百姓入伍，對全國經濟生產造成巨大破壞，李世民實在高明太多。出征士兵人數不過十萬，大大減輕了後勤的壓力，對國力不至於有任何損傷。

貞觀十八年（西元 644 年）七月二十日，唐太宗派將作大監閻立德前往洪（州治今江西南昌）、饒（州治今江西鄱陽）、江（州治今江西九江）三州，督造運輸軍糧的船艦四百艘；七月二十三日，命營州都督張儉等率幽、營兩都督兵及契丹、靺鞨（靺鞨當時分化為非常多的部族，有部分靺鞨族是被契丹族控制的，因此與契丹一起進攻高麗國）等部族兵眾對遼東作試探性攻擊，觀察高麗國的防禦強度；又任命太常卿韋挺為饋運使，民部侍郎崔仁師為副手，專門負責河北諸州的糧草運輸；命太僕少卿蕭銳運輸河南諸州糧餉入海，貯於烏湖島（今山東南、北煌城島）中，供水軍使用。十月十四日，唐太宗乘車駕由長安行幸洛陽，欲御駕親征，留宰相房玄齡和右衛大將軍、工部尚書李大亮守衛京師。十一月初，營州都督張儉等率領唐軍抵達遼水西岸，正值河水氾濫，很久無法過河。唐太宗以為他畏懼怯懦，將其召回洛陽，欲重重治罪。張儉到達洛陽，向唐太宗具陳了遼水沿岸的山川險易和水草美惡。唐太宗非常高興，令其重返遼西，待機

渡河東進。

十一月十四日，唐太宗李世民任命刑部尚書張亮為平壤道行軍大總管，滬州（今屬四川）都督左難當為副，率江淮、嶺南及缺中諸州兵及長安、洛陽的三千募兵，戰艦五百艘，從萊州渡海進攻平壤；又任命太子詹事、左衛率李世勣為遼東道行軍大總管，江夏王李道宗為副，率步騎六萬及蘭（州治今甘肅蘭州）、河（州治今甘肅臨夏）二州降胡兵進擊遼東。兩軍伺機會師。

十一月三十日，諸路陸軍在幽州集結。唐太宗又讓姜行本做起了老本行，派他與少府少卿丘行淹督眾工匠在安蘿山製造雲梯、撞車等攻城器械。天下各處前來應募的勇士及貢獻攻城器械者不可勝數，唐太宗均親加閱視，逐次取捨。不久，下詔布告天下，陳述了這次東征高麗的五條必勝之道：「一曰以大擊小，二曰以順討逆，三曰以治乘亂，四曰以逸待勞，五曰以悅當怨」，用以動員民眾，增強士兵必勝信念。十二月二日，下詔水陸諸軍及新羅、百濟、奚、契丹等分道進擊高麗。二月十二日，唐太宗親統六軍從洛陽北上。三月十九日，唐太宗抵達定州，留太子在此監國，令房玄齡與高士廉、劉洎、馬周、張行成、高季輔等共同輔政，可以便宜從事，不復奏請。三月二十四日，唐太宗率部從定州北進，向遼東出發。至此，戰爭的號角吹響。

此次征高麗，唐太宗顯得謹慎異常。他吸取了隋煬帝楊廣徵發百萬大軍導致國破家亡的教訓，面對擁兵六十萬（耿鐵華《中國高句麗史》），國內遍布要塞式山城的東北亞小霸高麗，僅帶了十來萬兵馬。與其說想畢其功於一役，不如說是一次火力偵察。此次出兵，軍神李靖也因年老未能隨軍參謀，這讓唐軍發生奇蹟的機率降到了最低。

第七章　豈曰無衣：高句麗戰爭與唐軍的極限

再圍遼東：唐軍重踏隋朝舊路

貞觀十九年（西元645年）三月底，大將李世勣兵發柳城（今遼寧朝陽）。他大造聲勢，假裝要從懷遠鎮（今遼寧北寧附近）渡遼水。高麗將重兵放在懷遠防禦，李世勣卻出其不意，到達柳城後迅速北進，經甬道向通定（今遼寧新民）出發，在高麗意想不到的地方渡過了遼水，使得高麗依仗的遼水屏障失去了作用。李世勣這招聲東擊西其實是逼不得已。高麗在邊境上大修長城，正面行軍唯一可走的道路是遼東著名的沼澤區，高麗對此地區嚴密設防。李世勣先頭部隊人數不多，正面硬碰並非上策，只能用計繞道。唐軍渡過遼水的消息傳到高麗，舉國震驚，城邑均閉門自守，不敢出擊。四月五日，遼東道副大總管、江夏王李道宗率數千兵馬抵達新城（撫順北關山城），帳下折衝都尉曹三良引十餘騎直壓城門，城中軍民驚恐騷亂，不敢抵抗。營州都督張儉以胡兵為前鋒，向建安城（今遼寧蓋州青石嶺）出發，途中擊敗前來迎戰的高麗兵眾，殲敵數千。

四月十五日，李世勣與李道宗率唐軍主力從西、北兩面進攻蓋牟城。經過激戰，李世勣部率先攻入城中，俘虜兩萬餘口，繳獲糧餉十餘萬石。此次的攻城得手讓唐軍繳獲了巨量的後勤糧草，唐軍幾乎不必再從國內繼續運送多少糧食，讓本就不繁重的唐軍後勤負擔進一步減輕，也讓唐軍在遼東擁有了一個可以立足的據點。蓋牟城中的繳獲可以看出，高麗人依託要塞、長期據守的策略執行得多麼徹底。當時一個成年男子一年能夠消耗的糧食平均為七石，十萬石糧食幾乎夠城中軍民整整一年的消耗。中原軍隊想在遼東的環境下做到長期圍城，顯然極為艱鉅。面對這樣一個個困難的阻礙，唐軍未來的任務顯然艱難莫測。

輕鬆拿下蓋牟城之後，李世勣麾軍北上，向遼東城出發。唐平壤道行軍大總管張亮所率水軍從東萊（今山東萊州）渡海，襲擊卑沙城。該城依

再圍遼東：唐軍重踏隋朝舊路

山而建，四面險峻，唯西門可以攀登。唐軍前鋒程名振引兵深夜抵達城下，副總管王文度身先士卒，率兵冒死登城。五月二日，攻拔其城，俘城內男女八千餘口。大總管張亮又分遣總管丘孝忠等耀兵於鴨綠江，騷擾高麗都城平壤以北的最後一道防線。

五月初，李世勣與李道宗的前鋒部隊四千餘騎抵達遼東城下。在這裡，唐軍開始遇到真正的正面抵抗。五月初八，泉蓋蘇文派步騎四萬援助遼東守軍，兵力十倍於唐軍。唐軍諸將都覺得敵眾我寡，主張深溝高壘，等後續主力軍隊到達之後，再與敵交戰。唯有副總管李道宗認為應乘敵軍援兵「遠來疲頓」之時，主動迎戰，「擊之必敗」。這李道宗是李淵的堂姪，跟隨李世民平劉武周，破王世充、竇建德，戰劉黑闥，屢立戰功。李世民登基之後，又隨李靖滅東突厥與吐谷渾。唐代宗室之中，論打仗，除李世民之外，也就李道宗與李孝恭二人可稱得上名將。初唐名將身上幾乎都有一種「不問敵人有多少，只問敵人在哪裡」的氣質，李世勣當即表示贊同。部將果毅都尉馬文舉主動請戰。面對十倍之敵，他在陣前豪氣干雲，大喝道：「不遇勁敵，何以顯壯士！」策馬向敵陣衝擊，所向披靡。由此兩軍於遼東城下大戰。高麗軍也非魚腩，遭遇馬文舉突擊之後，立刻動員力量反擊。行軍總管張君乂部受高麗優勢兵力的衝擊，抵擋不住，向後退卻，唐軍局勢上陷入不利。李道宗見張君乂部陷入混亂，親往指揮。他收集散卒，策馬登高遠望，見高麗軍陣已被馬文舉攪亂，於是率驍騎乘隙衝入，左右穿插，勢不可當，讓高麗軍陣愈加混亂。李世勣率兵繞至高麗陣後突擊，高麗軍終於崩潰，被殲一千餘人。

五月十日，唐太宗親率六軍經北平（今河北盧龍）、遼澤（今遼寧北鎮與遼中之間澤地）渡過遼水。他遇到的難題與當年隋軍一模一樣。遼澤泥淖二百餘里，人馬不可通，最後將作大匠閻立德夯土作橋，大軍才勉強得過。此時的遼澤上面還浮有很多當年隋軍將士的遺骨，唐太宗當即命人將之收斂埋葬。渡過遼水之後，他下令毀去橋梁，向士卒表示背水一戰的決

第七章　豈曰無衣：高句麗戰爭與唐軍的極限

心。聽聞前方大戰，唐太宗留大軍於馬首山（今遼寧遼陽西南），親自率領數百騎馳至遼東城下，對李道宗慰勞賞賜。唐太宗越級晉升馬文舉為中郎將，獎勵有功將士，並處斬了臨陣退卻的總管張君乂，以肅軍紀。

遼東城對唐軍而言有著特別的意義。隋煬帝楊廣三征，均止步於遼東城。對唐軍來說，遼東城是必須越過的一道障礙。擊退高麗援軍後，李世勣當即指揮唐軍將士運土填平壕溝，準備向遼東城發起進攻。為表示對此戰的重視，唐太宗與將士們同甘共苦，親自在馬上運土，隨從官佐一起運土。沒幾日，城下溝塹俱被填滿。接著，李世勣下令用拋車攻城。攻城拋車體積龐大，可將重達三百餘斤的巨石丟擲一里之外，所至皆摧，高麗守軍十分懼怕。為了防禦巨石襲擊，守軍用巨木在城上建築遮擋的戰樓，並用粗大的繩索結網企圖攔截飛石，但仍被拋車所發的巨石擊潰。隨後唐軍又用撞車摧毀了遼東主城左近的所有副樓。如此，唐軍利用先進的攻城器械接連攻城二十多天，晝夜不息。

使用攻城器械的同時，唐軍亦展開登城行動。李世勣與張儉等率領驍銳，與契丹等少數民族兵一起攻遼東城南。李道宗與張士貴等攻遼東城西，李宏碁等率兵填其濠塹，唐太宗亦率所統六軍相助，將遼東城包圍了數十百重，水洩不通，鼓譟之聲，震天動地。五月十七日，南風勁吹，唐太宗下令以火弩齊射，點燃了西南城樓，大火燃及城中住宅，火光沖天。接著，他下令精銳士卒登上衝竿之頂，一舉登上城牆。高麗守軍舉大盾以短兵反衝擊，企圖奪回城牆。唐軍則以長矛列陣下擊，後列唐軍於城牆上以擂石奮力下砸，刀盾陣最終不敵經典的長矛陣，高麗軍被殲被俘各一萬餘人。唐軍獲城中男女四萬餘口，獲糧食五十萬石。打破遼東城創造了紀錄，此城在隋煬帝的百萬大軍包圍之下依然屹立不倒，如今卻被唐軍輕鬆攻破。戰後，唐太宗在遼東城置遼州，並舉烽火入塞，向太子所居的定州報捷。

血戰白巖：攻心戰與堅城血戰

攻下遼東城是唐軍進攻高麗的一個里程碑，也僅僅是起點。高麗經營遼東與朝鮮半島數百年，建築了密密麻麻的山城要塞，唐軍只得沿途持續拔除這些阻礙。五月二十八日，唐軍在遼東城稍事休整後，又向白巖城（今遼寧遼陽東）挺進。次日作戰中，右衛大將軍李思摩被流矢所中，唐太宗親自為其吮去血汙，唐軍將士無不感動，故人人作戰時均決死奮擊，不畏生死。

見白巖城被圍，泉蓋蘇文遣烏骨城萬餘守軍援救。唐將契苾何力率勁騎八百迎擊，挺身衝入敵陣，鐵騎衝突，縱橫披靡。高麗軍以步兵長矛密集方陣相拒，一時間戰陣中長矛亂扎。契苾何力深入敵陣，被刺中腰部，血流如注。薛家兄弟之一的尚輦奉御薛萬備挺槊單騎往救，在萬眾之中，將其救回。契苾何力重傷不下火線，僅略略包紮，便束瘡再戰。身邊從騎奮擊，高麗援軍大潰。唐軍追殺十餘里，斬首千餘級而還，再次上演了以一敵十的驚人戰績。

此戰後契苾何力傷口惡化，唐太宗親自為他上藥，並將刺傷他的高麗兵高突勃抓獲，任其處置。契苾何力這個少數民族將領並未因私怨隨意處置高突勃，而是說：「他為了他的主上冒著槍林箭雨刺殺我，是一個忠勇的好漢。我跟他原來並不認識，他傷我也並非是為了私仇。」於是將此人放過。在初唐眾名將之中，契苾何力名聲並不顯赫，但此人無論戰功還是德行絕不遜於其他諸將，甚至猶有過之。論德行，征討吐谷渾時，他被薛萬均詆毀功勞，卻並不要唐太宗幫他討回，反而勸太宗皇帝顧全大局。當被族人綁架至薛延陀時，他面對可汗夷男寧死不降，甚至割下自己的耳朵明誓，論品德可說是一等一。論戰功，他在初唐各大重要戰役，如李靖擊破吐谷渾之戰，侯君集擊破高昌之戰，阿史那社爾破薛延陀、西突厥之戰

第七章　豈曰無衣：高句麗戰爭與唐軍的極限

中，均扮演了極為重要的角色，可以說是當時的「最佳副將」。唐太宗李世民能讓這樣一位傑出的少數民族將領忠心耿耿，實在不易。

六月初一，李世勣率軍抵達白巖城下。該城依山臨水，四面險絕，城主孫代音卻膽小如鼠，首鼠兩端。他聽說遼東城被唐攻破的消息，嚇得遣使請降。但當唐軍抵達白巖城下後，他又感覺自己的城池地形險要，還有烏骨城的援兵，於是反悔，企圖憑險抵抗。萬萬沒想到，看似強大的烏骨城援兵輕易被擊破。李世勣當即將城池團團圍住，用拋車、撞車攻城，飛石流矢四面攻打。不久，唐太宗亦率六軍抵達白巖城西北。聽到孫代音反悔，唐太宗大怒，詔令軍中：「只要攻下此城，所有城內的金銀財寶男女人口通通賞賜給有功將士。」唐軍將士士氣高漲，攻勢更加猛烈。孫代音這下算是搬起石頭砸自己的腳。

見唐軍攻勢大盛，城池也搖搖欲墜，孫代音心中萬分驚恐。唐太宗已有言在先，城破之後等待他的下場必然極為悽慘。他趕緊又遣心腹請降，約定唐軍臨城後，以投刀鉞作為訊號。唐太宗遂將旗幟交給使者，說：「如果真要投降，就將它升在城樓之上。」這樣一來唐軍將士不服了。本還盼著打下城池能有巨大的收穫，可是人家一投降，之前的拚殺都功虧一簣。李世勣甚至帶頭率甲士數十人進諫說：「士卒所以爭冒矢石，不畏生死，就是貪圖破城之後的繳獲。如今眼看敵城要支持不住，為什麼還要受降，讓戰士們失望呢？」唐太宗是個馬上皇帝，深知軍心，當然不會用腐儒的那套仁義道德來勸解手下的將士，於是說：「朕實在不忍心縱兵殺戮平民，掠奪他們的妻子兒女。將軍你麾下有功之人，朕以之前繳獲的所有財物進行獎賞，希望能用這些來贖這座城。」他以重金獎賞的辦法，平息了手下將士的不滿。

不久，孫代音果然把唐軍旗幟插在白巖城上。城中兵民誤認為唐軍已登城，完全沒了鬥志，只得歸降。此役唐軍俘獲城中男女數萬，唐太宗亦

信守承諾，臨水設定帳幄受降，賞賜食物給城中百姓，年八十以上還賜以錦帛。在白巖城的其他城池援兵，全加以慰諭，分給糧餉器仗，予以釋放。唐太宗將白巖城設為巖州，以孫代音為刺史。六月三日，唐太宗又將蓋牟城改為蓋州。原被泉蓋蘇文所遣，因援助蓋牟城而被唐軍俘獲的七百多名加尸城（今朝鮮平壤西南）高麗兵，被唐太宗優待戰俘的政策所感動，紛紛要求從軍效力。唐太宗卻說：「你們幫我戰鬥，泉蓋蘇文必然會殺害你們在高麗的妻子兒女。」因此賞賜他們糧餉，全予遣放。

白袍薛仁貴：傳奇將軍的實錄與迷思

六月十一日，唐太宗率軍從白巖出發，繼續向下個目標挺進。此時擋在唐軍面前的，是一座叫安市城（今遼寧海城市東南英城子古城）的要塞山城。這座山城是高麗在鴨綠江右岸的軍事重鎮，如果唐軍能占領此地，就打開了通往平壤的門戶。此城的得失對交戰雙方都非常重要。唐軍二十日抵達城北，二話不說立即發兵攻城。面對唐軍咄咄逼人的態勢，泉蓋蘇文也是下了血本。次日，高麗北部絕奴部褥薩（高麗國由五部組成，褥薩為一部之長，一般掌管一座大城市的軍政）高延壽和南部灌奴部褥薩高惠貞，統高麗、靺鞨之眾十五萬援救安市，由此歷史上著名的駐蹕山大戰拉開了序幕。

高麗大軍氣勢洶洶地抵達，唐軍的形勢顯得極為不利。進攻安市城之前，唐軍已接連攻下了高麗八座城池。這些城均需分兵防守，以防反覆。唐軍的總兵力只有六七萬陸軍，四萬水軍。水陸軍當時還未會合，張亮統率的水軍依然在進攻建安城的路上，唐太宗身邊的兵力最多只有五六萬。而且，一部分需要維持後勤運輸，一部分需要繼續包圍安市城以防敵內外夾擊，能夠迎戰的兵力只剩下三萬多人。敵我兵力比達到了五比一的地

第七章　豈曰無衣：高句麗戰爭與唐軍的極限

步。唐軍因保障後勤而導致人數過少的弊病，在此暴露無遺。

雖然面臨被敵人重兵包夾的危險，唐軍從上到下卻都十分樂觀。唐太宗說：「現在高延壽有三種策略：上策是揮軍向前，在安市城附近營造城壘，占據山上險要地形，又能獲得城中的糧食補給，然後讓靺鞨兵掠奪我軍的牛馬物資。我軍進攻一時無法攻克，要回軍又受到大泥沼的阻攔，如此困死我軍；中策是疏散城中的民眾，與他們一起逃跑；下策是不考慮自己的能力，前來與我軍硬碰硬地野戰。我看，他們必然用的是下策，遲早會被我軍一舉擒獲。」普通士卒則「聞高麗至，皆拔刀結旂（如燕尾的飄帶），喜形於色」。可見唐軍對於自己的野戰能力信心十足。

高麗軍中不是沒有明白人，有個叫高正義的對盧（高麗國官職）諫言道：「吾聞中國大亂，英雄並起。秦王神武，所向無敵，遂平天下。南面為帝，北夷請服，西戎獻款。今者傾國而至，猛將銳卒，悉萃於此，其鋒不可當也。今為計者，莫若頓兵不戰，曠日持久，分遣驍雄，斷其饋運，不過旬日，軍糧必盡，求戰不得，欲歸無路，此不戰而取勝也。」這個計策恰恰是太宗皇帝所提到的上策。但此時高麗軍不但擁有兵力上的絕對優勢，軍隊的戰力和裝備也都在高麗國數一數二。此戰後，唐軍單單明光鎧就繳獲了一萬件。要知道，「明光鎧」是隋唐時代的頂級鐵甲，唐軍都未必有如此多的明光鎧裝備。靺鞨精兵戰鬥力又十分強，常常被高麗人作為先鋒陷陣使用，戰鬥中對唐軍造成了不少麻煩。左武衛將軍王君愕在衝陣之時便極可能死於靺鞨人之手，因此唐軍才會將三千三百靺鞨俘虜坑殺。擁有絕對優勢的條件，卻避而不戰，必然會受到高麗朝廷內外的巨大壓力。並且十五萬大軍每日物資消耗驚人，這種計畫實行起來極為困難，最終被高麗統帥高延壽所否決。他對此戰信心滿滿，決定主動進攻。於是，高延壽引軍直進，前進到離安市城南只有四十里的地方，進逼唐軍。

面臨敵人的大軍，唐太宗並非盲目樂觀。所謂名將，就是能將不利的

局面化為有利。既然唐軍敵眾我寡，就用地形的優勢來彌補。唐太宗命左衛大將軍阿史那社爾率突厥千餘人挑戰，誘敵深入。高麗軍用靺鞨精銳迎戰，阿史那社爾初一接戰，假作不敵，向後撤退。高麗兵眾以為唐軍不堪一擊，競相追擊，直進至安市城東八里的六山（位於今遼寧海城東南）。高麗軍依山結陣，綿亙四十餘里，終於踏入了唐軍的天羅地網。

　　唐太宗與長孫無忌等人率數百騎在高崗上早已觀察好地形，對在哪裡伏兵，哪裡攻擊，均瞭如指掌。江夏王李道宗又提出一個建議，他認為高麗傾全國兵力援救安市，都城平壤守備必然空虛，因此請撥給精兵五千，直取平壤。這個建議並未被採納。後來，這個建議被李靖所肯定。李靖認為，假如當時採納這個計策，此次伐高麗之舉可竟全功。這個建議到底有沒有道理呢？實際上，如果不是李世民親征高麗的話，這個策略的可行性非常大。正如李道宗所說，湊出十五萬援兵對高麗國來說也是非常不容易。此時平壤空虛，率兵奇襲平壤成功的可能性很大。如果再能與張亮的水軍會師，會有更大的把握。事情壞在李世民是御駕親征。他身為皇帝，不可以隨便行險。唐軍兵力嚴重不足，士兵唯恐不多，再分出五千人奇襲平壤，風險實在太大，完全沒有這個必要。

　　為迷惑高麗軍，唐太宗寫了一封信給高延壽，說：「我率軍隊來到高麗，是因為強臣弒主，所以來問罪。跟你們打仗並不是我的本意。入境之後因為後勤不濟，所以拿了你們的幾座城池來接濟一下我軍的糧草。如果你們能夠重新恢復臣子應有禮節，這些城池都能還給你們。」高延壽看了信之後，還以為唐太宗畏懼高麗兵勢，更加沒有防備。

　　見萬事俱備，當晚，唐太宗作了如下部署：令李世勣率步騎一萬五千人在西嶺布陣，引誘敵軍出擊；令長孫無忌率牛進達等精兵一萬一千人作為奇兵，伏於山北峽谷之中，待發起攻擊時，從敵後衝出。唐太宗親率步騎四千，挾帶鼓角，收卷旗幟，登上北山。唐太宗下令諸軍，以鼓角之聲

第七章　豈曰無衣：高句麗戰爭與唐軍的極限

為號，一齊出擊。他又命有司在朝堂之側設定受降帳幄，胸有成竹地說：「明日午時，納降虜於此矣！」是夜，也許老天不忍明天高麗軍所面臨的命運，特意降下流星墜入高延壽的營地。高延壽依然毫無所覺。

六月二十二日，高延壽發現李世勣僅率一萬多人在正面挑釁，也沒多想，整頓軍士，列陣前來迎戰，意圖用絕對優勢的數量打垮李世勣。高麗軍全軍向李世勣開進之際，唐太宗在北山上見峽谷中塵土飛揚，知道長孫無忌部已進入指定地點，當即命令鼓角齊鳴。於是，唐軍諸路兵馬鼓譟而進。高延壽不防自己居然被包圍，大為驚慌，連忙分兵抵禦，可布置好的軍陣豈是那麼好調整的？突然的調動讓高麗軍一陣混亂。此時風雲變幻，河山變色，陰雲密布，無數雷電自空中劈下。一員白袍唐將伴隨著雷電躍馬而出，手持長戟，腰鞬張弓，大呼先入，所向無前。高麗軍見此唐將有如天神下凡，盡皆披靡。李世勣以長矛結陣，正面推進。長孫無忌在高麗軍陣後突襲，唐太宗率四千騎兵自北山疾馳而下，身先士卒，突擊高麗軍的側翼。三面合圍之下，高麗軍大潰，唐軍斬首兩萬級。

高延壽見無力回天，率殘部逃至山上，企圖負隅頑抗。長孫無忌與李世勣將橋梁道路通通拆毀，把高麗軍圍得水洩不通。高延壽與高惠貞等走投無路，只得率殘部三萬六千餘人投降。此二人再也沒了當初的傲氣，躬身膝行，進入軍門，拜伏請命。唐太宗授高延壽為鴻臚卿，高惠真為司農卿，挑選俘虜中高麗耨薩以下的酋長三千五百人，賜封他們軍職，遷居中原。除坑殺靺鞨兵三千三百外，其餘兵士全部釋放，讓他們平安回家。此令一下，獲釋兵士們皆舉手頓地，歡呼雀躍。此戰唐軍獲馬五萬匹，牛五萬頭，明光鎧萬領，其他軍用器械不計其數。為了紀念這場驚心動魄的大戰，唐太宗李世民將六山改名為駐蹕山，又令將作造〈破陣圖〉，命中書侍郎許敬宗行文勒石以紀其功。而經此大敗，高麗舉國震驚，後黃城（今遼寧瀋陽南）與銀城（今遼寧鐵嶺南）守軍逃跑一空，數百里內荒無人煙。

駐蹕山之戰，除了唐軍大獲全勝的結局之外，最出風頭的則是那個「天空一聲巨響，他便閃亮登場」的神祕白袍唐將。此人彷彿橫空出世，初登場便驚豔全場。這人是誰呢？這位唐將便是在後世評書演義中極為有名的薛禮薛仁貴。駐蹕山之役是他人生發跡的起點。薛仁貴是絳州龍門（今山西河津）人。此次征遼，他主動拜訪將軍張士貴，應募出征。某次戰鬥，有位郎將劉君昂被敵軍包圍，眼看抵擋不住。薛仁貴單槍匹馬前往救援。只見他直突陣內，手斬敵將，懸其頭於馬鞍，嚇得周圍高麗軍一鬨而散。薛仁貴就此嶄露頭角。薛仁貴弓馬嫻熟武藝超群自不用說，關鍵這人非常好出風頭。駐蹕山大戰，他自恃驍勇，為出風頭特別在打仗之前換了身顯眼的白袍，與其他人的衣甲顏色迥異。臨戰時，他一馬當先，衝殺在前。恰逢天陰，雷電交加，他一身白袍在昏暗之中更是顯眼，如此果然被山上觀戰的唐太宗所注意。戰後他被升為游擊將軍、雲泉府果毅，賞馬兩匹、絹四十匹，還有十個奴婢，由此薛仁貴開始名顯於世。真可謂：「少年負膽氣，好勇復知機。仗劍出門去，孤城逢合圍。殺人遼水上，走馬漁陽歸。錯落金鎖甲，蒙茸貂鼠衣。還家且行獵，弓矢速如飛。地迴鷹犬疾，草深狐兔肥。腰間帶兩綬，轉眄生光輝。顧謂今日戰，何如隨建威？」

就在駐蹕之役的同時，平壤道行軍大總管張亮所率唐水軍也在攻占卑沙城後，繼續向北推進，意圖與在安市城奮戰的唐太宗主力大軍會合。當張亮抵達距離安市城不遠的建安城（今遼寧蓋州青石嶺）下時，卻遭遇到情況。張亮大概因為在卑沙城打得太輕鬆，認定建安城守軍不敢出擊，居然不等營壘紮好便放士卒外出樵採放牧。結果被建安城守軍打了個冷不防，唐軍頓時陷入一片混亂。張亮是個庸才，平素膽怯懦弱，見敵軍殺出，他踞坐胡床（即馬紮），直視不言，嚇得呆如木雞。身邊將士見他神色不變，還以為他沉穩勇健，將士們居然因此不再慌亂。總管張金樹等鳴鼓整軍，向敵進攻。高麗軍抵擋不住，只得敗逃城中，嬰城自守，不敢出戰。如此戰勝，可稱為戰爭史上的一個笑談。

第七章　豈曰無衣：高句麗戰爭與唐軍的極限

▎止步安市城：一役未勝與戰略瓶頸

在駐蹕山將十五萬高麗援軍徹底打垮後，唐軍再度將注意力轉移至安市城。七月五日，唐太宗將軍營移至安市城東，與李世勣等商議攻城方略。安市城的城主叫楊萬春，非常驍勇，手下的兵馬精良，城池地形極為險要。這人在高麗國內算是個坐地稱王的角色。之前泉蓋蘇文作亂，楊萬春不服。泉蓋蘇文派遣大軍進攻安市城，遭到失敗，只得默許楊萬春在安市城的統治。唐太宗知道安市城是個難啃的骨頭，而且楊萬春打定了主意死守城池，絕不與唐軍正面野戰，所以硬攻安市城的難度極高。於是，唐太宗提議先打建安城，與張亮的水師會合。一旦建安城陷落，安市城周邊會全部成為唐軍的領地，唐軍只需分少量兵馬牢牢看住安市城即可。安市城在策略上再也不能構成唐軍的威脅。此提議卻遭到李世勣的反對。李世勣認為若西攻建安，則距唐軍的糧餉基地遼東城太過遙遠。如果高麗軍與安市城聯手截斷唐軍與遼東城的聯繫，情勢必定危急。所以，他堅持「先攻安市」。最後，唐太宗本著用人不疑的方針，同意了李世勣的計畫。實際上唐太宗的決策無疑是正確的。如果圍攻建安，只需留一員大將率少量人馬繼續圍困安市城即可。以高麗軍野戰的能力，安市城守軍不論出戰與否，都無法影響大局。唐太宗率主力與四萬水軍會師，以建安城守軍之前的表現，極有可能被很快拿下。只可惜，歷史的發展並不總盡如人意。

八月十日，唐太宗又將軍營移於安市城南，切斷了安市與建安兩城之間的聯繫。然後，唐太宗下令李世勣攻城。李世勣率高延壽等高麗降眾紮營於安市城下，招降城中將士。但城中堅守不動，且每次看見唐太宗的旌旗麾蓋，必在城上鼓譟，發弓矢挑釁。唐太宗大怒，李世勣乘機請求：克城之日，男子盡誅。此話傳入城中，守軍益憤，人皆死戰，故久攻不克。這時，高麗降將高延壽獻策，應釋放高麗降將與妻子團聚，以動安市守軍

之心,然後移兵進攻烏骨城(今遼寧鳳城以南)。該城守軍弱少,可朝至夕克。最後麾軍南下,平壤可唾手而得。此策可以看出,高延壽這員高麗降將是真的為唐太宗人格魅力所折服,真心在為唐軍出謀劃策。烏骨城在鴨綠江邊不遠,與高麗首都平壤近在咫尺。拿下烏骨城,下一步便可攻擊平壤。群臣諸將亦認為這個策略好,建議與張亮的水師會合,併力攻拔烏骨,然後渡過鴨綠江,直取平壤。此策卻被長孫無忌極力諫止。他認為,如移兵烏骨,則建安、新城的高麗守軍必會跟在唐軍身後,唐軍很可能腹背受敵。因此,他主張先破安市,再取建安,然後長驅而進,「此萬全之策」。唐太宗遂打消了移兵烏骨的念頭。長孫無忌的建議當然是萬全之策,但這就讓唐軍陷入了正面作戰,要一個個拔除高麗建立的諸多「釘子」,戰爭必然曠日持久。當唐軍拔完所有釘子之後,還能有多少兵力進攻平壤呢?顯然,照這樣的方針進行,想要一舉攻滅高麗,成了不可能完成的任務。

當日午後,安市城中傳出豬、雞鳴叫之聲。唐太宗猜到安市守軍可能夜襲唐營,遂嚴加防禦。果然,高麗數百人於夜半縋城而下。唐太宗親自馳至城下,麾軍急擊。高麗軍死者數十人,餘者只能退回城中。第二天,唐太宗又令江夏王李道宗督眾在安市城南修築土山,居高臨下打擊城內。城內守軍也臨時增高城池,與唐軍相拒。雙方兵士分番交戰,每天都要六七回合。唐軍兵士用衝車炮石摧毀樓堞,城中守軍即用木柵塞堵被打出的缺口。李道宗在修築土山時,足部受傷,唐太宗親自為其針灸。如此,築山晝夜不息,歷時六十多天,用工五十多萬人次,最終將土山山頂修得距離城牆僅有數丈,可以直接從土山居高臨下打擊敵人。李道宗派果毅傅伏愛,率兵屯土山之頂,防禦敵軍。由於山頂過高,根基不固,屯兵過多,土山突然塌倒,壓壞城牆一角。這時正值傅伏愛擅離職守,高麗守軍數百人從缺口處殺出,占據土山,「塹而守之」。一個絕佳的機會被如此浪費,還反被對方轉為防禦屏障,唐太宗怎能不大怒?唐太宗將傅伏愛斬

第七章　豈曰無衣：高句麗戰爭與唐軍的極限

首示眾，令諸將率兵奪回土山。接連三天進攻，均未奏效。李道宗赤腳行至旗下請罪。唐太宗以其破蓋牟和遼東之功，特赦而不罪。安市城不懈的防守終於將唐軍拖入了九月。遼東地區寒霜早降，草枯水凍，加之軍糧將盡，士馬難以久留。唐太宗遂於九月十九日，下詔班師，征高麗之戰至此結束。

回師前，唐太宗李世民十分欣賞安市城城主的頑強，特別賜百匹綢緞以資獎勵。城主楊萬春亦登城拜謝，遙送唐軍回朝。安市城之戰，交戰雙方均表現出了極高的戰鬥水準。所謂英雄惜英雄，雖然身處敵對，但雙方最後都表現出了東方的騎士精神，這在戰爭史上留下一段佳話。

征討高麗的整個過程中，唐太宗李世民不僅親上前線奮勇殺敵，對修築攻城工事、過沼澤時鋪路這些苦力活均親力親為，最後回程時還與士兵一樣破衣敝裳，堅持不換那件已滿身是洞的黃袍。「豈曰無衣？與子同袍。王於興師，修我戈矛。與子同仇！豈曰無衣？與子同澤。王於興師，修我矛戟。與子偕作！豈曰無衣？與子同裳。王於興師，修我甲兵。與子偕行！」（誰說沒有衣裳？和你同穿一件大衣。君王要起兵，修整好戈和矛，和你同仇敵愾！誰說沒有衣裳？和你同穿一件內衣。君王要起兵，修整好矛和戟，和你共同作準備！誰說沒有衣裳？和你同穿一件下衣。君王要起兵，修整好鎧甲和兵器，和你共同上前線！）〈無衣〉的歌謠傳唱了千年，太宗皇帝恐怕是最得個中三昧的君王。

唐太宗此次御駕親征，總共損失兩千人，攻陷高麗玄菟、橫山、蓋牟、磨米、遼東、白巖、卑沙、麥谷、銀山、後黃等十城，遷徙遼、蓋、巖三州戶口七萬人入山海關內。殲敵四萬，降其大將二人，裨將及官人酋帥子弟三千五百，兵士十萬人，並給程糧放還本土。獲牛馬各五萬以及大量糧食。雖然未能消滅高麗國，卻達到了火力偵察的目的，沉重打擊了高麗。唐帝國對高麗的征討，此時不過剛剛拉開序幕。

痛定思痛：從戰敗中重塑帝國軍略

　　隋煬帝楊廣三次征討高麗之時，唐太宗李世民尚年幼，無法隨軍東征，對高麗並無確切印象。經過此次御駕親征，唐太宗總結出了一整套對付高麗國的經驗。首先，他將被俘虜的高麗人全部釋放，讓他們平安返回故鄉，以此爭取高麗國內的民心。其次，針對高麗堅壁清野的堡壘要塞戰術，唐太宗不斷派小股偏師對高麗進行騷擾。高麗人的生活生產全都在城外，只有接到警報才進入城中防禦。不間斷的騷擾，不以攻城略地為目的，極大破壞了高麗國內的農業生產，慢慢消耗著高麗的國力。這些措施招招都打在高麗的弱點上，使得高麗國內烽煙四起，經濟遭到很大破壞。

　　休整了一年之後，唐軍對高麗開始大規模騷擾行動。路上海上全都來，李世勣、牛進達、薛萬徹等輪番上陣，既是騷擾，又是練兵，打得高麗國內風聲鶴唳，無法生活。不間斷騷擾下，高麗實在撐不住。高麗王高藏只得派其子、莫離支高任武入唐謝罪。這種口惠而實不至的「謝罪」是沒有用的，唐太宗不為所動。在繼續騷擾的同時，他於貞觀二十二年（西元648年）七月，遣右領左右府長史強偉在劍南道伐木製造船艦。最大的舟船長可達一百尺，寬約五十尺。另遣使沿江而下，將舟船從巫峽運至江、揚二州，然後從海路齊集萊州。同年八月，又詔越州（治今浙江紹興）都督府及婺（州治今浙江金華）、洪（州治今江西南昌）等州造海船及雙舫一千一百艘，並令陝州（治今河南三門峽西）刺史孫伏伽招募勇士，萊州刺史李道裕運輸糧餉及攻城器械，貯於烏湖島，準備乘高麗舉國困弊之際，於來年發兵三十餘萬，再征高麗。

　　唐太宗最終還是沒有實現平定高麗的願望。貞觀二十三年（西元649年）春，他患上疾病。五月，一代英主撒手西歸，唐帝國遂罷東征之役。

　　唐高宗李治繼位之後，高麗趁唐太宗駕崩，新皇繼位無法顧及他們之

第七章　豈曰無衣：高句麗戰爭與唐軍的極限

際，抓緊時間休養生息了幾年。國力有所恢復，高麗又開始不安穩起來。生活在遼東的契丹族，在南北朝之際本臣服於高麗，到隋帝國時代又轉投大隋。高麗對此很不甘心，又打起了契丹的主意。泉蓋蘇文於永徽五年（西元654年）十月遣其將安固率高麗、靺鞨之兵北擊契丹，與唐松漠都督李窟哥所率的契丹兵戰於新城。高麗大敗，「人死相藉，積屍而塚之」。永徽六年（西元655年）正月，高麗又與百濟、靺鞨連兵，向新羅北境發起進攻，接連攻占三十三城。新羅王金春秋遣使入唐，乞求援救。高麗的連續挑釁行為，讓唐高宗李治堅定了平滅高麗的決心。唐太宗生前的遺策再度實行。蘇定方、程名振、薛仁貴、契苾何力等唐軍名將們各顯身手，戰火再度燃燒在遼東的大地上。

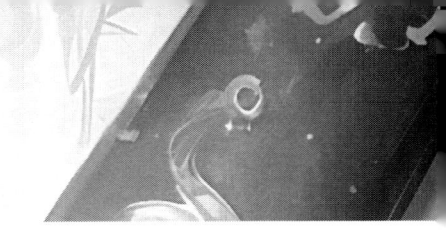

第八章

後「天可汗」時代：
唐帝國對外遠征的最終章

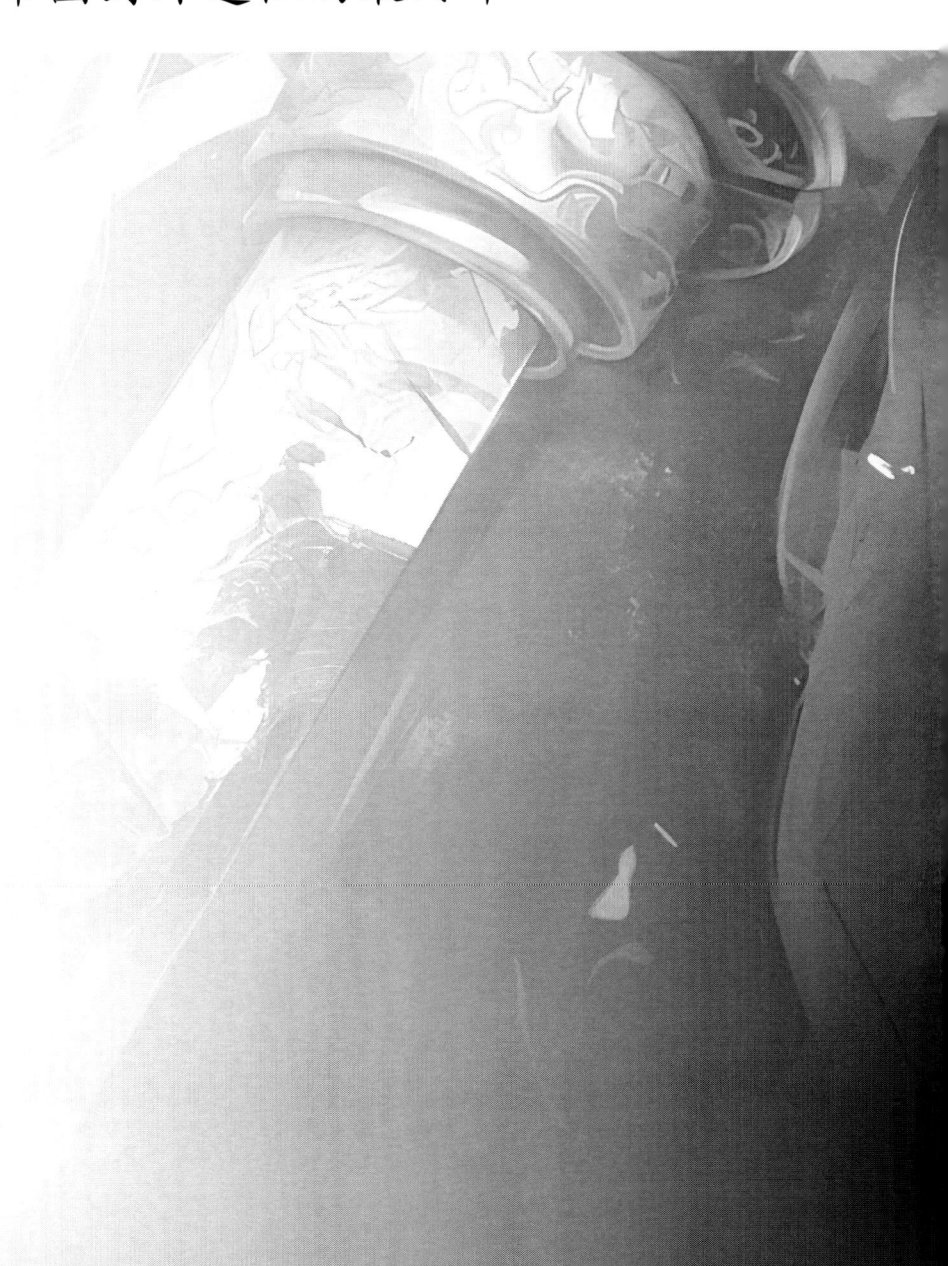

第八章　後「天可汗」時代：唐帝國對外遠征的最終章

三戰西突厥：西域戰線的徹底壓制

　　貞觀二十三年（西元 649 年）五月十八日，一代軍神李靖薨於家，享年七十九，冊贈司徒、并州都督，給班劍四十人、羽葆鼓吹，陪葬昭陵，諡為「景武」。其墓依漢衛、霍故事，築闕如突厥內鐵山、吐谷渾內積石山形，以旌殊績，可謂備極哀榮。當人們為帝國失去一位無敵名將而哀思不已時，短短八天，又傳來一個讓帝國為之悲痛的消息——五月二十六日，太宗皇帝天可汗李世民崩於含風殿，享年五十三歲，得諡為「文」，葬於昭陵。在帝國任職的番將們，入長安朝貢的外國使者們，聞喪之後均痛哭流涕。他們在太宗的靈前紛紛剪掉自己的頭髮，割去自己的耳朵，用刀子在臉上劃出血痕，表示以身追隨，痛不欲生。阿史那杜爾與契苾何力這兩員太宗朝最得力的少數民族將軍乾脆要求殺身殉葬，以伴太宗英靈。

　　中國歷史上君臣知遇的典範，兩位不世出的英雄，如此先後而去。由此造成的政治地震影響深遠。唐太宗的死，如同一針興奮劑，讓帝國周邊不甘雌伏的勢力野心急遽膨脹，使得太宗皇帝全面恢復的單極東亞體系面臨極為嚴峻的考驗。這樣的情況下，頭一個試圖挑戰帝國在西域統治的，便是西突厥。

　　西突厥原於西域稱雄，為了對抗當時的「巨無霸」東突厥，而與唐帝國結成了聯盟。但是，「沒有永久的和平，只有永久的利益」。隨著東突厥的覆滅，唐帝國的勢力擴張至西域，由此引發了西突厥一系列的反唐行為。這段時間內，西突厥雖內鬥不休，但接連幾個可汗均持反唐態度，與唐軍在西域進行公開較量。經歷高昌、焉耆、龜茲等一系列比拚，西突厥方面最終以大敗虧輸而告終。但百足之蟲，死而不僵。突厥人的百年基業，在西域早已根深蒂固，他們自然不肯甘心臣服。阿史那賀魯當上可汗，又一次點燃了西域的戰火。

三戰西突厥：西域戰線的徹底壓制

　　阿史那賀魯是西突厥始祖室點密可汗的五世孫，論出身是當然的天潢貴胄。對於西突厥來說，阿史那賀魯更是人傑。他原本是西突厥乙毗咄陸可汗麾下的葉護，牙帳建於多羅斯川（今新疆額爾濟斯河上游），統處月、處密、姑蘇（哥舒）、歌邏祿（即葛邏祿）、弩失畢五姓突厥。突厥內鬥之中，咄陸可汗眾叛親離。新立的乙毗射匱可汗為了一統西突厥諸部，自然不會放過阿史那賀魯這個手握重兵的咄陸可汗黨羽，於是向其大舉攻伐。阿史那賀魯不敵，眼見要覆滅。此時恰逢唐軍征討龜茲，統帥又是老熟人阿史那社爾，阿史那賀魯便率殘部向唐軍投降，被封為昆丘道行軍總管、左驍衛將軍。龜茲戰役結束後，西突厥雖敗，但並未完全崩潰。乙毗射匱可汗依然以碎葉川（今中亞之楚河）為界，與唐帝國勢力相互對峙。

　　對於唐軍而言，接連打贏幾場大仗已屬強弩之末，繼續勞師遠征並非上策。但軍隊一旦撤回，乙毗射匱可汗勢必捲土重來。為避免這種情況發生，必須樹立一個在西域有一定力量的親唐勢力，與乙毗射匱可汗爭鬥。如此，阿史那賀魯成為當時唯一的選擇。他身分尊貴，在西突厥部族中有一定號召力，與乙毗射匱可汗又是死敵。以當時的情況來看，扶植阿史那賀魯既可以分化西突厥，削弱乙毗射匱可汗的反唐勢力，又可以藉助阿史那賀魯來穩定唐帝國在西域的勢力範圍，可以說惠而不費。因此唐帝國恢復了阿史那賀魯在突厥的泥伏沙缽羅葉護爵位，並在貞觀二十三年（西元649年）二月十一日建立了隸屬於安西都護府的瑤池都督府，以阿史那賀魯為瑤池都督，給了他充分的授權，讓其召討「西突厥之未服者」。阿史那賀魯畢竟是一代人傑，並非什麼提線木偶。他反而利用唐帝國給予的授權，拉大旗作虎皮，「密招攜散，廬幕益眾」，很快將碎葉川以東的突厥部族招致自己麾下，實力急速擴張。

　　唐太宗知道阿史那賀魯野心極大，但苦於一時沒有更好的人選代替。阿史那賀魯初降之際，唐太宗動用各種政治手段，使其入長安覲見，施之

第八章　後「天可汗」時代：唐帝國對外遠征的最終章

恩，示以威，意圖以權術將其牢牢掌控在手中。這種手段的確有很好的效果。覲見結束後，在唐征討龜茲大軍已經出發的情況下，阿史那賀魯主動要求作為嚮導參戰，這正是懾於「天可汗」的威嚴而做出的行動。但沸騰的野心僅僅是被暫時壓抑，並未消失。他如一匹沙漠中的惡狼，力量不濟之時暫時收斂了爪牙，默默等待一個最好的時機。有太宗皇帝在的一天，阿史那賀魯這匹狼只能乖乖地臣服唐帝國。但僅一年後，太宗皇帝與世長辭。阿史那賀魯聞訊，迅速向帝國的疆土亮出了他磨礪已久的獠牙。

　　以唐太宗的政治水準，當然不可能將雞蛋都放到一個籃子裡。他對阿史那賀魯早做好了兩手準備。臨近阿史那賀魯的西州、庭州對其絲毫沒有放鬆警惕，甚至還大派偵騎入其領地查探。因此，他的異動還在謀劃階段，便被庭州刺史駱弘義所偵得，並很快報告給朝廷。這次成功的古代間諜活動想必是一段精采的故事，可惜驚心動魄之處史書不言，最終沉於歷史的長河之中。唐廷得知此事，立刻派遣通事舍人橋寶明前往慰撫，並持弓矢、雜物以贈，命其長子咥運入朝宿衛。這些不過是場面話，唐廷這次出使的含義是在告訴阿史那賀魯——你的動作朝廷都知道了，也早有防備，趕快打消不該有的心思吧！作為警告，你的長子就來朝廷當人質吧！唐廷的反應如此迅急，給了阿史那賀魯極大的心理壓力。他只得無奈答應，讓咥運入朝宿衛。整個過程中，使者橋寶明居功至偉。咥運在去往長安的路上曾不止一次動過叛逃的心思，但精明的橋寶明「內防禦而外誘諭」，終於將其送至首都，暫時粉碎了阿史那賀魯的陰謀叛亂。

　　進京之後的咥運直接被升為右驍衛中郎將，受到了剛剛即位的唐高宗的厚待。但對此般桀驁不馴之人，單單用物質籠絡遠遠不夠。唐高宗李治畢竟剛即位，沒多少御下的經驗，再加上本性又比較懦弱，不能完全震懾住咥運，反而讓他小看了唐帝國的實力。高宗皇帝以為此等禮遇已能讓咥運心悅誠服。為讓咥運影響其父，唐高宗竟將其放回西域。沒想到，這不

三戰西突厥：西域戰線的徹底壓制

但未能打消阿史那賀魯反叛的念頭，反而更增添了他的信心。永徽元年（西元650年），阿史那賀魯正式舉起叛旗。反叛之後，他並未著急向唐帝國占據的疆土伸手，反而舉兵西征，殺向碎葉川以西的乙毗射匱可汗屬地。此時乙毗射匱可汗元氣大傷，部屬離心，輕易被阿史那賀魯擊敗，所屬部眾亦被併吞。阿史那賀魯一統西突厥，建牙於雙河（今新疆博樂西之博爾塔那河）及千泉，自號泥伏沙缽羅大可汗，統兩廂十姓突厥部眾，勝兵數十萬，君臨西域。

統一了西突厥，阿史那賀魯自以為有了對抗唐帝國的本錢，於是讓咥運為先鋒，統處月、處密、姑蘇、畀失、歌邏祿等五部兵於永徽二年（西元651年）春東侵庭州，相繼攻陷金嶺城（今新疆奇臺西北）和蒲類縣（今新疆奇臺），殺掠數千人而去。這一下使得西域的安西都護府與西、庭二州均處於岌岌可危的境地。此時西域幾大都督府均屬羈縻建置，人心不穩，一旦形成連鎖反應，局勢立時會潰敗。不能不說，阿史那賀魯的時機把握得既準又狠，完全抓住了唐帝國的弱點，給了重重地一擊。

此種情形使得唐廷極為尷尬。唐高宗初立之時停止征討高麗的軍事行動，是聽取了臣下修生養息的意見，要暫息兵戈。可此種情況，不打也得打。當年冬，唐帝國發起了第一次大規模的西征。唐高宗以左武候大將軍梁建方、右驍衛大將軍契苾何力為弓月道行軍大總管，以右驍衛將軍高德逸、右武候將軍薛孤吳仁為副，徵發秦（州治在今甘肅秦安西北）、成（州治在今甘肅西和西北）、岐（州治在今陝西鳳翔）、雍（州治在今陝西西安）等州漢軍府兵三萬，此外尚有瀚海都督吐迷度之子婆閏麾下回紇驍騎五萬，取道天山北路進擊。

帝國大軍將要出發之際，庭州刺史駱弘義針對此事上了一個條陳。他說，兵貴神速，如今天寒地凍，正好可以打敵人一個措手不及。朝廷應該以阿史那賀魯為主要打擊目標，對於處月、處密等附從部族應該進行策反

第八章　後「天可汗」時代：唐帝國對外遠征的最終章

離間，然後徵發他們的兵力一起對付阿史那賀魯。這樣便可以將其一舉殲滅。這個條陳所定之計，從表面上看的確不錯。如果真成功，朝廷惠而不費，可以在損失最少的情況下取得最大的戰果。高宗皇帝決定採用這個計策，派遣了大量使者去西突厥諸部進行安撫宣慰。但這個計策最大的失誤在於，太小看了阿史那賀魯的政治能力。他崛起時間很短，但對手下各族經營得真如鐵桶一般。結果派去的使者，除射脾部酋長沙陀那速俟斤響應之外，其餘使者均無功而返。處月部酋長朱邪孤注甚至率先殺害唐招慰使、果毅都尉單道惠，處密、處木昆等其他主要西突厥部族受其影響，亦先後殺唐使者，與唐帝國徹底決裂。

西突厥諸族皆反，唐軍策略意圖完全暴露，再想閃擊阿史那賀魯已屬天方夜譚。整個出征計畫只能全盤推倒重來。唐帝國此時依然保留了瑤池都督府，並未與阿史那賀魯徹底決裂，留下了一定的轉圜餘地。帝國遠征軍將主攻矛頭對準膽敢觸犯帝國天威的處月、處密等部落。永徽三年（西元652年）正月初五，帝國遠征軍兵分兩路，梁建方一路率軍進抵牢山（約在今新疆奇臺東北中蒙交界處之阿爾泰山），處月酋帥朱邪孤注率眾死守牢山險要地帶，拒絕投降。梁建方分兵多路，在戰鼓聲中四面登山，一齊合圍。牢山雖險絕，處月部眾雖驍勇，依然不能挽回敗局，在四面圍攻之下迅速崩潰。朱邪孤注眼見不支，連夜攜親族遁逃。

唐軍上下，從李靖開始便似乎形成一個慣例——出征之後除非敵人首腦已亡，否則即便逃到天涯海角也定要抓住。梁建方秉承了這個傳統，派副總管高德逸領輕騎兵窮追五百餘里。朱邪孤注眼見絕無逃脫希望，又占據險要地形，幻想還能擊破追兵。唐軍急行軍後士氣不墜，兩軍大戰，高德逸陣擒朱邪孤注，歷數其罪名之後，斬殺當場以儆效尤。此戰唐軍斬首九千級，俘敵方酋帥六十，俘虜萬餘人，獲牛、馬、雜畜七萬，贏得了牢山之戰的勝利。與此同時，契苾何力一路順利擊敗處密部，「擒其渠

帥處密時健俟斤、合支賀等以歸」。唐軍糧草耗盡，凱旋回國。永徽四年（西元653年），唐廷以處月地置金滿、沙陀二州，代表唐帝國重新控制了天山以北的西域東部地區，解除了阿史那賀魯對庭、西二州的直接威脅，顯示了帝國的軍威，避免了局勢進一步惡化。

遠征戰果輝煌，卻遠未達成最終的策略目標。戰後，身為主帥的梁建方甚至遭到御史的彈劾，指責他「兵眾足以追討，而逗留不進」。後方的文官們不會明白前方戰事有多麼艱苦，他們不知道打仗並非僅僅靠人多便能取勝，更不知道軍隊缺糧是一件多麼可怕的事情，反正批評他人既能博得名聲又沒有什麼危險，何樂而不為呢？但說說容易，總得選出一員大將來平定西突厥。唐高宗四顧朝廷，發現竟然無人可用！貞觀時代尚在人世的名將們，要麼已老邁負擔不了重任，要麼如李世勣身為輔政大臣，不能輕離朝廷，或者如薛家兄弟與宗室名將李道宗一般，受房遺愛謀反之事牽連，死的死、流放的流放。一番紛擾之後，唐廷於永徽六年（西元655年）五月終於安排出了遠征軍的主將及隨從諸將。這批將領當中，主帥的人選最為讓人驚異。如果將中國歷史評書中的人物根據出名程度排序，此人必然名列前茅。要問此人是誰？他便是混世魔王、大德天子、三板斧的大老程咬金，大號程知節。

真實的歷史當中，這位程咬金既沒有當過魔王天子，更不會使什麼「三板斧」，他的真正兵器是馬槊。程咬金年輕時代勇猛非常，在與王世充的偃師一戰中，他單騎救友，英姿與《三國演義》中的長坂坡趙子龍相差無幾。再勇猛的將軍也抵不上歲月的消磨，此時身為左屯衛大將軍、盧國公的他已二十餘年未曾上過戰場了。「廉頗老矣，尚能飯否？」

除主帥之外，尚有一人更為值得關注，此人便是評書演義中的終極反派——蘇定方。永徽六年（西元655年）是蘇定方鹹魚翻身的年分。自從跟隨李靖討平東突厥之後，他已被投閒置散二十餘年。與程咬金二十幾年

第八章　後「天可汗」時代：唐帝國對外遠征的最終章

養尊處優不同，他是以待罪之身被擱置了二十餘年。究其原因，還得從當年的那場大戰說起。

貞觀四年，李靖率鐵騎一萬夜襲陰山，掃平東突厥。回國之際。李靖因「突厥珍物案」遭到彈劾。雖然李靖被唐太宗親自赦免，但既然此事已被提出，並且太宗皇帝與李靖都認可了這件事並非子虛烏有，總得找出一個人來承擔罪責。這隻替罪羊，正是倒楣的蘇定方。因為此事，他從首先殺入突厥大營的英雄，變成二十餘年無人問津的罪人，從天上一下掉入了深淵。即便這樣，蘇定方沒有放棄。他平日熟讀兵書，又將跟隨李靖打仗所學經驗融會貫通，終於在永徽六年等到了機會。由於良將缺乏，蘇定方被重新起用，封為左衛中郎將，與營州都督程名振一起討伐高麗國，再次嶄露頭角。由於戰績優良，他被選入此次平西突厥之役。蘇定方磨刀霍霍，就等著能夠再立新功，以雪二十餘年來所受的不平之氣。

經過大半年精心準備，遠征軍於顯慶元年（西元 656 年）正月正式出發。左屯衛大將軍、盧國公程知節為蔥山（即蔥嶺，今帕米爾高原）道行軍大總管，右武衛將軍王文度為副大總管，旗下分別有左武衛將軍舍利叱利，右屯衛將軍蘇定方，伊州刺史蘇海政、周智度、劉仁願（此人後來在鎮守百濟當中功勳卓著）等人。對於此次遠征，唐高宗極為重視。他親至玄武門為唐軍諸將餞行，期望此行能夠一戰成功。

在皇帝的殷切期望之下，遠征軍終於踏上了西行的道路。行軍是艱苦的，唐軍足足跋涉了七個月才尋到西突厥的蹤跡，與阿史那賀魯部眾歌邏祿（亦即葛邏祿）、處月（這裡為處月殘部）二部在榆慕谷（今新疆霍城果子溝）大戰。年已六十八歲的程老將軍不減其勇，麾軍大破敵軍，斬首千餘級，俘獲駝馬牛羊萬計。追尋到西突厥主力之後，程知節立刻派副總管周智度領軍追擊，於咽城（今新疆博爾塔拉）之下再破西突厥突騎施和處木昆諸部，斬首三萬餘，攻拔其城。此戰後西突厥歌邏祿部被打垮，唐帝

三戰西突厥：西域戰線的徹底壓制

國以歌邏祿三姓中的謀落部置陰山都督府（今哈薩克阿拉湖一帶），熾俟（亦作職乙）部置大漠都督府（今新疆福海一帶），踏實部置玄池都督府，以其首領為都督，建立起了對這一區域的羈縻統治。

接連兩次大勝之後，唐軍推進至鷹娑川（今裕勒都斯河），即當年大突厥汗國西面可汗的牙庭故地。阿史那賀魯在此調集重兵與唐軍決戰，顯慶元年九月二十二日，咥運率兩萬精騎與總管蘇海政所率的唐軍前鋒會戰於鷹娑川。兩軍激戰連場未分勝負，西突厥鼠尼施部又率援軍兩萬加入戰團，勝利的天平眼見慢慢往西突厥方面傾斜。此時十里外，蘇定方恰巧在與蘇海政隔了一個小山嶺的地方歇馬。他望見遠方煙塵陣陣，廝殺震天，知道前鋒已然遇敵，急率五百鐵騎趕往救援。蘇定方趕到時，戰局到了千鈞一髮的關鍵。他審時度勢，對敵軍陣勢薄弱之處進行決死突擊。突厥戰陣在這次突擊之下遭到致命重創，整體陣形瞬間崩壞，唐軍乘勝追殺二十餘里。此役唐軍斬殺一千五百餘人，繳獲戰馬二千匹。戰場上一片狼藉，死馬及突厥所棄甲仗，綿亙山野，不可勝計。

鷹娑川一戰唐軍獲勝，戰後唐軍內部矛盾卻猝然爆發。副大總管王文度公開指責主帥程知節輕騎冒進，導致唐軍遭到不小的損失。他居然拿出一道聖旨，宣布因為程知節恃勇輕敵，皇帝委託王文度在適當的時候節制諸軍，程知節被奪了權。在王文度的指揮下，唐軍一改之前的戰術戰法，將大軍布成一個巨大的方陣，糧草輜重均藏於陣中。人馬整天披甲戒備，緩慢進軍，等待敵人主動進攻。王文度的這種戰法，其實學自隋代對付草原游牧民族的傳統戰法，早已被楊素的軍事改革所淘汰。沒想到，此人居然將老古董又當成寶貝一樣撿了回來。這種早已被淘汰的被動防守戰法使得戰馬多瘦累而死，士兵們疲勞不堪，士氣大降。蘇定方對主帥程知節進言道：「我們本來目的是主動討伐敵人，現在反而大搞防守。如今馬餓兵疲，逢賊即敗。怯懦如此，何功可立？」蘇定方對王文度的戰法大加抨

第八章　後「天可汗」時代：唐帝國對外遠征的最終章

擊，因為他比誰都要焦急。他沉寂了二十多年，等著這次大戰以求獲得足夠的功勳。誰知到手的功勞要被生生斷送。萬一軍敗，搞不好回京之後還會擔上罪名。這怎能不讓他心急如焚？

　　王文度的行為，在所有史料當中均被記載為「矯詔」，即這道聖旨是王文度偽造的。事實真是這樣嗎？細究史籍中的種種細節，感覺並非如此。在王文度用矯詔的方式奪取指揮權後，程咬金的反應太過窩囊。蘇定方表示對此詔書懷疑，要求程知節將王文度囚禁起來，然後傳書回京，等待天子的確認。程知節卻並未聽從蘇定方的勸告，反而聽任王文度胡來。要知道，程知節可不是什麼軟柿子。當年玄武門之變前，他敢公然違抗唐高祖李淵的旨意，堅持不去外地上任。如果王文度真是矯詔，以程知節的為人，怎可能聽之任之？更大的疑點在於回軍之後對王文度的處罰上。「矯詔」在歷朝歷代都是重罪，下場幾乎都是死，最起碼也得流放三千里。王文度即便能藉著矯詔打勝仗，回國之後也不會有什麼好果子吃。顯然，付出與收穫根本不成正比。王文度依然這樣做了，而且矯詔之後沒能勝仗。回國後他受的懲罰卻異常的輕，僅僅是「特除名」而已。「特除名」在唐律中不過罷官三年，三年後還可敘官，再錄用時降原有官品兩級而已。這樣的懲罰讓人感覺到異乎尋常。更為匪夷所思的是，王文度被罷免後，三年剛出頭一點，就被高宗皇帝迫不及待起用為左衛郎將、首任熊津都督。在如此眾多不符合邏輯的記載中，可以得出結論──只有王文度的聖旨是真的，才能解釋這一切，才能讓邏輯變得合理。王文度使用了聖旨，卻造成了極壞的後果。如果這道聖旨是真，兵敗就要歸咎於高宗皇帝。因此，這道聖旨只能是假的。「矯詔」這個黑鍋也只能讓王文度一個人背。

　　唐高宗為什麼要給王文度這樣的聖旨呢？史書裡面寫得很明白，是怕程知節「恃勇輕敵」。之所以有這樣的擔心，還得從程知節以往在戰場上

三戰西突厥：西域戰線的徹底壓制

的經歷說起。程知節一開始是在李密手下擔任精銳衛隊，戰場上要衝鋒陷陣，搴旗先登。此後跟隨李世民也是一樣，每每都是衝殺在前。對於旁人而言，程知節的武勇要比兵法韜略更令人印象深刻。再加上他二十多年沒怎麼打過仗，年紀又近古稀，萬一在戰場上犯了糊塗，可就壞了大事。王文度則是貞觀末年湧現出的新星。貞觀十九年渡海夜襲卑沙城的戰役，他是首要功臣。因此，高宗皇帝為了保險，給了王文度一紙聖旨，讓他在關鍵時刻制止程知節犯錯。恰恰是這道聖旨惹了禍。官場上最看不得一個副字，一旦頭銜上有了副字，基本意味著什麼都不是。唐軍西征一帆風順，功勞自然是身為總指揮的程知節最大。鷹娑川一戰後身為直接參戰將領的蘇定方，功績也是鐵板釘釘，不容抹殺。如此，身為副總指揮的王文度顯得可有可無。這顯然讓王文度不能忍受。所以，王文度藉著鷹娑川一戰唐軍戰損較多的理由，使用聖旨奪取了程知節的指揮權。這樣，如果最終擊滅西突厥的話，功勞最大的便是王文度。

可惜願望是美好的，現實是殘酷的，王文度的戰法不僅未能帶來勝利，反而使得軍隊兵無鬥志。王文度眼見計畫要破滅。恰巧此時唐軍進至恆篤城，城內的粟特胡人開城請降。王文度為提高唐軍士氣，想了一個餿主意，說：「這群胡人反覆無常，我軍退去之後，他們必定依然為賊，不如全部殺掉，奪取他們的資財。」蘇定方表示堅決反對，他說：「這樣做，我們就變成賊軍了，還有什麼理由討伐叛逆？」但蘇定方一個小小總管根本影響不了王文度的決定，於是唐軍依然屠城，獲得了大量的財物。蘇定方唯有冷眼旁觀，一物未取。阿史那賀魯就在唐軍忙著屠城的時候遠遁而去。唐軍方面，由於王文度的戰法行進緩慢，加之屠城後西域諸城紛紛堅壁清野，唐軍後勤愈發困難，只能班師回朝。自此，唐帝國第二次討伐西突厥的行動又以失敗而告終。

禍不單行，阿史那賀魯在西域越鬧越凶的時候，唐帝國上下一直擔心

第八章 後「天可汗」時代：唐帝國對外遠征的最終章

的西域諸國漸漸開始有了不穩定的跡象。貞觀二十二年（西元648年）的龜茲之戰，唐軍獲勝後將被俘的龜茲王訶黎布失畢、國相那利、大將羯獵顛押送入帝國首都。朝廷很快寬恕了他們的罪行，不但讓他們在朝廷內任職，而且又送回龜茲執掌國政，可謂仁至義盡。帝國的政策雖將龜茲王訶黎布失畢感化，使之對唐廷死心塌地，卻沒有撲滅國相那利的野心。當年那利在龜茲國威望極高，造成了帝國討伐軍很大的麻煩，郭孝恪因此而死。回國之後，他變本加厲，很快與阿史那賀魯勾結起來，又與身為突厥人的龜茲王后私通，給龜茲王帶了一頂綠油油的帽子。龜茲王訶黎布失畢對此心知肚明，但沒有能力阻止，只得向唐廷求助。為穩定西域形勢，唐廷以調解的名義，將龜茲王和國相同時召回。國相那利一朝，唐廷立刻將之囚禁，又以唐將雷文成護送龜茲王返回龜茲。但冰凍三尺非一日之寒，國相那利在龜茲根基深厚，黨羽眾多。這些黨羽害怕龜茲王回國後清算自己與那利勾結的罪行，於是以大將羯獵顛為首發起了叛亂，將龜茲王擋在國門之外，並派使者向西突厥投誠。龜茲王有國歸不得，於泥師城（今剋日西古市古城遺址）鬱鬱而死。為穩定西域諸國，唐帝國於顯慶元年（西元656年）十一月命左屯衛大將軍楊冑率軍討伐羯獵顛。

　　唐高宗的自作聰明使自己吃了敗仗。雖然朝堂之上無人敢對他進行指責，但大臣們心裡都有數，因此他心裡非常鬱悶。唐高宗的悲哀之處在於，他時時刻刻生活在父親的陰影之下，唐太宗的光輝使得他的任何錯誤都顯得更為刺眼。惱羞成怒之下，他在距離前次遠征軍回朝不過一個多月後，便於顯慶二年（西元657年）正月又下達了再次討伐阿史那賀魯的詔令，更破格提拔之前既立有功勳又沒有同流合汙的蘇定方擔任北路軍的主將。此次西征，右屯衛將軍蘇定方為伊麗道（今新疆伊犁河）行軍大總管，部下將軍有燕然都護任雅相、副都護蕭嗣業、瀚海都督婆閏等人，率漢軍以及回紇等兵，自北道討伐西突厥。右衛大將軍阿史那彌射及族兄左屯衛大

將軍阿史那步真,為流沙道(天山南路,經焉耆去伊寧)和金山(今阿爾泰山及天山北路)道安撫大使,統領各自部屬,自南道召集舊眾,進討西突厥。不單如此,高宗皇帝還釋出〈採勇武詔〉來表明自己的決心。詔書裡面這樣寫道:

濟時興國,實佇九功;禦敵安邊,亦資七德。朕端拱宣室,思宏景化,將欲分憂俊,共逸巖廊。而比者貢寂英奇,舉非勇傑,豈稱居安慮危之志,處存思亂之心?如不旌貴遠近,則爪牙何寄?宜令京官五品以上,及諸州牧守,各舉所知。或勇冠三軍,翹關拔山之力,智兼百勝,緯地經天之才。蘊奇策於良平,也功績於衛霍。蹤二起於吳白,軌雙李於牧廣。賞纖善而萬眾悅,罰片惡而一軍懼。如有此色,可精加採訪,各以奏聞。

唐高宗頗有些不拘一格降人才的架勢,加上破格提拔蘇定方的舉動,更被後世幾乎所有的史家稱讚為有知人之明。彷彿一夜之間,之前那個老是做錯事的高宗皇帝突然開竅了一般。

唐高宗對外將此次出征搞得轟轟烈烈,身為主帥的蘇定方內心卻並未感到多少獲得提拔的喜悅,反而憂慮萬分。首先,他的勛階與北路軍主帥不匹配。他隨程知節出征之前便是右屯衛將軍,這次被提拔為主帥之後還是右屯衛將軍,說明高宗皇帝對他之前的功績並未認可。而且之前的指揮團隊幾乎大換血,使得蘇定方必須重新熟悉手下的將軍們。單單如此也罷了,勛階問題還能解釋為對之前無功而返負有連帶責任,指揮問題也能解釋為怕以前的舊指揮團隊對蘇定方這個新提拔上來的主帥不服氣,因此換成新人讓蘇定方少受制肘。最關鍵的是,這次朝廷僅僅給了蘇定方一萬人!而且還不是清一色的騎兵。要知道阿史那賀魯可是手握十數萬人馬的西突厥可汗,之前兩次遠征少說也出動了八萬人馬,這樣都未獲全功。這次就給蘇定方一萬人,唐高宗李治是在拿軍國大事開玩笑嗎?其實高宗皇帝心裡清楚得很,他壓根就沒對蘇定方有過任何不切實際的指望。這次搞

第八章 後「天可汗」時代：唐帝國對外遠征的最終章

得如此**轟轟**烈烈，其實是要將所有注意力都轉移到蘇定方這裡。他真正寄以厚望的是阿史那彌射與阿史那步真這兩兄弟。阿史那彌射與阿史那步真均為西突厥室點密可汗五世孫，他們擁有不弱的實力，在西域有過相當大的影響。高宗皇帝希望他們能釜底抽薪，徹底打敗並瓦解阿史那賀魯在西域的勢力。至於蘇定方的角色，大致與漢代的李陵相差無幾。不同的是，蘇定方頭上掛著明晃晃的「遠征軍主力」這幾個大字。

蘇定方憂心忡忡的當口，隨唐太宗一戰成名的右領軍郎將薛仁貴向高宗皇帝出了一個好主意。他說：「西突厥中的泥孰部素來不順從阿史那賀魯，因此阿史那賀魯將其擊敗之後，掠奪了他們部落很多婦女兒童。我軍前幾次遠征阿史那賀魯時，獲得了不少突厥人口。其中如果有泥孰婦幼的，應該釋放他們回家，並給予一定的賞賜，讓他們明白阿史那賀魯是強盜，而帝國如父母。這樣他們必然會拚命為帝國效力。」這個建言的確是分化西突厥的一著妙棋。唐高宗實行之後，泥孰部果然全體投靠唐朝。薛仁貴的主意為蘇定方的遠征削減了一部分壓力，但阿史那賀魯並沒有太大的損失，這次遠征依然九死一生。風蕭蕭兮易水寒的悲壯之中，蘇定方於顯慶二年（西元657年）秋率領一萬漢軍與回紇軍組成的軍隊，出發前往西北的疆場。

經過數個月的跋涉，唐北路遠征軍於顯慶二年十二月在蘇定方的率領下渡過沙磧，沿金山（今阿爾泰山）之南急行軍，閃擊居住在此地的西突厥處木昆部。處木昆部雖然經過數次帝國遠征軍的打擊，但並未料到唐軍會來得如此之快，被輕鬆擊潰。處木昆部酋長俟斤（俟斤是突厥貴族的官銜）懶獨祿等人懾於唐軍軍威，率萬餘帳部眾來降。這對蘇定方來說是及時雨，他馬上從中徵發了千餘突厥騎兵加入遠征軍行列，以補充自己軍隊實力的不足。

閃電戰可一不可二。突厥是游牧民族，馬上馳騁是他們基本的生存技

三戰西突厥：西域戰線的徹底壓制

能,處木昆部的漏網之魚很快就將唐軍的信息通報給阿史那賀魯。阿史那賀魯去年剛剛領教過一次唐帝國遠征軍的威力,自然時時枕戈待旦,防備遠征軍再來。短時間內,他調集了兩廂十姓突厥的十萬騎兵進行反擊。兩軍主力會戰於曳咥河（今新疆額爾濟斯河）西平原之上。此時敵我兵力懸殊,形勢異常險惡。但將不可能變成可能,才配稱為一代名將,蘇定方完美地展現了這一點。根據敵我情況,他命步兵以密集長矛陣死守南原高地,以吸引敵軍注意力,自己率漢軍騎兵埋伏於北原。阿史那賀魯見唐軍兵少,且盡為步兵,果然上當,集中騎兵主力將之團團圍住,四面攻殺。唐軍以長矛方陣四面防禦,訓練有素,鬥志高昂,死戰不退。阿史那賀魯三衝南原而未逞,蘇定方乘勢率騎兵從側面發起突擊。西突厥軍猝不及防,由是大敗。蘇定方領軍追殺三十里,俘斬三萬餘人,殺其部眾首領都搭達乾等二百人。次日唐軍繼續乘勝追擊,突厥軍人心散亂,無人敢戰。西突厥中的胡祿屋等部舉眾歸降,阿史那賀魯與兒子女婿以及處木昆屈律啜等人,僅率數百騎向西狼狽逃竄。

與此同時,南路遠征軍進展亦是所向披靡。尤其在阿史那賀魯兵敗後,南道西突厥部眾均言:「我舊主也。」紛紛歸降於阿史那步真。唐軍前景一片光明。蘇定方沒有就此滿足。他既為李靖門徒,自然也學得了李靖「痛打落水狗」的真傳,絕不讓敵人有機會東山再起。蘇定方令副將蕭嗣業、回紇婆閏率雜虜兵順著邪羅斯川（哈拉蘇,今新疆奎屯河中游）窮追,他本人與任雅相領新附兵尾隨。此時天降大雪,地面平地積雪達二尺,行軍極其困難,眾將官均向蘇定方請求等天晴再行軍。蘇定方卻說:「敵人就是憑藉這場大雪才停住了逃跑的腳步,認為我軍肯定不能再進行追擊。如果我們現在休息了,他們便會逃得更遠,再想追就晚了。」他不但否決了部下的建言,更命令晝夜兼行,加快行軍的腳步。北路遠征軍在蘇定方的率領之下一邊急行軍,一邊收容沿途的突厥部眾,終於在雙河（今新疆

第八章　後「天可汗」時代：唐帝國對外遠征的最終章

博樂）與阿史那彌射、步真的南路軍會師。

阿史那彌射擊潰在此築柵防守的西突厥大將步失達幹，唐南北路軍會師之後士氣大漲，又飽食回復體力之後再次急行軍。不懈的追擊之下，唐軍終於前進到離金牙山（今中亞塔什干東北）阿史那賀魯牙帳還有兩百里的地方。遠征軍整好了因急行軍而有些散亂的隊伍，排出了整齊的方陣，向敵軍老巢發起猛攻。阿史那賀魯卻因大雪而放鬆了警惕，收攏散落的部眾之後便進行狩獵以獲取食物，絲毫沒有防備。結果唐軍攻入牙帳，斬俘數萬人，繳獲鼓纛器械等無數。阿史那賀魯與其子咥運、婿閻啜等部眾只得騎馬浮過伊麗水（今伊犁河）逃往石國（今烏茲別克塔什干）西北之蘇咄城。蘇定方依然不依不饒，領軍窮追，在碎葉水（今吉爾吉斯楚河）又一次將阿史那賀魯追上，徹底征服了他的部眾。阿史那賀魯除極少數親隨之外已再無任何依靠。對已經如光桿司令般的阿史那賀魯，蘇定方另派蕭嗣業和阿史那彌射的兒子元爽繼續追捕，自己率領主力勝利回師。

阿史那賀魯逃到蘇咄城時，城主伊沮達官不敢收留，將其抓獲後送到石國王都。恰巧蕭嗣業追擊到此，伊沮達官轉手將其綁送給唐軍。顯慶三年（西元658年）十一月，伊麗道行軍副總管蕭嗣業擒阿史那賀魯至京師，十五日獻俘於昭陵，十七日告於太社，爾後釋而不殺。唐帝國在西突厥故地設定漾池、昆陵二都護府，以阿史那步真、阿史那彌射為都護，分統其十姓各部。蘇定方在西域又開通道路，設定郵驛（通訊和交通旅行系統），掩埋戰爭中枉死者的屍骨，了解並解決突厥部眾的困難，劃定各部的牧區疆界，恢復正常生產。凡是被阿史那賀魯等人掠賣為奴隸的，全都清查出來釋放回家。這使得十姓安居樂業，為西域的穩定作出了極大的貢獻。自此西突厥汗國壽終正寢，而蘇定方亦一戰成名。他與消滅掉東突厥帝國的二李前後輝映，成為一代將星。高宗皇帝的無心插柳結出了豐碩的成果，恐怕是他本人在戰前怎麼也想不到的吧？

在蘇定方擊滅西突厥之前，討伐龜茲的楊冑已先行傳來捷報。經過數月跋涉，他與羯獵顛在顯慶二年正月決戰於泥師城下。楊冑大破其軍，一戰擒羯獵顛。戰後唐軍窮搜其黨羽，盡殺之，又封龜茲王之子白素稽為新龜茲王，恢復了龜茲都督府在西域的法統。被任命統治西突厥部眾的阿史那步真與阿史那彌射兩人也做得不錯。西突厥乙毗咄陸可汗之子真珠葉護可汗於顯慶四年（西元659年）率吐火羅之兵侵入碎葉川，企圖恢復昔日的王統，已被唐廷封為興昔亡可汗的阿史那彌射率部眾與其會戰於雙河，陣斬真珠葉護可汗，最後一支西突厥反唐政權自此滅亡。

此時唐帝國雄霸西域，徹底恢復了漢帝國在西域的疆域，甚至疆域猶有過之，安西都護府在西域的地位更顯重要。於是唐帝國將安西都護府治所移節龜茲，再升一級，成為「安西大都護府」，龜茲（今新疆庫車）、疏勒（今新疆喀什）、于闐（今新疆和田西南）、焉耆（今新疆焉耆西南）四鎮為其核心，以從二品官銜的安西大都護為最高統領，號令西域。

黃山伐：唐軍征南的轉折戰役

在蘇定方等唐軍將士的奮戰之下，中原帝國終於將西域這塊領土再次完整收入囊中。帝國的西北角被補齊，長安的高宗皇帝又將目光轉投到了東北亞。朝鮮半島上發生的戰爭讓他找到了一個新的切入點。

顯慶五年（西元660年）三月，百濟倚仗高麗的援助，大舉侵犯新羅。新羅王金春秋向唐高宗上表求救。唐太宗征高麗之時，新羅曾發兵五萬相助，並攻取水口城。百濟重演隋伐高麗時的故事，再度偷襲新羅，攻占新羅七座城池，導致原本南北夾擊的計畫，變成了唐軍單方面的攻城拔寨。最終唐軍功敗垂成，不能不說跟百濟這種做法有極大關係。百濟與唐

第八章　後「天可汗」時代：唐帝國對外遠征的最終章

帝國的山東半島隔海相望，地理位置極其重要。如果攻占百濟，唐軍可以擁有高麗南面的陸上進攻基地，不用每次征討都走要塞密布、沼澤成片的華山一條路，策略上能夠形成夾擊，直接威脅高麗首都平壤。百濟的行為正中唐帝國的心意，唐帝國以超高的效率通過了討伐百濟的議案。不到十天的時間，唐帝國做好了征伐的一切準備。

三月十日，唐高宗以在西域出盡風頭的左武衛大將軍蘇定方為神丘道行軍大總管，金仁問為副大總管，率左驍衛將軍劉伯英、右武衛將軍馮士貴、左衛將軍龐孝泰等十萬大軍，分水陸兩路，討伐百濟；又以新羅王金春秋為嵎夷道行軍總管，率新羅之眾，與唐軍合勢，對百濟實施東西夾攻。

五月二十六日，金春秋與金庾信、金真珠、金天存等率兵出京（今慶州），六月十八日駐紮南川（今利川郡，仁川以東七十多公里）。蘇定方自萊州（今山東城山）出海，六月二十一日金春秋使太子金法敏迎唐軍於德物島（今德積島，仁川以西七十多公里）。蘇定方與金法敏約定，以七月十日為期，唐軍至百濟南，與新羅會軍，一同攻破百濟都城。

百濟知曉唐軍前來征伐，國內亂成一團。百濟義慈王慌忙問計於群臣。當時百濟群臣分為兩派，一派說，要舉全國之兵與唐軍決戰。唐軍遠道而來，必然疲憊，如果能一舉擊破唐軍，只是仗著大國在後面撐腰的新羅軍必然不戰而退。另一派說，唐軍遠道而來士氣正盛，必然急於進行決戰，百濟決戰必然不是對手。不如緊守險要地形，遲滯唐軍的行動。而百濟與新羅互相之間知根知底，不如先用偏師打掉新羅的銳氣，然後與之決戰，擊潰新羅之後再回頭對付唐軍。這兩派意見針鋒相對，百濟王也莫衷一是，無法選擇。就在百濟國內還在為如何戰守頭痛之際，唐軍已突破熊津江口，斬殺數千人，水陸並進直搗百濟都城。新羅軍則越過炭峴（炭峴，百濟關隘，今大田市西南，應該在黃山東北）。險要地段均已失守，百濟最佳的防禦時機已經失去。

百濟也有忠勇之士。有個將軍名叫階伯，見朝堂之上依然爭論不休，知道百濟已危在旦夕，於是殺妻、子以明死國之志，召集了五千死士，在黃山之原設三營據險防守，死死掐住新羅進軍的道路。新羅方面以金庾信為大將軍，與太子金法敏，將軍金品日、金欽純等率兵五萬與階伯大戰於黃山原。這場慘烈的戰役以「黃山伐」之名聞名於朝鮮歷史。

金庾信到達黃山原後，倚仗自己兵力雄厚，立即分兵三路，猛攻階伯的三座大營，企圖一戰而勝。他沒有想到，自己的五萬大軍看似十倍於階伯，戰鬥力卻很差。新羅自隋代就一直被高麗、百濟輪番欺負，國力衰微至極，此次能拿出五萬人馬，也都是在國內努力拼湊而來，底層士卒的士氣並不高。階伯手下人人悍不畏死，加之地形有利，新羅軍四次進攻均被打退，士卒力竭，畏戰情緒開始蔓延。

眼見士氣劇降，新羅軍只得用犧牲戰術進行最後一搏。將軍金欽純對其子金盤屈說：「為臣莫若忠，為子莫若孝，見危致命，忠孝兩全。」這是叫他的兒子盡忠盡孝。金盤屈於是直入戰陣，力戰而死。見此情狀，左將軍金品日也喚出他年僅十六歲的兒子金官昌立於馬前，指著他對諸將說：「吾兒年才十六，志氣頗勇，今日之役，能為三軍標的乎？」於是金官昌單槍匹馬，徑赴敵陣，卻被百濟軍擒獲。階伯愛其少勇，嘆道：「新羅不可敵也，少年尚如此，況壯士乎！」下令將他放還。金官昌將此視為恥辱，回來跟父親說：「吾入敵中，不能斬將搴旗者，非畏死也。」說完以手掬井水喝下，再次騎馬直衝敵陣，結果再次被擒獲。明顯求死而來的行為，使得階伯也不得不成全他。階伯斬其首，繫在馬鞍上送了回去。金品日捧著兒子的頭顱對三軍道：「吾兒面目如生，能死於王事，幸矣！」連續兩員大將的兒子為戰鬥做出犧牲，這激起了新羅軍士卒的同仇敵愾。新羅軍將生死置之度外，再次鼓譟進擊。百濟軍終於抵擋不住。階伯戰死，百濟佐平（佐平是百濟的一個軍職）忠常、常永等二十餘人被生擒，黃山之

第八章 後「天可汗」時代：唐帝國對外遠征的最終章

戰結束。值得一提的是，陣亡的這兩個將軍之子在新羅都屬於一個叫「花郎」的組織。電影《黃山伐》中，花郎的表現是塗脂抹粉有如京劇武生打扮的模樣。花郎這個組織類似於美國的「骷髏會」，由新羅的青年貴族階級組成，其首腦被稱為「風月主」。其成員成年後均會成為新羅國的官員貴族，此次黃山伐的主帥金庾信便曾經當過風月主。朝鮮跆拳道傳說也是由這個花郎組織發展而來。

經歷了黃山血戰，新羅軍終於與唐軍會師。但由於之前的耽誤，新羅軍延誤了當初約定好的日期，唐軍主帥蘇定方要斬新羅督軍金文穎以正軍法。就唐軍的立場而言，這樣做當然沒有錯，失期當斬是軍中鐵律。此外，新羅軍不僅僅是五萬援軍那麼簡單，他們肩負著運送唐軍軍糧的重要任務。唐軍浮海而來，深入敵境之後，除了最初攜帶的糧草，已無後勤可言。保障大軍後勤的任務落到了新羅軍的身上。新羅軍在黃山原苦戰之時，唐軍也焦急地等待糧食。如果新羅軍的糧食不能到達，唐軍十幾萬大軍很可能重蹈隋軍缺糧而崩潰的覆轍。但死戰破關的新羅方面對於這樣的懲處顯然不能接受。他們群情激奮，金庾信對部下說道：「大將軍不見黃山之役，將以後期為罪。吾不能無罪而受辱，必先與唐軍決戰，然後破百濟。」於是拔出寶劍，就要暴動。唐軍雖不懼新羅軍暴動，但大敵當前，又孤軍深入敵境，如果盟軍此時暴動，不啻將自己置於險境。蘇定方最後還是赦免了金文穎，平息了新羅軍的怨憤。

蘇定方合軍之後繼續向百濟都城泗沘城挺進。百濟這時候也用不著討論了，只剩下一條路，那就是傾全國兵力迎戰。在泗沘城外二十里處，百濟與唐新聯軍進行了決戰。決戰的結果不問可知，野戰加上優勢兵力，唐軍勝利是當然的。百濟軍大敗，被殲萬餘，唐新聯軍乘勝衝入泗沘外城。百濟王及太子扶餘隆逃於北境，唐軍遂將泗沘城團團圍定。百濟王次子扶餘泰自立為王，率眾固守。太子扶餘隆之子文思勸叔父扶餘泰歸降唐軍，

扶餘泰不從，文思遂率左右兵眾逾城投降。城中百姓皆從，扶餘泰無法阻止。蘇定方趁百濟離亂、兵力削弱之際，令唐軍登城樹旗。扶餘泰走投無路，只得開門請命。於是，百濟王、太子及百濟諸城城主相繼歸降。高宗皇帝下詔將其五部所統三十七郡、二百餘城、七十六萬戶分置熊津、馬韓、東明、金連、德安五都督府，以其酋長任都督、刺史。平定百濟後，蘇定方率百濟王族大臣等九十三人，百姓一萬二千人歸國，留郎將劉仁願鎮守百濟府城，又以左衛中郎將王文度為熊津都督，統領餘眾。當年十一月，唐高宗御洛陽則天門樓，接受百濟戰俘，自百濟王義慈以下皆釋而不罪。

征滅百濟之役，主要角色除統帥帝國大軍的蘇定方之外，金庾信身為新羅方面的主帥，也至為關鍵。金庾信在後來的朝鮮史書《三國史記》中號稱為朝鮮半島三國的第一名將，有神鬼莫測之能，堪稱新羅版的諸葛亮。究其實際，在唐朝發兵援救新羅之前，金庾信的角色像一個救火隊員，高麗打過來了他就被派往高麗方向，百濟來了他又被派往百濟方向，為新羅能夠最終撐過高麗百濟兩國夾攻，盼來唐帝國的援軍，立下汗馬功勞。其人有勇有謀，和新羅王金春秋互相支撐，君臣知遇，終於打下新羅的一片疆土。

抗日第一將：高仙芝與日本野心的初交鋒

蘇定方平滅了百濟，風光地回到了國內。有人歡喜有人憂，此時一員未來的名將正在水深火熱之中掙扎。此人是誰呢？這人就是以抗日第一將名留史冊的劉仁軌。

背負名將之名的劉仁軌其實是個文臣。劉仁軌少年時期謙恭好學，即

第八章　後「天可汗」時代：唐帝國對外遠征的最終章

便是隋末大亂，他依舊好學不輟，最終博涉文史。隋唐之際講究文武合一，劉仁軌對於軍略同樣十分精通。他因不畏權貴而被唐太宗所欣賞，由此直上青雲，官一直做到了給事中（給事中上可封還詔書，下可駁正百官章奏，諸詔敢無給事中畫押，不得頒行，可以說是極為重要的一個官職）。既然是不畏權貴的性格，就免不了要得罪人。劉仁軌偏偏得罪了當時頗受唐高宗、武則天信任，炙手可熱的宰相李義府（時任中書令、吏部尚書、同中書門下三品），被貶為青州刺史（治益都，今屬山東）。顯慶五年（西元 660 年）唐帝國征討百濟成功，於是計劃當年十二月再接再厲，一舉掃平高麗。恰好劉仁軌是青州刺史，理所當然得負責征高麗大軍的海路後勤補給。當時天氣極為惡劣，海運風險很大，李義府趁機嚴令劉仁軌盡快實施海運。劉仁軌在軍令之下，無可奈何地讓船隊出海。果不出李義府所料，船隊盡數沉沒，劉仁軌因此差點被殺頭。雖然最後免於死刑，朝廷還是將其打回原形，令其白衣（唐代官員服飾的顏色有嚴格的限制，白衣是平民的衣服顏色）從軍、戴罪立功。此時劉仁軌已年近六十，被發配至百濟這樣秋冬氣候極為惡劣的的邊疆地區從軍打仗，一個不小心就是一命嗚呼的下場。前路荊棘密布，毫無光明可言。

　　在百濟這塊土地上，雖然官方力量已被蘇定方所打垮，百濟卻並未徹底平定，唐軍在百濟的處境遠不如想像中那麼美妙。百濟境內的起義此起彼伏，很多均有不俗的實力。例如後來的唐朝名將之一、當時身為百濟本番達率兼郡將（相當於唐刺史）的黑齒常之，便曾降而復叛，糾集三萬餘百濟流人在山上築柵自固。唐軍前來圍剿，未能成功，由此四周降城紛紛反叛。

　　百濟的滅亡帶給日本非常大的震動。當時日本國內正值實行大化改新，國內矛盾重重。舊豪族勾結古人大兄皇子反對改革，改革派的核心成員蘇我倉山、田石川麻呂等人被懷疑圖謀不軌。以中大兄皇子為首的改革

派雖堅決鎮壓反對派，但仍深感地位開始不穩。作為日本屬國的百濟此時滅亡，更是對革新中的日本政府聲望帶來巨大打擊。為將內部矛盾外引，恢復日本在朝鮮半島的統治勢力，日本全力扶植以百濟武王扶餘璋從子、義慈王從弟鬼室福信與僧人道琛為首的百濟復國軍，並將在日本充當人質的原百濟王子扶餘豐送歸百濟，立為國王，在周留城（今韓國全州西）豎起了百濟王室的大旗。

在日本派出的大量軍隊支持下，這股百濟復國軍勢力急速擴大，整個百濟西部紛紛響應，甚至發展到圍攻劉仁願把守的百濟國都。新羅在百濟滅亡之後也打起自己的算盤。新羅與百濟可謂世仇，無時無刻不想吞併對方。雖然此時百濟在唐帝國的掌控之下，但唐軍勢力並不穩固，征伐百濟的唐軍主力已隨蘇定方回國，留在百濟境內的唐軍數量並不占優勢。唐帝國任命左衛中郎將王文度為在百濟的主政者，王文度卻在與新羅王金春秋同聽詔書之後離奇死亡。從陰謀論的角度看，新羅極有可能是趁唐軍立足未穩，暗殺王文度，使唐軍群龍無首，再利用百濟境內的反抗勢力對唐軍進行壓制，削弱雙方的力量，最後達到一口口吞掉百濟的目的。

如此惡劣形勢下，在百濟留守的唐軍有如風中之燭，隨時有覆滅的危險。劉仁軌在此危急時刻被臨時任命為帶方州刺史，統率王文度的兵馬，與新羅軍共同援救被百濟復國軍圍攻的劉仁願。眼看仇人又有鹹魚翻身的跡象，老對頭李義府很不甘心。他密令駐守百濟國都泗沘城的主將劉仁願，在軍中解決劉仁軌。劉仁願是一個光明磊落的將軍，他不但沒有如李義府的意，反而充分發揮了劉仁軌善於謀略的長處，使其如魚得水。劉仁軌也不負劉仁願的看重，他面對百濟復國軍咄咄逼人的攻勢，不但不惶恐，反而興奮得大喊：「天將富貴此翁矣！」對劉仁軌來說，百濟復國軍已是他日後重歸中樞的唯一希望，一定要好好「照顧」。鬼室福信也許是先前的進展過於順利，面對紅著眼睛、磨刀霍霍、殺氣騰騰的劉仁軌，居然

第八章　後「天可汗」時代：唐帝國對外遠征的最終章

非同一般地自信。他一邊圍攻泗沘城，一邊分兵在熊津江口樹立了兩柵，引軍與劉仁軌在柵外合戰。這些百濟兵成了劉仁軌第一次展現名將風範的祭刀。是時劉仁軌與新羅軍四面圍攻，鬼室福信大敗。敗退的士卒爭入柵內，由於浮橋狹窄，落水而亡和被斬首的有萬餘人。劉仁軌乘勝進擊，鬼室福信連失兩柵，只能解圍而去，退守任存城（今韓國全州西）中。

劉仁願與劉仁軌兩人順利會師，因唐軍人數太少，無法進行追擊，只能穩守泗沘城。此役後，道琛自稱領軍將軍，鬼室福信自稱霜岑將軍，兩人召集百濟叛亡，實力不僅沒有削弱，反而更加強大。這時，高宗皇帝又詔新羅出兵，援助劉仁軌。新羅王遂遣將軍金欽率兵向泗沘城出發。行經古泗（今韓國泗川）時，新羅軍被百濟復國軍阻擊，只得由葛嶺道（今韓國泗川縣與晉州縣之間）退回，不敢復出。百濟唐軍與新羅的糧道因此被徹底封死，物資補給只能靠海運和當地徵集，處境十分艱難。

與唐軍一樣，新羅的日子也不好過，唐軍參戰之前，新羅就已經被打得遍體鱗傷。之後在唐軍的幾乎所有軍事行動中，新羅都是提供軍糧的一方。不但如此，新羅還得派兵參戰。國內早已是苦苦支撐。如今形勢突變，沒了唐軍主力做靠山，新羅軍不但在百濟遭到失敗，北方高麗也派出軍隊對新羅進行攻擊，日本亦在其後登陸大舉進攻。新羅自顧不暇，沒有什麼力量援助唐軍了。

就在百濟救國軍形勢一片大好之時，內部矛盾卻越來越明顯。鬼室福信固然專權，與他齊名的道琛雖自稱僧人，但並非善類。劉仁軌派遣使者勸說道琛等歸降，道琛居然連使者的面都不見，還說：「使人官小，我，國大將，禮不當見。」其倨傲程度可見一斑。這樣兩人一人專權，一人跋扈，誰都不服誰。矛盾在唐軍大兵壓境之下還不明顯。如今唐軍被百濟復國軍壓制，矛盾立刻顯露了出來。一場大火拚終於爆發，鬼室福信先下手為強，殺掉道琛，兼併了他的部眾。

百濟唐軍苦苦支撐之際，龍朔元年（西元 661 年）四月，唐高宗任命任雅相為浿江道行軍總管，契苾何力為遼東道行軍總管，蘇定方為平壤道行軍總管，與蕭嗣業及諸胡兵共率三十五軍四萬四千人，再度征討高麗。

這次征伐前後經過八個多月。蘇定方所率水軍先破高麗浿江防線，隨後乘勝突破馬邑山，屢戰屢勝，進圍平壤城。此次征討，唐軍改變了以往的戰爭模式。以往征高麗，往往因為遼東嚴寒，進入秋冬季節只能退兵。現在唐軍開始嘗試克服嚴寒，越冬進行不間斷的進攻。這樣做可以讓高麗得不到喘息的機會。另外遼東的沼澤和河流在冬季會封凍，對大軍行軍打仗有莫大好處。

由於唐軍持續多年的不斷打擊，高麗國勢大損，遼東一帶領土大都被唐軍收復，平壤隨時處於唐軍的威脅之下。泉蓋蘇文只能遣其長子泉男生率精兵數萬，死守鴨綠江這條最後的防線。唐軍被阻擋在江北，波濤浩瀚，不得渡河。契苾何力到達後，他「仰天祝禱，具申忠志」，於是天氣突變，「寒風四起，流澌立合」，鴨綠江水瞬息結冰。唐軍順冰而過，鼓譟奮擊。高麗軍沒想到天氣變化如此劇烈，被打得潰不成軍，泉男生僅以身免。鴨綠江之戰後，唐帝國西邊九姓鐵勒反叛，契苾何力及所部被調往西面，沒能參加圍攻平壤的戰役。這大大削弱了唐軍的力量。

唐軍漸漸在適應高麗的冬季，但事情並非一帆風順。蘇定方成功殺至平壤城下，泉蓋蘇文沒有坐以待斃。他老謀深算，看準了左驍衛將軍、白州刺史龐孝泰率領的南方水戰之士耐不得嚴冬，於是主動出擊，與其大戰於蛇水之上。此戰唐軍全軍覆沒，龐孝泰與其十三子全部戰死。禍不單行，跟隨蘇定方征戰多年的老副手，浿江道行軍總管任雅相因病亦薨於軍中，這對唐軍又是一個打擊。蘇定方完成對平壤的包圍之後，後勤的巨大問題讓他極為困擾。戰前唐高宗派新羅王子金仁問返回新羅，令新羅「舉兵相應」，同時敕令新羅輸送平壤唐軍軍糧。現實狀況卻是新羅的兵馬糧

第八章　後「天可汗」時代：唐帝國對外遠征的最終章

草均遲遲不到，這讓蘇定方不得不親筆寫信催促。一再催促之下，新羅糧草雖然送到，進攻的最佳時機已不復存在，最終未能攻克平壤。龍朔二年（西元662年）二月初，唐軍經數月激戰，疲憊不堪，加之此年天氣格外寒冷，平壤周圍大雪持續不止。鑑於此，唐高宗詔令班師。

日本的野心：倭國對東亞局勢的覬覦

唐軍在遼東、百濟等地頻繁戰鬥的同時，對朝鮮半島有極大野心的日本開始漸漸浮出水面。相對於高麗、新羅、百濟這三國，海峽另一邊的日本一直是一個特殊的存在。西元三世紀中葉，日本形成了強大的部族聯合政權，史稱大和政權。從三世紀後半葉起，這個政權開始了大規模的統一戰爭。到四世紀的前半期，它不僅統治了北九州島，而且勢力已達到關東地方。到西元四世紀中葉，大和政權的勢力終於侵入朝鮮半島的南端。它出兵征服了當時新羅的弁韓之地（慶尚南道），建立任那地方，設「日本府」統治。新興的大和政權相對於朝鮮半島南端的新羅和百濟來說是強大的。此時大和政權正處於奴隸社會，朝鮮半島南端被其視為殖民地。大和政權不斷從朝鮮半島掠奪大量工匠和奴隸，並且在朝鮮半島南側進行大規模的鐵礦開採。

對於大和的入侵，新羅和百濟無力抵抗。百濟採取了臣服態度，正式成為大和的屬國。百濟企圖藉助大和的勢力對抗北方強鄰高麗國，侵吞新羅國。新羅聯合高麗與大和進行對抗，對大和的入侵勢力作出堅決抵抗。高麗廣開土王（亦稱好太王）最終擊敗了大和的數次侵攻，「倭寇」這個詞也從此出現。大和雖然北侵失敗，實力依然不容小窺。它在朝鮮南端的勢力，也破壞了高麗統一朝鮮半島的進程。

日本的野心：倭國對東亞局勢的覷覦

日本勢力侵入朝鮮之後，日本國內也在謀求對朝鮮統治政治上的合法性。因此日本於本國在朝鮮半島勢力達到鼎盛的「五王時代」時，不斷派遣使者到中國南朝，要求獲得中國對日本於朝鮮統治權力的冊封，卻均未達到預期目的。南朝雖對東北亞鞭長莫及，但也未將百濟的統治權拱手讓給日本。

到西元五世紀後半葉，日本的國力衰退，在朝鮮半島的統治力下降。西元476年，高麗占領百濟的首都，而將百濟視為屬國的日本大和政權不能挽救百濟的危急。新羅看到這種情況，認為日本不難對付，於是侵入日本的根據地任那。任那的一些豪族也起來反抗日本。百濟也企圖用任那補償它在北方因高麗侵入而丟失的領土，向日本（大王朝廷）提出了割讓任那的要求。大王朝廷最後不得不於西元512年將四個縣割給百濟。六世紀，大王朝廷為挽回勢力，幾次遠征朝鮮，均未成功。西元562年，設在任那的日本府終於垮臺，下場是被新羅所滅。對朝鮮統治的無力化，在日本國內激起了一系列政治變亂。後來上臺的聖德太子進行了建立中央集權國家的改革，並在西元600年為恢復任那府，派兵一萬征伐新羅。戰爭雖然勝利，卻沒有取得多少實際利益。兩年後，日本又發兵兩萬五千人企圖再征朝鮮，中途失敗。此時日本國在朝鮮的勢力已是明日黃花，風光不再。

日本並不死心。軍事力量不足，只有政治力量來彌補。於是，日本想了一個平等外交的手段。大業三年（西元607年），倭王多利思比孤遣使朝貢，並附以國書。這封國書在中日關係史上非常著名。內容很普通，不過是要派人學習佛法，在互相的稱呼上卻用了「日出處天子致書日沒處天子，無恙」云云。這封國書一般被認為是日本第一次表現了要與中國展開對等外交，力圖克服倭「五王時代」接受中國冊封的姿態。就當時東北亞政治局勢來看，日本方面這樣做有兩種考慮。首先，日本企圖藉助這種平

等外交來向新羅示威，讓新羅對日本也能畢恭畢敬。其次，在日本看來，周邊的新羅、百濟都是自己的朝貢國，所以在對中國的態度上，日本不可能繼續接受如同新羅、百濟一般的冊封。

這種企圖對於隋帝國而言顯然不可接受。歷史上的中原帝國向來都是唯我獨尊，四夷朝拜。一個統一的中原帝國，如果承認與一個周邊國家是平等關係，這個國家的身分只有一種可能——強大的敵國，中原帝國必欲除之而後快的敵國。漢與匈奴，唐與突厥，關係均是如此。因此，日本的這種舉動被隋煬帝楊廣直斥為無禮。在中國古代，無禮是非常嚴重的評價。中國歷史上，內臣如果無禮可以直接刑殺，外臣（屬國）無禮，下場嚴重點的就是滅國。隋文帝擊突厥，隋煬帝征高麗，唐太宗平突厥、滅高昌，高仙芝滅石國，罪名中很重要的一條就是無藩臣禮。以隋煬帝的好大喜功，日本因這封國書遭到征討簡直是不可動搖的事情。不過隋帝國與高麗之間的緊張關係使得此事僅僅讓楊廣不悅而已。楊廣依然在次年遣裴世清回訪日本，不讓日本影響自己對高麗的戰爭行動。

日本的平等外交行動對後世影響很大。但就當時而言，卻是徹底失敗。隋帝國回派使者的國書中依然將日本看作朝貢的屬國。日本的企圖雖然破滅，但對朝鮮半島的野心從來沒有停止過。隋帝國收復高麗的行動失敗，新興的唐帝國以更強大的實力延續了隋帝國的意志，當然絕對不允許日本染指朝鮮半島。日本的野心又不斷地膨脹。這樣的情況下，中日之間第一場正式交鋒已不可避免。

日落白江：東征終敗與戰略轉守

蘇定方圍攻平壤的主力唐軍撤退後，百濟唐軍幾乎到了坐困愁城的地步。唐軍控制的地方只剩下一座泗沘城，完全達不到計畫中以百濟為基地

對高麗實施兩面夾擊的目的。唐軍處境困難,很有可能全軍覆沒。面對如此情況,唐高宗下詔,讓駐守百濟的唐軍入新羅。如果新羅王要求,則留下幫助新羅;如果不需要,則乘船回國。此時唐軍的兵力,有劉仁願的萬餘人,新羅的七千留軍,再有劉仁軌帶來的王文度數千兵馬,總數不過兩萬多。兵力微薄,形勢也不好,所以眾將都希望回國。唯有劉仁軌與眾人的意見不同。他認為,如果進了新羅,就憑這一萬多唐軍,必將為新羅所控制,到時能不能回國都不是唐軍說了算。泗沘城處於四面包圍的狀態,去新羅的通道已被切斷。一旦出城,會有什麼狀況發生,更不好說。唐軍攻滅百濟,並非需要百濟的土地,而是為完成攻滅高麗的最終目標。一旦放棄泗沘城,百濟基本復國成功,唐軍的策略計畫將完全破滅。所以,絕不能撤出泗沘城。不但不能撤,而且還要主動出擊。趁著百濟上下都認為唐軍會西歸而鬆懈之際,唐軍應該突襲百濟復國軍的城池,打幾個勝仗,激發軍隊的士氣,再向國內請求援兵。鬼室福信殺道琛的舉動意味著百濟復國軍中並不是鐵板一塊。只要唐軍堅持下去,敵人必然會內訌。到時候,就是唐軍全面平定百濟的機會。

　　劉仁軌以自己幾十年的官場經驗,將形勢看得極其透徹。於是,在唐軍最高領袖劉仁願的堅定支持下,唐軍不但沒有撤退,反而趁百濟復國軍不備,於龍朔二年(西元662年)七月大舉突襲,相繼攻克克羅城(今韓國懷德)、及尹城、大山、沙井等柵,殲敵及俘獲甚眾。鬼室福信等人只得退守真峴城(今韓國大田),憑藉該城臨江高險,又當衝要,嚴兵守衛。劉仁軌依然不罷手。他率新羅兵乘夜逼近城邊,領眾人抓著雜草攀登入城。這招實在出乎鬼室福信意料之外,劉仁軌成功攻陷此城。占領真峴城後,唐軍終於打通了通往新羅的運糧道路,再不是孤軍奮戰,形勢轉眼間發生變化。劉仁願遣使歸國報捷,又奏請增兵。高宗皇帝大喜,詔令淄(州治今山東淄博西南)、青(今屬山東)、萊、海(州治今江蘇連雲港西南)諸州兵七千人,以熊津道行軍總管、右威衛將軍孫仁師為主將,走水

第八章　後「天可汗」時代：唐帝國對外遠征的最終章

路增援百濟。

丟失了真峴城的百濟復國軍，內部果不出劉仁軌所料，矛盾越來越大。扶餘豐依仗背後有日本人撐腰，不甘心回國做傀儡國王。而軍中鬼室福信專權，迎回扶餘豐不過是想挾天子以令諸侯，絕不想讓扶餘豐掌握實權。兩派矛盾越來越大，雙方都在暗中策劃，要置對方於死地。鬼室福信以退為進，裝病不出，企圖在扶餘豐前來探病之時一舉將他擒殺。扶餘豐事前得到消息，將計就計，調集親信，向鬼室福信掩殺而來。百濟復國軍中，鬼室福信的實力占優勢，他未將扶餘豐看在眼裡。鬼室福信認為扶餘豐在日本數十年，國內並無根基。他沒想到，扶餘豐很好地團結了對鬼室福信不滿的道琛部下，再加上護送其回國的五千日本軍，以及為幫助扶餘豐奪權而派來的萬餘日本援軍，實力不小。一場大火拚下來，鬼室福信陰溝裡翻船，扶餘豐最終取得了勝利。

鬼室福信一死，百濟形勢又是一變。最後的勝利者是扶餘豐，但他在百濟國內沒有什麼威信。鬼室福信一死，人人離心，內部立時有不穩的跡象。扶餘豐只能遣人再去日本，乞求援兵。

此時朝鮮半島的形勢，對日本來說是最佳介入期。高麗方面被唐帝國多次攻擊，連平壤亦遭圍攻。昔日無比強大、曾經大敗日本軍的高麗國，如今已是風中殘燭，居然也派出使節乞求日本出兵援助。強大的唐軍主力此時並沒有留在百濟境內。留在百濟的不過一旅偏師，不僅人數少，戰鬥力也大成問題，還被百濟國內的反抗軍所壓制。至於新羅，本就不是日本的對手。朝鮮半島上的三國，這幾年互相大打出手，國內已經處於透支狀態，再施加一點壓力就會全面崩潰。日本只要出兵，極有可能給高高在上的唐帝國以打擊，將中原帝國的勢力驅逐出半島，借勢收服半島上的三國。日本國內摩拳擦掌，準備在朝鮮半島大打一場。

從日本齊明女皇七年（西元 661 年）起，日本便緊鑼密鼓地準備入侵

朝鮮半島。甚至齊明女天皇本人都準備御駕親征，因病死未能成行。其後日本連續四次派兵進入朝鮮半島，總數達五萬左右，還援助百濟復國軍大量物資（齊明女皇七年，女皇和中大兄親赴九州島築紫，預備親征朝鮮。因旅途勞累，當年七月，女皇死於築紫朝倉宮，出征朝鮮的計畫只得延期）。西元662年一月，日本決定以矢十萬、絲五百斤、綿一千斤、布一千端、韋一千張、稻種三千斛支援百濟的復國運動。除支持大量物資之外，日本前後還派出大量的援兵，具體數量如下。

西元661年九月，扶餘豐在五千日本軍的護送下回國即位。

西元662年五月，大將軍阿曇比邏夫連等，率船師一百七十艘，人數推算為萬餘人。

西元663年三月，遣前將軍上毛野君稚子，間人連大蓋，中將軍巨勢前臣譯語，三輪君根麻呂，後將軍阿倍引田比邏夫臣，大宅臣鐮柄，率二萬七千人，直接在新羅登陸，攻下了沙鼻歧，奴江二城。

西元663年八月，日將廬原臣率萬餘軍隊渡海增援。唐帝國方面，龍朔三年（西元663年）九月，孫仁師的七千援兵終於由海上到達百濟。擊破百濟的鎖江阻擊部隊後，援軍與劉仁願、劉仁軌勝利會師。唐軍總人數增至兩萬上下，士氣大振，開始謀劃反攻。由此，中日兩國的第一場正面大決戰已經不可避免。

唐軍獲得大批增援，又一次召開了作戰會議。會議中，諸將均提議先攻水陸要衝加林城（今韓國林川）。劉仁軌又提出了不同意見。他認為，加林城地勢險峻，急攻則傷亡士卒，緩之則曠日持久。因此，他主張先攻百濟復國軍的老巢周留城，對百濟復國軍實行斬首戰術。只要打下周留城，其餘城池不過是望風歸降的份。於是，孫仁師、劉仁願與新羅王金法敏率陸軍，劉仁軌與別將杜爽、扶餘隆率水軍及糧船，兩軍沿熊津沿白江（今韓國錦江）相攜而下，合擊周留城。

第八章　後「天可汗」時代：唐帝國對外遠征的最終章

　　百濟復國軍方面不是木頭人，扶餘豐在唐軍行動不久就得到了情報。恰逢此時日本又派萬人渡海增援，扶餘豐有大批日本援軍作後盾，底氣十足。他集合手中所有兵力，同樣水陸並進，沿江而上，企圖一舉打垮唐軍，收復百濟全境。雙方目標相反，行軍路線卻相當一致。如此，雙方在加林城附近的白江口遭遇，爆發了一場水陸大戰。

　　此戰雖是不期而遇，規模卻極大。百濟與日本的聯合軍，軍力估計將近十萬。日軍船隻據史載近千艘，不過實際數字大約沒那麼多，據推算應在八百艘上下，其中載人兵船占到一半左右。唐新聯軍總兵力在四萬左右，水軍為劉仁軌的七千唐軍，加上新羅盟軍和百濟降軍估計在萬人左右，船隻為一百七十艘，作戰船隻在一百艘上下。

　　龍朔三年（西元663年）九月，兩軍在白江口不期而遇。唐新聯軍先發制人，新羅鐵騎充當先鋒，後隊唐軍陸軍主力突襲百濟軍陣。百濟軍拚命抵抗，並不成功，很快被全面擊潰。百濟陸軍之所以崩潰得如此之快，與之前兩場內訌不無關係。兩場火拚之後，百濟復國軍的兩位領袖均被殺，部下人人自危，兵無戰意，最終在陸戰中潰不成軍。

　　陸戰的閃電失利使得日軍大為惱火，他們決心以水戰定乾坤。無論是戰船數量還是水軍人數，日本方面均大大超過唐軍。日軍底氣十足，搶先發起進攻。劉仁軌率領的唐軍起初也被日本的龐大船隊嚇了一跳，趕忙布陣，收縮防守。日軍逆流而上，猛攻唐軍船陣。劉仁軌面對氣勢洶洶的日軍，防守得當。加上唐船技術先進，防禦力很強，日軍第一回合失利而退。

　　第二天，日軍見唐軍依然沒有主動攻擊，認為己方實力強大，只要加把勁，必然能將唐軍擊退，甚至消滅。日軍紛紛喊道：「我等爭先，彼應自退。」唐軍並不像他們想像中那麼簡單，沒有主動攻擊不過是表象。在第一天的攻擊中，劉仁軌已經掌握了日本水軍的虛實。雖然日軍人數眾多，但船隻的大小和技術效能遠遠不如唐軍。由於數量上的巨大差異，

唐軍不適合主動攻擊，因此將艦船隊形依然布置成防守陣型，等待日軍進攻。他算準了，日軍已是箭在弦上，不得不發。此時百濟軍陸路已被擊破，如果日軍不想就此逃回家，必然會搶先進攻。果然，第二天日軍傾盡全力，將手中所有戰船一下子放出，直衝唐軍陣型。唐軍早有準備，利用上游順流而下的優勢，迅速將船隊擺成一個半月陣，放日軍戰船打入陣內。等日軍主力基本衝入之後，唐軍左右兩邊合圍，將其團團包圍。日軍曉得上了唐軍的當，但為時已晚。日軍船隻全擁擠成一團，連掉頭都不可能，無法發揮原有的戰力。唐軍卻可以在外圍集中火力，輕鬆解決日軍艦船。就在被包圍的這一刻，日本的敗局已經注定。

扶餘豐見大勢不妙，腳底抹油，急忙和剩下的輜重船一同逃命。他知道百濟大勢已去，所以連周留也不回，逃之夭夭。唐軍事後只繳獲了他的佩劍。日軍損失極大，絕大部分戰船被焚毀，水陸士兵基本被全殲。逃回國的日軍將領個個驚恐萬狀，對唐軍的戰鬥力畏之如虎。

日本朝廷也慌了陣腳，唯恐唐軍乘勝殺奔日本。剛吃了敗仗的日本絕經受不住再一次打擊。自天智三年（西元664年）起，日本連年按批修築各種防衛設施。首先，在對馬、一歧和築紫國設定烽火，派出駐守要地的防戍部隊。其次，在築紫修建大水堤，中儲以水，名曰水城，利於小船行駛，防止大船靠岸。其三，在對馬、北九州島、長門、贊吉的屋島、河內的高安修建城堡，形成三道防線。如果對馬、一歧和北九州島失守，後面還有城堡拒敵。為統率西部各地防務，日本加強了太宰府的地位，專一負責防禦事務。

唐日兩國的關係冷戰期並未持續很長時間。此後日本向唐帝國全面靠攏，無論是法律制度還是文化藝術，無不如飢似渴地學習照搬。

白江一戰盡殲日軍主力，唐軍面前一片坦途，再無阻擋。百濟的反叛城池紛紛投降，未來的唐軍名將黑齒常之因對百濟復國軍失望，再次降

第八章　後「天可汗」時代：唐帝國對外遠征的最終章

唐。劉仁軌也未辜負他的期望，疑人不用用人不疑，立時派他去攻打唯一未投降的任存城。黑齒常之不負所托，順利攻下任存城，作為加入唐軍的投名狀。他自此忠心耿耿，為唐帝國立下了汗馬功勞。

綜觀白江之戰，唐軍能輕鬆獲勝，除劉仁軌等將領指揮有方、唐軍將士團結一心之外，唐帝國在船隻和軍事上技術領先也是重要原因。唐代船隻已擁有分隔水密艙和釘接榫合法這樣的先進技術，大大提高了船隻的抗沉性。

唐軍船隻體型龐大，多為五牙樓船、鬥艦這類中大型船隻。這些船隻大的高百餘尺，船隻上配有拍竿、弩砲、投石車以及各種引火之物，一船可容納八百餘人，可謂是古代的超級戰艦。作戰之時，唐軍遠距離用投石車或弩車投擲射擊。這些遠端兵器打擊距離可達數百公尺，稍近一些則用拍竿自上而下拍擊敵艦，將其擊碎。或用單兵弩箭配上引火之物，焚燒敵軍艦隻。唐軍擁有火箭、火杏、燕尾炬、游火。助燃物則有油，常以瓢、囊盛之。它們可透過弓、弩或炮車來發射，也可直接投擲，用於火攻。這些戰術戰法，對日本水軍而言恐怕是聞所未聞，見所未見。

唐帝國的科技比日本遙遙領先，唐軍包圍下團團聚集的日軍艦船簡直是最好的靶子。無論弓弩還是炮車，均能輕易擊中日本艦船，並且附帶而來的還有助燃的油和火箭。日軍唯一的辦法是靠近唐船，作登舷戰。大船登小船容易，小船登大船便困難無比。日艦與唐艦船隻體型相差巨大，日軍想爬到唐軍船上簡直難如登天。而且唐船上配備了拍竿這樣的近戰武器，靠近船隻被砸碎的命運可以想見。在唐軍戰艦的打擊下，白江水面上出現了「焚舟四百，煙焰漲天，海水皆赤，賊眾大潰」的場景。

白江口水戰後，唐高宗召劉仁願、孫仁師回朝，令劉仁軌繼續領兵鎮守百濟。百濟經過多年的戰亂，「合境凋殘，殭屍相屬」。劉仁軌採取一系列措施來安定民心，恢復社會秩序。這些措施很快平復了戰爭所帶來的創

傷，使百姓安居樂業起來。隨後劉仁軌又屯田積糧，訓練士卒，真正將百濟變成了進攻高麗的重要基地。

劉仁願回京城後，唐高宗問道：「卿在海東，前後奏請，都非常合乎事宜，而且文章雅致又有文理。卿本來是武將，怎能寫出這一手好文章？」劉仁願據實回答說：「這都是劉仁軌的文章，非臣所及也。」唐高宗聽後非常高興，讓劉仁軌晉升六級官階，正式任命他為帶方州刺史，並為劉仁軌在長安建第，厚賞其家屬。當時的宰相上官儀不禁感慨道：「仁軌遭黜削而能盡忠，仁願秉節制而能推賢，皆可謂君子矣！」

百濟徹底平定，唐帝國與新羅之間的盟友關係漸漸有了一道看不見的裂縫。隨著時間的推移，這道裂縫越來越大，最終導致雙方兵戎相見。

新羅從始自終的策略非常明顯，就是堅決依靠中原帝國，藉中國的實力打垮它在朝鮮半島的兩個宿敵。但唐帝國並未將百濟徹底滅亡，平定百濟後反而又將百濟原王子扶餘隆立為百濟國王，之後又強要新羅與之會盟，約定兩家和好，永不戰爭。這並非新羅想要得到的。新羅在半島戰爭中付出了慘重的代價。它為唐軍提供了大部分供給，就連蘇定方進攻高麗，軍糧很大一部分也是新羅提供。新羅不過是一個面積只占朝鮮半島四分之一的小國，卻要負責幾十萬大軍的軍糧，且自身也盡全力出兵打仗，國內之困苦，顯而易見。付出巨大代價終於消滅了昔日的仇敵，不但沒撈得什麼好處，昔日不共戴天的仇敵卻在唐朝的支持下又有死灰復燃的趨勢，新羅當然不能接受這樣的結果。它暗地裡開始了招攬和煽動百濟當地人，以此慢慢吞併百濟的土地。不過，新羅和唐帝國雙方的共同敵人高麗還存在，且當時百濟還有劉仁軌這個「人精」鎮守，暗流僅僅在水下湧動，雙方表面上依舊是一副親密無間的盟友關係。

第八章　後「天可汗」時代：唐帝國對外遠征的最終章

▍擊滅高麗：三國終局與東北平定

「不及九百年，當有八十大將滅之。」這是一個神祕的預言，它預言了高麗的國壽以及亡於誰手。今天看可斥之為迷信，但隋唐時代，此類預言特別盛行，而且準確度奇高。例如李唐建立，武后稱帝，無不被準確預測出來。高麗最後的命運也不幸被言中。享國達九百載的高麗國，年近八十的絕代名將李世勣，他們最後的光輝為東北這片土地留下了流傳千古的傳奇。

乾封元年（西元 666 年）五月，一代梟雄泉蓋蘇文辭世。他生前西抗強唐，南拒新羅，留給後代的卻是一個殘破的國家。高麗國已如風中之燭，連年被唐軍攻擊，國內經濟崩潰，人相掠賣。而且，唐軍滅掉百濟之後，已成功從西面和南面對高麗達成了策略包圍。高麗在國際上陷入了徹徹底底的孤立。周邊契丹、新羅無不是高麗的死敵，唯一可以指望的日本，也在將舉國精銳敗於朝鮮半島之後，不敢再介入東北亞事務。岌岌可危的高麗，唯一缺的就是推倒大廈的最後一把力。泉蓋蘇文可能不會想到，最後一把力來得那麼快，竟然是自己的親生兒子們最終將高麗國埋葬。

泉蓋蘇文死後，長子泉男生繼承了他的王位。泉男生初掌大權，為鞏固統治，帶隊出巡國內諸城。他任命弟弟泉男建、泉男產在平壤處理庶務。但泉男生與兩個弟弟一直不和。在有心人挑唆之下，男建、男產發起政變，將平壤的男生親信一網打盡，殺其子獻忠，並借高麗王的名義徵召男生，企圖將男生騙入都城後抓捕。泉男生得到都城鉅變的消息，明白自己孤立無援，恐遭不測，不敢返京。泉男建見計畫失敗，於是自封莫離支，發兵討伐男生。泉男生無法，只能逃到國內城（今吉林集安），遣其子泉獻誠入唐求救。

高麗國內訌，提供了唐帝國千載難逢的良機。六月七日，唐高宗派右

驍衛大將軍契苾何力為遼東道安撫大使，率兵援救泉男生。以泉獻誠為右武衛將軍，充當嚮導。又以右金吾將軍龐同善、營州都督高侃為行軍總管，率左武衛將軍薛仁貴及左監門將軍李瑾行等，再一次組成了征伐高麗的大軍。

當年九月，龐同泰率部首先渡過遼水，大敗高麗守軍，與泉男生在國內城會合。高宗皇帝封泉男生為特進遼東大都督，兼平壤道安撫大使，封玄菟郡公。

十二月十八日，為加強唐軍兵力，高宗又以李世勣為遼東道行軍大總管，司列少常伯郝處俊為副，與龐同善及契苾何力等，併力同擊高麗。水陸諸軍總管及運糧使竇義積、獨孤卿雲、郭待封等，並受李世勣調遣，河北諸州租賦全部調歸遼東軍用。全國上下深信，此次大軍征遼，必然能畢其功於一役。

經過多年的遼東作戰，唐軍對冬季作戰累積了足夠的經驗，完全適應了東北的氣候。這時，嚴寒的冬季再也不是唐軍的障礙，反而成為唐軍的好幫手。經過數個月的準備之後，唐軍於乾封二年（西元667年）夏末正式出動。當年九月，李世勣率部渡遼水，向「高麗西邊要害」—— 新城 —— 發起進攻。隋唐兩代征伐高麗，新城作為第一線的防禦力量，從未陷落過。對於這個重要門戶，李世勣決心將之拔除。唐軍並未急攻猛打，而是修築了重重營寨，將新城包圍起來。唐軍隔絕了新城的外援，然後每日攻打。新城孤立無援，形勢逐漸危急。唐軍雖並不猛攻，新城的守城力量依然在每天失血，絕望的居民不斷縋城投降。最後，城內終於忍受不住唐軍的攻擊而叛亂，城人師夫仇等縛城主投降，唐軍遂拔新城。

拔除了新城這個阻礙，李世勣留龐同善與高侃留守新城，自率本部兵馬出擊。高麗國內已極為衰弱，沒有絲毫抵抗能力。李世勣一路勢如破竹，連下十六城。泉男建也知道，生死攸關的時刻到了。他不敢與李世勣

第八章　後「天可汗」時代：唐帝國對外遠征的最終章

親率的主力硬拚，而是繞了個圈，率兵夜襲龐同善、高侃軍，企圖斷唐軍的後路。新城告急文書一到，李世勣當即派薛仁貴率部援救。薛仁貴率兵連夜趕回新城，突襲高麗軍背後，斬首數百，泉男建敗走。龐同善與高侃會同薛仁貴進行追擊。行至金山（今遼寧本溪東北之老禿頂山），終於追上高麗軍。高麗軍眼見逃不掉，轉身死戰。唐軍初戰不利，且戰且走，留下薛仁貴埋伏於半路。高麗軍被勝利衝昏了頭腦，拚命追擊，陣型散亂。這時，薛仁貴麾軍自山上衝下，將高麗追兵攔腰截斷，高侃、龐同善乘機回軍夾擊。高麗軍大敗，被殲五萬餘眾。唐軍乘勝攻占南蘇、木底、蒼巖（今遼寧新賓境內）三城，與泉男生部會合，贏得了金山之戰的勝利。此戰能獲勝，薛仁貴居功至偉。唐高宗手詔嘉獎說：「金山大陣，凶黨實繁。卿（指薛仁貴）身先士卒，奮不顧身，左衝右擊，所向無前，諸軍賈勇，致斯克捷。宜善建功業，全此令名也。」

金山大戰的同時，唐軍行軍副大總管郝處俊正向安市城進軍。當年唐太宗伐高麗時，張亮的戰場趣聞令人印象深刻。此次，類似的事情再次發生。唐軍剛到安市城下，突然遭到三萬敵軍出城突襲。唐軍來不及結陣，軍心惶惶。郝處俊正坐在胡床上吃乾糧，一口還沒嚥下去就聽見四面的喊殺聲。不過，郝處俊不像張亮那樣嚇得呆如木雞，而是飯照吃，湯照喝。他一面啃著半塊餅，一面怒調精銳進行反擊，高麗軍在反擊面前毫無還手之力，很快一潰千里，再不敢出城。

薛仁貴金山大捷之後乘勝追殺，於總章元年（西元 668 年）二月僅率兵兩千進攻扶餘城（今吉林四平）。諸將皆言兵少，紛紛勸阻。薛仁貴卻說：「兵不在多，看你怎麼用而已。」他親為前鋒，向扶餘城進軍。抵達扶餘城下後，城內守軍見薛仁貴兵少，傾城而出，與薛仁貴大戰於扶餘川。唐軍不畏生死，逆擊大破其眾，殺獲萬餘人，於二月二十八日攻拔該城。扶餘川四十餘城一時俱驚，紛紛向唐納款請降。泉男建聽說扶餘有失，又

擊滅高麗：三國終局與東北平定

派五萬勁旅往救，與李世勣部在薛賀水（今遼寧太子河）遭遇。兩軍大戰於薛賀水，年近八十歲的李世勣領軍奮擊，所向無前。唐軍斬首五千餘級，俘獲三萬餘人，器械牛馬不可勝計，乘勝攻占了大行城（今遼寧鳳城西南）。

李世勣攻占大行城，各路唐軍均與之會合。會師之後，唐軍主力進至鴨綠江，在此地又遇到高麗守軍的拚死襲擾。李世勣麾軍進擊，大破其眾，追殺二百餘里，攻占辱夷城。沿途諸城守軍逃遁，歸降者相繼不斷。

同年八月，唐軍前鋒遼東道安撫大使兼副行軍大總管契苾何力率先引兵抵達平壤城下。李世勣等亦率部繼至，將平壤團團包圍。卑列道行軍總管劉仁願卻因貽誤軍期，按律當斬，以功被流放於姚州（治今雲南姚安）。這位平百濟的功臣就此消逝於歷史中，讓人萬分惋惜。

唐軍將平壤包圍一月有餘。城內糧食將盡，高麗王高藏只得遣泉男產率首領九十八人，持白旗向唐軍請降。李世勣以軍禮接待。泉男建依然閉城拒守，多次遣兵出戰，屢遭失敗。見力實在不能及，泉男建居然將希望寄託於神佛，將軍事委託於僧人信誠。信誠暗中派人來到李世勣軍營，約定五日之內，開門投降。九月十二日，信誠果真打開城門。李世勣縱兵乘城鼓譟，焚燒城樓，完全摧毀了平壤城的城防。泉男建自知城池不守，引刀自殺未遂，被唐軍俘獲。高麗國的歷史到此終結。老英雄李世勣善始善終，完成這最後的心願，僅隔一年便與世長辭。真可謂：「伊呂兩衰翁，歷遍窮通。一為釣叟一耕傭。若使當時身不遇，老了英雄。湯武偶相逢，風虎雲龍。興亡只在笑談中。直至如今千載後，誰與爭功！」

唐高宗詔令先以高麗王高藏等獻於昭陵，以慰唐太宗在天英靈。然後唐軍整頓軍容，高奏凱歌，進入京師，獻俘於太廟，告慰列祖列宗。十二月七日，唐高宗在大明宮含元殿接受降俘。他以高麗王高藏政非己出，赦而不罪，並任其為司平太常伯（即工部尚書）員外同正，以泉男產、僧人

第八章 後「天可汗」時代：唐帝國對外遠征的最終章

信誠和泉男生能主動歸降，分別任為司宰少卿（即光祿少卿）、銀青光祿大夫和右衛大將軍；以泉男建頑抗不降，流放於黔中（今貴州省內）。唐高宗分遼東和高麗五部、一百七十六城、六十九萬餘戶為新城州（治今遼寧瀋陽東）、遼城州（治今遼寧遼陽東北）、哥勿州（治今吉林通化西北）、居素州（治今遼寧撫順東）、建安州（治今遼寧蓋州）、衛樂州、舍利州、越喜州、去旦州等九都督府，南蘇（治今遼寧新賓）、蓋牟、代那、倉巖（治今吉林通化）、磨米、積利（治今遼寧瓦房店）、黎山、延津、木底、安市、諸北、識利、拂涅、拜漢等四十二州，一百個縣，又置安東都護府於平壤以統之。他選拔有功酋帥擔任都督、刺史、縣令，與漢人共同治理。唐高宗還以右威衛大將軍薛仁貴檢校安東都護，總兵兩萬鎮守平壤。李世勣以下有功將士，均有封賞。唐帝國收復遼東和對高麗的戰爭至此結束。戰爭共計歷時二十五年，實為唐帝國歷時最久的邊疆戰爭。

高麗雖然滅亡，這片土地上的故事並沒有結束。高麗的滅亡意味著新唐聯盟的徹底瓦解，唐與新羅的關係轉為對抗。新羅不斷煽動原高麗和百濟的人民進行叛亂，並且蠶食原百濟和高麗的土地，企圖驅逐唐軍，統一朝鮮半島。為爭奪朝鮮半島的控制權，兩國開始了激烈的競爭。

由於新羅不斷在朝鮮半島製造事端，上元元年（西元674年）正月，唐高宗詔削法敏官爵，以其弟、右曉衛員外大將軍、臨海郡公金仁間為新羅王，從長安歸國繼位。接著，唐高宗又以左庶子、同中書門下三品劉仁軌為雞林道大總管，衛尉卿李弼、右領軍大將軍李謹行為副大總管，發兵征討新羅。

上元二年（西元675年）二月，劉仁軌率部在七重城（今韓國大丘北）大破新羅兵。唐廷又派靺鞨之眾渡海，進攻新羅南部邊境。接著，高宗皇帝詔李謹行為安東鎮撫大使，屯駐新羅買肖城（今韓國陝川）以經略之。李謹行率部對新羅發起三次進攻，三戰皆捷。新羅只得遣使入貢、謝罪。

如果沒有其他因素，新羅的結局跟高麗、百濟將沒什麼兩樣。然而，此時在唐帝國西面的青藏高原上，崛起了一個強大帝國——吐蕃。雖然吐蕃國的經濟、制度、文化等各方面都極原始，但它強大的軍事實力已可與當時世界上最強大的兩大帝國——唐帝國和阿拉伯帝國——分庭抗禮。形勢比人強，最終討滅新羅的計畫胎死腹中。

唐軍抽調大批軍隊防禦西部重地，導致東北亞軍力空虛。新羅抓緊此千載難逢的良機，併吞原百濟全境，另外還蠶食了原高麗國南面的部分土地。取得這些土地之後，新羅很明智地停止擴張，與唐帝國的邊境穩定在大同江一線。唐帝國本就對百濟的土地沒什麼野心，所不能容忍的是再出現一個類似高麗那樣，在東北亞對帝國形成強大威脅的國家。新羅既然向唐帝國表明自己沒什麼野心，唐帝國也就默許了新羅在朝鮮半島的疆土。於是，兩國關係在短暫的冰凍期之後，很快重新恢復。兩國不但重建了穩固的軍事同盟，更在經濟文化方面進行大規模交流。雙方的友好關係善始善終，一直維持到了最後。

自新羅統一朝鮮半島起，無論是後三國、王氏高麗還是李氏朝鮮時代直至現代，朝鮮半島上建立的均是以三韓民族為主體的國家。其與中國古代遼東的古朝鮮以及高句麗或是古高麗，除了疆域上有所交集之外，關係不大，沒有正統的繼承關係。雖然國名依舊，但此高麗非彼高麗，此朝鮮也非彼朝鮮。

第八章　後「天可汗」時代：唐帝國對外遠征的最終章

尾聲

英雄的背影：戰爭遠去後的時代回聲

　　隨著高麗的覆滅，唐帝國的疆域在高宗時代臻於極盛。自漢至唐，一個古老民族歷盡艱辛，終於完成了復興的輪迴。在之後的歷史中，這個民族還將飽嘗風雨，幾經沉浮。但不論如何，遙望這個生機勃勃，輝煌燦爛的時代，總有一股不竭的意氣展現於世人面前！

血與名，隋唐英雄傳：
王朝更替、江山易手時，在亂世中以血與劍刻下姓名的折戟之士

| 作　　　者：宋毅
| 發 行 人：黃振庭
| 出 版 者：複刻文化事業有限公司
| 發 行 者：崧燁文化事業有限公司
| E - m a i l：sonbookservice@gmail.com
| 粉　絲　頁：https://www.facebook.com/sonbookss/
| 網　　　址：https://sonbook.net/
| 地　　　址：台北市中正區重慶南路一段61號8樓
| 8F., No.61, Sec. 1, Chongqing S. Rd., Zhongzheng Dist., Taipei City 100, Taiwan

| 電　　　話：(02)2370-3310
| 傳　　　真：(02)2388-1990
| 印　　　刷：京峯數位服務有限公司
| 律師顧問：廣華律師事務所 張珮琦律師

-版權聲明-

本書版權為淞博數字科技所有授權複刻文化事業有限公司獨家發行電子書及紙本書。若有其他相關權利及授權需求請與本公司聯繫。未經書面許可，不得複製、發行。

定　　　價：450元
發行日期：2025年08月第一版
◎本書以POD印製

國家圖書館出版品預行編目資料

血與名,隋唐英雄傳:王朝更替、江山易手時,在亂世中以血與劍刻下姓名的折戟之士 / 宋毅 著. -- 第一版. -- 臺北市:複刻文化事業有限公司, 2025.08
面；　公分
POD版
ISBN 978-626-428-210-9(平裝)
1.CST: 戰史 2.CST: 隋唐
592.924　　　　　114010641

電子書購買

爽讀APP　　　臉書